U0279678

身处快速发展且变化莫测的大变革时代，我们比以往更需要新知识、新理念，以厘清发展的内在逻辑，在面对全新的未来时多一分敬畏和自信。

大湖的兴衰：
北美五大湖生态简史

【美】丹·伊根 著

王 越 李道季 译

上海科学技术出版社

图书在版编目（CIP）数据

大湖的兴衰：北美五大湖生态简史 /（美）丹·伊
根（Dan Egan）著；王越，李道季译. —上海：上海
科学技术出版社，2020.3
（科学新视角丛书）
ISBN 978-7-5478-4635-3

Ⅰ.①大… Ⅱ.①丹… ②王… ③李… Ⅲ.①大湖区
—生态环境—历史—研究 Ⅳ.①X321.71-09

中国版本图书馆CIP数据核字（2020）第026926号

大湖的兴衰：
北美五大湖生态简史

【美】丹·伊根　著
王　越　李道季　译

上海世纪出版（集团）有限公司
上海科学技术出版社　出版、发行
（上海钦州南路71号　邮政编码200235　www.sstp.cn）
上海盛通时代印刷有限公司印刷
开本 787×1092　1/16　印张 20
字数 250千字
2020年3月第1版　2020年3月第1次印刷
ISBN 978-7-5478-4635-3 / N·189
定价：65.00元

本书如有缺页、错装或坏损等严重质量问题，请向工厂联系调换

五大湖流域

安大略省

休伦湖

渥太华

多伦多

安大略湖

汉密尔顿

布法罗

罗彻斯特

纽约

底特律

伊利湖

莱多

伊利

克利夫兰

宾夕法尼亚州

俄亥俄州

匹兹堡

前　言

毫无疑问，当飞机飞过五大湖时，你会不自觉地被她的壮观景象所吸引。从高空俯瞰，横跨美国和加拿大边界的五大湖呈现出让人难以置信的蓝，像加勒比海一样迷人。站在湖边，凝望着海天一线般的天际线，你会觉得，就某种意义而言，五大湖比七大洋更易触动你的心灵。五大湖如此有名，不仅仅是因为她的面积广阔，更因为她是世界上最宝贵的淡水资源的主要分布地。

自 17 世纪初，当第一批欧洲探险家到达这个所谓的"淡水海"海边时，他们便相信，或者说在某种程度上希望这个遥远的水域能承载着无穷的财富，自此，这个世界上最大的淡水生态系统便俘获了公众的想象。1634 年，当航海家琼·尼科莱（Jean Nicolet）划着他的桦木皮划艇横跨休伦湖（Lake Huron），穿过麦基诺海峡（Straits of Mackinac）驶向西边的密歇根湖（Lake Michigan）时，这个地方显然还没有白人涉足。[1]尼科莱到达了遥远的密歇根湖的岸边小湾，穿上绣着各种鲜花和鸟类的灵动的长袍，[2]尽量让自己看着像当地人。虽然他也曾想象过自己也许会像一个半世纪以前的哥伦布发现新大陆那样，但事实上他到达的仅是密歇根湖一个分湖的最南端——格林湾（Green Bay）。如今，有一座尼科莱穿着长袍的雕像矗立在著名的登陆点附近，它在朗博·菲尔德（Lambeau Field，美国著名运动员）雕像以北 20 分钟路程远的地方，距离中国上海大概 7 000 英里（1 英里=1 609.344 米）。

　　如果说尼科莱相信他的旅程已经将他带到了亚洲，你也不能说他错了。因为他所航行的这个湖泊的规模和他曾经接触过的湖泊太不一样。毕竟，法国最大的湖泊也只有 11 英里长、2 英里宽；[3] 而五大湖的最西端是位于明尼苏达州的德卢斯（Duluth），其与五大湖最东端的位于加拿大安大略省的金斯顿（Kingston）的距离就超过了 1 100 英里。庞大的五大湖远超出我们对湖泊的理解。很难想象通过水道相互连接的休伦湖、安大略湖（Lake Ontario）、密歇根湖、伊利湖（Lake Erie）和苏必利尔湖（Lake Superior）的总面积达到 94 000 平方英里却只被称为湖泊。这就好像说一个在伦敦游玩的游客可能想象自己被困在一个岛上了，而这个岛却是大不列颠及北爱尔兰联合王国，面积正好达到 94 000 平方英里。

　　一般湖边的波浪也就只有一两英尺（1 英尺=0.304 8 米）高，而五大湖的波浪却如海啸般高达 25 英尺。一般的湖泊最多也就能弄翻一条小船，而五大湖却能够吞没 3 个足球场般大小的货轮。有统计表明，它的湖底零零散散地分布着约 6 000 艘船只的残骸，其中一些从未被发现。这些事都是不可能发生在一般的湖泊上的，而五大湖实在太神秘，发生在五大湖上的神秘事件与海洋上的相比，有过之而无不及，例如，1950 年，一架从纽约飞往西雅图的西北航空公司的 2501 号航班遭遇夏季风暴后竟神秘失联了，[4] 这是当时经济损失最大的空难。美国海岸警卫队和海军曾派遣 5 艘救援船去搜索飞机残骸，他们向湖中投放声呐设备，派遣潜水员，并用拖网来打捞这个载有 58 个亡魂的近 100 英尺长的飞机残骸。

然而，飞机残骸并没有被找到。

这里有一个不同的方法来了解五大湖的规模。全球大约有97%的水体是咸水，[5]剩下3%左右是淡水。其中，绝大多数淡水储存在冰川和不易获取的地下，剩下的极少淡水资源才是可供人类使用的，而其中的20%都集中在五大湖。这使得一旦75亿人口无法正常获得安全饮用水，便会形势危急。

1995年，世界银行副总裁伊斯梅尔·萨拉杰丁（Ismail Serageldin）作出了一个具有警醒意味的判断："当前世界的战争是由石油引起的，[6]而21世纪战争的导火索就是水。"或许吧！但是当前五大湖所面临的最大的问题并不是那些想要牟取暴利的人企图抽走湖水，使遥远的沙漠开花，而是来自我们自己的无知。

从尼科莱第一次将自己的独木舟驶向密歇根湖到今天的500年间，我们仍然以同样的方式对待这些湖泊，将它们视作通往无法想象的财富的"液态高速公路"。尼科莱或许犯了一个无心之过，但我们却不应犯同样的错误，因为如果继续以这样的方式开发世界上最大的淡水资源，将会带来越来越严重的后果，甚至是灾难性的。

你也许认为自己对五大湖的现代史很熟悉

这是一片被20世纪中期大规模的工业污染的水域，当时成千上万英里的开放水域因一时间处于无氧的状态而被宣告"死亡"，大量易燃的化学品和油类积聚在河道使其"窒息"。接着便是五大湖重生的故事，所有的工业掠夺和肆意污染最终促使1972年具有里程碑意义的《清洁水法案》（Clean Water Act）获得通过。

这个法律使得排入水体中的污染物数量迅速减少，而湖泊的恢复速度也是惊人的。这就是为什么从多伦多（Toronto）到密尔沃基（Milwaukee）的湖滨地带集聚了如此多的豪华公寓和玻璃写字楼，以及为什么这块土地是中西部最昂贵的房地产之一。这就是为什么曾经以冶炼闻名的克利夫兰（Cleveland）的凯霍加河（Cuyahoga River）出现了垂钓景观。这也是为什么当你在夏日的午后沿着芝加哥湖岸行驶，会看到成百上千的人躺在沙滩上，或者在密歇根湖里冲浪，而这些景象都笼罩在约翰·汉考克中心（John Hancock Center）及其附近的摩天大厦的阴影下。这一切给人的感觉是，人类终于学会了如何与湖泊相处，然而，这也不过是假象而已。

本书介绍五大湖光鲜亮丽背后的传奇故事，揭示北美最宝贵的自然资源正在进行的史无前例的生态变化，讲述五大湖在经历了一个世纪的工业"狂轰滥炸"以及一系列令人烦恼的环境灾害后复苏的故事。

可悲的是，对于五大湖而言，《清洁水法案》让大多数公众相信对湖泊的破坏已经达到它的极限，并且湖泊在整个20世纪70、80和90年代期间都在复苏中。但是事实上，法律（或者更具体地说是负责执行的机构）对湖泊造成了难以估量的破坏。因为联邦环境监管机构决定豁免一个行业的"生活污染"形式，即从货轮排出的生物污染水。这项豁免包括所有航行在人工圣劳伦斯航道（St. Lawrence Seaway）上的船只。而这个航道连接五大湖、大西洋和世界各地的港口。

1959 年，伴随着登月计划的大肆宣传，这条航道正式开通，然而它却没有引起大家的兴奋。由于湖面冰封，航道在每年冬天关闭。如今，在剩下 9 个月的通航时间里，平均每天约有两艘来自国外的货轮前往五大湖。进入湖泊的远洋船舶并不是运载像索尼和丰田这样高价值货物的超大型集装箱船。狭窄的航运通道只能容纳 20 世纪 30 年代建造的货船，这些船舶通常会引进外国的钢铁，并输送出美国和加拿大的粮食。此外，海上运输船也携带了一些没有报关的货物——来自世界各地的有害物种，这些外来物种无情地打破了当地一万多年来形成的微妙的生态平衡。

美国环境保护署（Environmental Protection Agency）显然没有收到国会的法定授权，可以为来往美国水域的航道船只和其他货船提供这种豁免。[7]无论出于何种原因，该机构决定在《清洁水法案》通过后的一年内悄悄调整法规，这可能是为了让航运业免费倾倒那些使他们的船舶稳定的压舱水，以此来省去一些麻烦和费用。而他们这么做的理由是压载舱并没有装类似于油或酸类的有害物质，里面除了海水什么都没有。可笑的是这些压舱水不仅仅是水而已，里面还包含了来自世界各地的丰富的 DNA。

很难设计出比五大湖海外货轮更好的"入侵物种系统"。船舶在外国港口取得压舱水，以平衡货物装载量。当船只抵达五大湖时，船上的货物被带上甲板，而每艘船排放的压舱水体积可达 10 个奥林匹克游泳池，潜伏在其中的生物被释放到湖中。这正如一位愤怒的五大湖生物学家曾经说的那样："这些船就像注射器。"[8]

五大湖现在有 186 种非本地物种。没有什么比斑马贻贝和斑驴贻贝更具破坏性，但是这两种亲缘关系很近的软体动物却原产于黑海（Black Sea）和里海（Caspian Sea）。20 世纪 80 年代末，一位大学生在一次野外考察中第一次在五大湖发现了这两种贝类。然而在不到 20 年的时间里，贻贝就从新发现物种变为湖泊优势种。假如将密歇根湖排干，就可以在威斯康星州和密歇根州之间几乎整整 100 英里的湖岸边看到万亿只贻贝。

在北美，没有任何天敌的贻贝将这些湖泊变成了地球上最清澈的淡水。但这不是一个健康的湖泊本该有的迹象，这是湖泊中的生命即将消失的标志。

美国环境保护署长期执行的压舱水豁免政策[①]造成的累计损失远比在污染河流上燃烧化学污染物要严重得多。五大湖里的本地鱼类数量已经减少，使鸟类致命的肉毒杆菌蔓延到湖岸，能够中断公共供水的有毒藻类也已成为常见的夏季隐患。此外，还发现一种能造成几十种鱼类致命性出血的病毒，科学家称其为"鱼类埃博拉病毒"，在湖中已成为流行病的诱因，并可能会蔓延到整个北美大陆。

标志性的灾难历来促使政府采取行动

在 1969 年凯霍加河火灾发生 3 年之后，美国国会通过了《清洁水法案》。20 年后，当看到"埃克森·瓦尔德斯"号（*Exxon Valdez*）搁浅并将 1 080 万加仑（1 加仑 =3.79 升）的原油倾倒入阿拉斯加的威廉王子湾（Prince William Sound），而清洁人员使用纸巾擦拭被原油污染的鸟类的画面时，国会做了多年前就应该做的事情——强制要求油轮必须制造成双壳的。

但今天，在五大湖发生的这场灾难并没有像当初一条被污染的河流，或是从破裂的船体中喷发出来的石油一样引起公众的注意。迄今为止，这场缓慢进行着的灾难并没有出现引起公众注意的事件。关于这场灾难，我的脑海中经常浮现好几个画面，其中之一就是一艘海外船只正在缓缓进入圣劳伦斯河航道上的第一个航行船闸，即五大湖"前门"，掀起新一轮生物污染浪潮；另一个则是一张卫星照片显示的画面，像是绿色油漆般的有毒藻类铺满了 2 000 平方英里的伊利湖。

还有一个则是亚洲鲤鱼，当初在 20 世纪 60 年代引进亚洲鲤鱼到美国是为了用于政府实验——用亚洲鲤鱼来吞噬阿肯色州污水湖泊里

[①] 目前正依据法院的命令对豁免政策进行完善——这需要很长的时间，甚至可能长达数十年。

的排泄物。这种鱼可以长到 70 磅（1 磅 =0.45 千克），每天能吃掉重达自身体重 20% 的浮游生物。然而在几十年前，亚洲鲤鱼逃到了密西西比河流域，从那以后一直向北迁移。现在，它们聚集在五大湖的"后门"，即芝加哥运河系统（芝加哥环境卫生和航行运河），这项人造工程是用来连接原先孤立的五大湖和约占美国大陆面积 40% 的密西西比河流域。唯一能够阻碍鱼类通过芝加哥市运河游入密歇根湖的是运河里的一道电子屏障，它曾有过意外关闭的历史。

芝加哥运河也把五大湖的压舱水问题变成了全国性的问题，因为有几十种入侵物种准备逃出五大湖，进入整个大陆中心的河流和水体，例如带刺的水蚤、三角河蚌、红虾和鱼钩水蚤等物种。当然，你也许从来没有听说过这些生物。

毕竟，从来没有人听说过西方的贻贝，直到它们抵达芝加哥运河，并蔓延到密西西比河流域，最终进入干旱的西部时才被人发现。这可能是在落基山脉（Rocky Mountains）附近航行的游船为它们提供了便利。贻贝从此开始对水电大坝造成破坏，例如犹他州、内华达州和加利福尼亚州的水系统和灌溉网络。据联邦政府估计，如果贻贝进入西北的哥伦比亚河（Columbia River）水电站的水坝系统，它们每年可能会造成 5 亿美元的损失。

西部的工程师、水资源管理人员和生物学家都将五大湖视为生物入侵的滩头阵地，这些入侵生物会在全国范围内不可避免地蔓延开来，他们对这种不顾一切地将这扇通往整个大陆的大门敞开的行为表示担忧。但是一旦认识到这个问题的严重性，以及小型工业造成的诸多问题，绝大多数民众也会如此认为。

如果我们能够关闭这些未来生物入侵的大门，我们也许可以有时间让五大湖和其他湖泊里的本地物种和入侵物种之间达到一个新的平衡。在湖泊的某些地区已经有迹象表明，本地鱼类正在适应以斑马贻贝和斑驴贻贝作为食物来源。如果我们能够防止未来生物的入侵，那么我们就可以聚焦那些依然困扰着五大湖的主要问题，其中包括农用肥料的过量使用所引发的有毒藻类大暴发、全球变暖对湖水造成日益不稳定的水位，以及保护湖水免受外来者为谋求自身利益而排空湖水等。

像过去的几代人一样，我们知道正在对湖泊造成破坏，我们也知道如何停止破坏；然而与过去的几代人不同的是，我们并没有停止破坏。

这种情况让我想起 19 世纪末大平原屠杀期间，那些殖民者站在堆积如山的野牛头骨边的黑白照片。这些野牛头骨在当时被认为是垃圾，有些被压碎，用作廉价的铺路石。而到了 20 世纪初，在野牛头骨变得非常稀少之前，他们每个人已经从收藏家那里拿到了 400 美元，因为收藏家们试图保存这些被浪费掉的野牛头骨碎片。

每次看到那样的照片，我都会有两个念头：这些殖民者当时在想什么？[9] 而且更重要的是：我们今天对五大湖所做的一切会让我们的子孙后代有同样的困惑吗？

目 录

第
一
部
分

————————— ○ —————————

前
门

·

第 1 章

创造第 4 条海岸线

——开辟新航道的梦想

1957 年，被誉为美国最值得信赖的人——来自哥伦比亚广播公司的传奇新闻记者沃尔特·克朗凯特（Walter Cronkite）在屏幕前告诉观众，[1] "我们这个时代最伟大的工程"正在建设中。这次，克朗凯特提到的不是苏联将流浪狗莱卡（Laika）送入轨道，也不是当年开发的第一款可穿戴式起搏器，更不是近期开设的美国第一座商业原子能发电厂。他所谈论的是，人类正在试图以前所未有的规模征服自然。

"现在，这个配有 3 000 个装备的人类有史以来最精密的重型机器正在为完成历史上最伟大的项目而努力。"克朗凯特站在一张画有深蓝色的五大湖和更为广阔的蓝色大西洋的地图前谈论这项工程。他目不转睛地盯着摄像机，兴奋地谈到了一个正在建设中的项目，实际上这个项目的工程量不亚于把大西洋移动到 1 000 多英里外的北美中部地区。

这个项目打算开辟一条新航道，能穿过有很多浅滩且波涛汹涌的圣劳伦斯河（St. Lawrence River）。这条航道可以使巨型货轮直接从东海岸进入这个拥有 5 个大型淡水湖的内陆海域。这条"人造航海高速公路"在有些河段只有 80 英尺宽，在其中一个特别狭窄的路段还得越过一条公路。但是这一条航道为来自世界各地的船只开辟了约 8 000 英里的美国和加拿大的海岸线。建设者们希望，将来像芝加哥、克利夫兰、底特律和多伦多这样的五大湖内陆城市，能够成为全球重要的港口城市，并与纽约、鹿特丹和东京等商业中心相媲美。

克朗凯特告诉他的观众，这个工程如此之大，以至于将重塑一个大陆，完成自然在几千年来都没有完成的演变——创造出第 8 个大洋……这将是一片充满机遇的海洋！

半个多世纪之后，人们所期待的全球货物还没有通过航道从海外涌进湖泊，但一些意想不到的事情却已发生——譬如环境灾害的影响范围及其造成的损失正在日益扩大。你看，圣劳伦斯航道根本没有征服大自然。

新航道所带来的生态灾难是我们在其他大陆从未见过的。

*   *   *

如今，我们很难去批判克朗凯特对这个工程所持有的乐观态度，因为当时他和许多人都坚信用航道可以打破封闭，这也曾是航海史上发生过的奇迹。大约 600 万年前，[2] 地中海与大西洋处于隔离状态。地中海只不过是一个位于巨大盆地底部的咸水坑，坑的里面是覆盖着尘土的峡谷，其中有些峡谷在海平面以下 1 英里。这个干旱的荒原以前是一个巨大的大西洋入口，就像今天一样。但是在经历过一系列非洲和欧洲地质运动后，荒原中间形成了一条狭长的地带，将地中海与大西洋连接起来，这个地方就靠近现在的直布罗陀海峡（Strait of Gibraltar）。这几乎毁灭了古老的地中海，这主要是因为海水源源不断地流入，就像今天一样。随着大西洋流入的通道被堵塞，补给这个突然被陆地包围的盆地的河流显得苍白无力而无法跟上蒸发的步伐，大约在 1 000 年后海水就会全部消失，也就是说，从地质上讲，什么都没有了。但是在人类历史发展的尺度上来说，海洋只是以难以察觉的速度缓慢收缩，因为从岸边看上去，今天的海洋和昨天的并没什么两样。

有一种流行学说认为，地中海盆地在接下来的 70 万年左右的时间内仍然会处于这种干旱状态。但是约 530 万年前，直布罗陀海峡发生的一场地震为大西洋开辟了一条小航道，海水开始回流。现在的很多地质学家都认为，变得越来越宽、越来越深的海水流以令人难以理解的速度、体积和力度呼啸而回，这相当于大约 40 000 个尼亚加拉大瀑布（Niagara Falls）的水量以每小时 90 英里的速度流动。而那个时代，正值我们祖先的大腿骨已成为支撑他们臀部的支柱，使他们可以直立行走，也许如果他们中的任何一个人碰巧在大西洋咆哮而来的时候出现在这个地区，那就快跑吧。

在大西洋瀑布达到顶峰的时候，新形成的地中海水面以大约 30 英尺 / 天的速度上升。地质学家推测，或许在不到 3 年的时间里，这样一个 2 500 英里长、500 英里宽的盆地将被填平，最终达到海平面的高度。

地中海的复兴无疑给生活在这片干旱盆地上的陆生生物，譬如矮象和河马带来了毁灭性的破坏。但事实也证明，这一变化对海豚、鱼类以及从北大西洋进入的微生物还是有益的。这场灾难同时也为文明的发展打开了大门，因为地中海以某种方式连接着世界的经济和文化，如果它不是盆地而仍然是沙漠的话，那么这种共通是不可能实现的。今天，地中海为来自三大洲的 21 个国家提供了彼此互通的航海机会，这一切要归功于位于大西洋的 8 英里宽的直布罗陀海峡——正是因为有了它，才能够让地中海与世界上的其他地区相互连接。

大约 7 600 年前，[3] 黑海从大西洋中隔离开来。这是一个内陆淡水湖，从地中海向西被一块称为博斯普鲁斯山谷（Bosporus Valley）的狭长地带切断。在大约 2 万年前的最后一个冰河时代达到顶峰的时候，地球上的许多水都以冰川的形式存在，根据学者们的推测，那时的海平面比现在低了近 400 英尺。随着冰川融化、海平面上升，地中海的海面也在上升。最终地中海对黑海的影响就像 500 多万年前大西洋对地中海的影响一样：大量海水奔涌而来。

有关这一现象发生的速度和规模存在争议，但一个流行的假设是，海水以相当于 200 个尼亚加拉瀑布的规模倾泻而下。这场海水泛滥之迅猛，以至将 60 000 平方英里的区域淹没于数百英尺的水下。一些地质学家估计，地中海海面还在以大约 6 英寸 / 天（1 英寸 =0.025 4 米）的速度上升，它会让原本干枯的湖岸变成绿洲景观，并引发人类的争夺。海水还影响了湖泊里淡水生物群落的生态环境，导致那些无法适应新环境的物种灭绝，同时也让黑海中类似鲟鱼那样的生物为寻得在那些汇入黑海中的淡水河流中生存的机会而奔波。

哥伦比亚大学的两位地质学家在 1998 年出版了一本名为《诺亚的洪水》(*Noah's Flood*) 的书，他们把这种灾难称为《圣经》中的自然灾害。他们认为这个通常被称为"黑海大洪水"(Black Sea Deluge) 的地质事件，其名称的灵感来源可能是过去的大洪水故事，也包括《创世纪》(*Book of Genesis*) 中的故事。两位地质学家认为，这场真正的洪水可能与《圣经》中的某一个故事有关，虽然这个假设在学术界乃至信徒中都存在争议。但是撇开任何圣经上的暗示不谈，他们找到的引起灾难的地质证据却是确凿的。就像百万年前穿过直布罗陀海峡的咆哮激流一样，这场自然灾害也有好处：融合了黑海和地中海，开辟了一条连接亚洲和大西洋的重要航道。如今，博斯普鲁斯海峡 (Bosporus Strait) 是世界上最繁忙的航运通道之一，货船从曾经被封闭在内陆的黑海驶向世界各地的港口。

大约 200 年前，北美的五大湖区，世界上最大的淡水区域基本与大西洋隔绝。几千年来，5 个内陆湖被 10 000 英里以上的湖岸线（包括岛屿）包裹着，与世隔绝地坐落在大陆中部。4 个"上"湖（上游湖泊）——伊利湖、休伦湖、密歇根湖和苏必利尔湖高出海平面约 600 英尺，这使得来自大西洋的船只无法抵达。绝大多数的海拔落差是由于尼亚加拉瀑布的白云石峭壁所引起的，所有的湖泊在那里汇集流入安大略湖，并沿着圣劳伦斯河奔腾入海。

　　就像曾经隔离了现在的地中海和黑海盆地的土地一样，尼亚加拉瀑布一直处于被侵蚀的状态。按照这样的速度，瀑布预计将在 5 万年后消失，也就是说，从地质学的角度来讲，很快就会消失。当这一切发生时，几千年来将"上湖"和东海岸隔离开的悬崖将会消失，只剩下一个快速流动且不断被侵蚀的河床，它每天都会将湖泊向海岸线拉近一点。在大陆中部和海洋之间开辟一条自然形成的航行路线究竟会发挥怎样的作用，这是一个亿万年间都不会得到解答的地质猜想——这对于 19 世纪和 20 世纪的五大湖的政客和商人来说是一段难以忍受的漫长岁月，因为他们并不能满足五大湖只是像他们所发现的其他的湖泊一样，是一个孤立的内陆海，在这里，巨大的货船可以从五大湖中西部的一个城市到达另一个城市，却不能驶向海洋。

　　他们想完成这项工作，而这项工作始于一万年前最后一块冰川雕刻出的五大湖盆地。他们的梦想是通过人类自己创造出北美的"第 4 条海岸线"，从而可以调整横跨全球中西部的新兴制造业结构，希望能在遥远的城市开拓新市场，并赚取来自世界各地的利润。他们强烈渴望创造出属于自己的地中海，形成自己的直布罗陀海峡或博斯普鲁斯海峡，但是他们又不愿意看到类似的自然灾难发生。所以他们便创造出一个人工替代品。

＊　＊　＊

　　美国和加拿大建造的圣劳伦斯航道像蓝色的条带，从安大略湖延

伸至大西洋，滋养着圣劳伦斯河和圣劳伦斯湾，其分支向内陆延伸约
1 200 英里。而且从地图上看，这条蓝色的条带继续从安大略湖一路
穿过伊利湖，进入密歇根湖和休伦湖，穿过苏必利尔湖，最终到达西
部海岸明尼苏达州的德卢斯。如果根据地图绘制航程，你可能会认为
自己可以从大西洋沿岸划船或航行约 2 300 英里的距离后到达北美洲的
中央。并且在船上，你的确可以在旅程中的大部分时间找到与地图上
几乎相同的水域。但这一切都在距离内陆 1 000 英里左右的地方开始发
生改变。

众所周知，第一个坐船到达该地区的欧洲人是雅克·卡蒂埃
（Jacques Cartier）。1535 年，卡蒂埃毫不费力地驶入这条河流，当河水
在一瞬间变得狭窄且危险时，他获得了第一手的资料。这位 44 岁以探
险为终身职业的冒险家，凭借其经验丰富的水手身份，被法国国王弗
兰西斯一世（Francis I）选中，负责寻找一条横跨北美的航海捷径来
挖掘亚洲的财富，当然，卡蒂埃也会在这条路上捡起他发现的任何金
银珠宝。

前一年的夏天，卡蒂埃率领一支由两艘船组成的探险队穿越大西
洋，向西抵达圣劳伦斯湾（但并没有沿着圣劳伦斯河逆流而上）。当他
在秋天回到法国时，他的货舱里没有任何贵重财宝，但他的脑袋里却
满是关于美洲原住民的故事，这些故事能够证明在圣劳伦斯河的尽头
是广阔的大海。第二年，国王派给卡蒂埃 110 名男性和 3 名专业船员，
还有一艘经过特别改装以便在河流中行驶的船。

这艘船并不能完全胜任探索圣劳伦斯河的工作。当然，数百年来
也没有任何一艘船完成这项工作。

就在如今蒙特利尔市中心所在岛屿的上游，卡蒂埃遇到了"超
大型急流"，这个词显然不足以描述逆流航行的艰难。这里的海浪高
达 6 英尺，就像你在海滩上看到的那样，那些红色的"禁止游泳"的

旗帜正在被撕扯。但是这些海浪并没有变弱，它们一直存在，永远不会消失，最终幻灭为划桨扬起时的泡沫。这是一个由圣劳伦斯河床诱发的波涛汹涌的水墙。卡蒂埃仍然相信越过海浪便是黄金，这也许就是传说中通往亚洲的捷径，但是水势太汹涌了，迫使卡蒂埃在航行的途中停了下来，掉头驶回河边。前仆后继的法国探险家们仍然相信，在这条激流之外便是富有的中国，这条急流现在依旧被称为"拉欣"（Lachine），在法语中是"应许之地"的意思。

最终，探险家们通过将桦树皮独木舟运到急流附近，进一步向内陆推进，他们很快就发现遥远的上游是个奇幻之地：这里有一群相连的、被松树和阔叶树所包围的湖泊，并且这些湖泊比探险者所遇到的任何一个淡水湖都要大，到处都是野味和毛皮。这在当时的欧洲是见不到的。然而，拉欣急流只是后来众所周知的五大湖的第一道防线。在从大西洋航行到蒙特利尔的数千英里航程中，圣劳伦斯河的海拔上升了 18 英尺。而从蒙特利尔上游到安大略湖的 189 英里的航程中，河水水位竟上升了 245 英尺。

接下来，真正的急流开始了。在安大略湖的另一侧，还有一条湍急的河流，在仅 35 英里的距离中，其水面落差高达 160 英尺。任何试图划桨或穿越这个峡谷的人最终均以失败告终。

尼亚加拉大瀑布是奠定五大湖在自然界独一无二地位的根本原因。该瀑布有着从纽约西部到安大略省再延伸到威斯康星州的最负盛名的沉积岩山脊，它高达 1 100 码（1 码 =0.914 4 米）、长 650 英里。这座悬崖 4 亿年前还在海床的边缘，一个浅浅的热带海洋曾经坐落在当今北美的中部。按体积来计算，高约 170 英尺、在纽约州布法罗附近的尼亚加拉悬崖上翻滚的瀑布，是世界上最高甚至最大的瀑布。它们是最重要的生态屏障之一，因为它们为试图从安大略湖上游迁移到其他四大湖区的鱼类等水生生物创造了不可逾越的屏障。

经过数万年甚至数百万年的演变，这些巨型淡水水体已经经历了温度、盐度、水位的巨大变化，加之一波又一波不断演化的生物入侵，所有这些都使得这些水体里居住着的物种经历过严酷进化的考验。当面对来自外部世界的干扰而需要尽力维持生态稳定时，这些物种也就形成了一套"免疫系统"。另一方面，五大湖就是今天生物学家所说的"原始生态"（ecologically naive）。这意味着生态隔离使得湖泊中栖息的鱼类和其他水生物种没有暴露在外来干扰中。当然，这些生物从未被那些渴望利用它们的生态资源的早期探险家所关注。

1689 年，人类开始在拉欣急流周围建造一条运河，开挖一条通往五大湖的水上商业通道，那时只配备了最粗糙工具的法国船员们遇到了比预期更顽固的岩石，而且他们还遭到了美洲原住民的袭击，所以这条运河很快就被废弃了。[4]人类在驯服安大略湖上游的圣劳伦斯急流方面取得了进展，但仅仅在那条小河段的工作就一直持续到 19 世纪，特别是在 1763 年英国人从法国人手中夺取加拿大之后。

在接下来的 20 年里，英国军队在面对 13 个美国殖民地反抗的时候，由于急于维持对该地区的控制，开始向上游进军，为部队前哨提供补给。1781 年，在革命战争的鼎盛时期，为了对圣劳伦斯堡垒发起进攻，英国开放了一条距蒙特利尔上游约 25 英里、与圣劳伦斯河北岸平行的运河。这条运河整体不足 6 英尺宽、3 英尺深。但是，这条运河对战争十分重要。它的成功归功于修建时所用的技术。它有 3 个通航船闸，这可能是在该大陆建造的第一批通航船闸。

在通航船闸中，一艘向上游前进的船先进入一个水密闸室，闸室内有一个下游前门和一个上游后门。当这艘船通过敞开的下游门进入闸室时，上游门已经关闭。一旦船完全进入闸室，下游门就接着关闭了。然后，由河水供给的闸门在上游侧打开，并且将闸室填充，直到其与上游侧的水位相匹配。上游门打开时，船可以平稳地前进。向下游前进的船则进行相反的过程。像这样的系统唯一需要的引擎是依靠重力将水送入和送出闸室，而用人力就可以打开和关闭闸门。

这条短运河使得船在返回主河道之前仅需要上升或下降 6 英尺。这对于五大湖来说只是一次微不足道的破坏，但是运河的建设不可阻挡地向上游推进，并且很快就会延伸到只有桦树皮划艇才能到达的地方，这些皮划艇可以在 40 英尺长的海岸线周围行驶。这些船的吃水深度不足 3 英尺，但每条船都可以运载 3 吨以上的货物——包括下游的木材、毛皮、工具和上游的人。到了 1800 年，蒙特利尔以外的河流可以通过更大的达勒姆船只（Durham boats），也就是乔治·华盛顿（George Washington）在 1776 年圣诞夜袭击中穿过特拉华河（Delaware River）时使用的那种船只，它可以配备帆船并拖运重达船自重两倍以上的货物。然而在 19 世纪初，蒙特利尔的拉欣急流已经被这条充分使用的运河所征服，但在圣劳伦斯河沿岸特别崎岖的河段，船只必须卸下货物才能通过激流。从拉欣急流到达安大略湖这一段 180 英里的旅程大约需要 12 天的时间。

在 1825 年，当拉欣急流最终被人类的通航船闸和运河系统所淘汰的时候，沿着这条河流运输货物和人员变得越来越轻松。这条人造水道长达 8 英里，其中包括 7 个能让船只总共上升约 45 英尺的闸室。运河的完工最终为从大西洋到安大略湖的船只提供了可靠的浮力，而这些货物进入北美内陆所带来的影响是立竿见影的。到 19 世纪 30 年代早期，蒙特利尔和安大略湖之间的河流实现了 2 000 余次航行，并且每年运输 24 000 吨货物，这是拉欣运河（Lachine canal）开通前一年交通量的 4 倍。人类花了一个半世纪的时间，通过凿岩和犁地把这个运河放在天然地理屏障之下来保护五大湖免受外部世界的影响，但这个运河不久后将变成一条地理分界线。

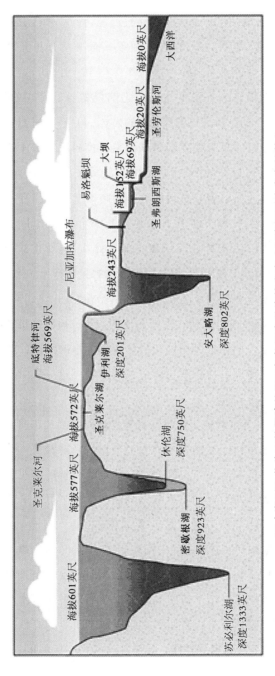

五大湖以及作为天然屏障的尼亚加拉瀑布的海拔高度（以海平面为参考基数）

*   *   *

它们可能被称为"大湖"，但这 5 个内陆"海洋"本质上是一条庞大的、缓慢地从西向东流动的河流。每个湖泊就像桶一样把水倾倒至下一个湖泊中，直到所有的水都聚集在圣劳伦斯河，然后奔向大海。

苏必利尔湖位于五大湖的源头。它长约 350 英里、宽 160 英里，所拥有的水量能将一块面积相当于北美洲和南美洲总和的陆地淹没达 1 英尺深。湖盆可能是由冰川侵蚀而成，但是这个 1 300 英尺深的内湖不仅仅是一个古代冰川融化形成的超大水坑，苏必利尔湖是一个充满活力的系统，降水和溪流是主要的补给形式，其湖水不断流向大西洋。

流入苏必利尔湖的水经由圣玛丽河（St. Marys River）下游流出以保持平衡。在这 60 英里的长度，河流水位下降了约 22 英尺，直至流入休伦湖，而休伦湖与密歇根湖实际上是同一水体。它们是同一个大湖的两个部分，连接在 5 英里宽的麦基诺海峡。密歇根湖和休伦湖都流入圣克莱尔河，该河流向伊利湖，其水位仅比密歇根湖和休伦湖低 9 英尺左右。伊利湖的所有水都从东流向其出口——尼亚加拉河，并沿该河约 325 英尺处涌入安大略湖。大部分的湖水水位下降发生在尼亚加拉大瀑布。

几千年以来，在瀑布下面的水里或水面上的任何东西都无法突破安大略湖与上游四大湖之间的这道屏障，但是这个屏障很快就被打破了，而且最先发生在美国境内。

华盛顿总统首先意识到，让居民定居在美国阿巴拉契亚山脉（Appalachian Mountains）以西的领土是有危险的。他认为，被阿巴拉契亚山脉与 13 个沿海州分开的那个偏远地区的内陆移民，没有理由一直效忠于他们的新国家，而不与北方的英国或南方的西班牙殖民者结盟。华盛顿总统想要的，是这样一条从中大西洋地区波托马克河（Potomac River）一直向西延伸的运河，但他意识到必须以某种方式或在某个地方与西方建立联系。

"首先，先生，我不必向你强调美国的侧翼和后方已经被其他强大的大国占领了吧，这是件可怕的事；[5] 我们也没有必要通过利益把各自联系在一起，用不可分割的纽带将所有的部分结合在一起，特别是我们的西部……"华盛顿在 1784 年秋天写信给弗吉尼亚州州长本杰明·哈里森（Benjamin Harrison）时谈道，"西部移民，（现在从我自己的观点上来讲）正站在一个支点上；如果有任何一丝丝甚至是微乎其微的波动，他们都会投奔其他国家。"

火药和尖嘴镐成功地将这些西部定居者同美国连接到一起。这一过程花了 40 年的时间，虽然这并没有遵循华盛顿所倡导的路线，但随着 1825 年伊利运河的开通，华盛顿从殖民地向内延伸的梦想得以实现。伊利湖和大西洋海岸之间的纽约州大部分路线已经自然形成。就像海拔较低的圣劳伦斯河一样，哈得孙河（Hudson River）一直轻柔地流淌进大海，其泄流速度很小，以至于海洋的潮汐会将海水向上推至奥尔巴尼市（Albany），这使得 145 英里的航道能顺利通航并深入美国内部。往西走，穿过约 300 英里的森林和高大的阿勒格尼山脉（Allegheny Mountains），在伊利湖的岸边坐落着布法罗的边界村落。19 世纪 20 年代早期，从奥尔巴尼到布法罗的陆上旅行需要花费两周左右的时间，并且其中大部分都是崎岖不平的道路，以至于乘客经常不得不动手在泥泞且崎岖的车道上将小车推上斜坡。他们需要更加便利的通行方式。

纽约州州长和纽约市临时市长德威特·克林顿（DeWitt Clinton），率先在这条崎岖的路线上建设由国家投资的伊利运河，并因此获得了很多支持，于是他将这条消息公之于众。然而让这一切成为可能的工程理念其实是在监狱牢房里诞生的。纽约西部的面粉商人杰西·霍利（Jesse Hawley）在自己破产后，试图将产品搬到混乱的路边和小道上，把他的面粉市场从纽约州西部的农村转移到西边的纽约市区。[6] 从 1807 年开始，霍利因债务在监狱里待了近 20 个月，他在那里起草了 10 多封《给杰纳西特使》（*Genesee Messenger*）的信，主张建造一条连接哈得孙河和五大湖的运河。霍利写道，他的动机是想要实现人生的一个小梦想。这些信件里列出了伊利运河最终将采取的路线，而霍利其实有着更大胆的想法，虽然最初大家都把他的论点称为"疯子的呐喊"。然而，这是个天才的想法。在霍利看来，上帝把五大湖放在海平面以上是出于一个原因——通过提供能量来填满船闸以提升船只。如果伊利湖与哈得孙河的海拔相同，但仍然被山脉隔开，那么是不可能建造出这条运河的。但是一旦知道如何制造航道闸的人们开始施工，那么高地势的湖泊用来抵抗外部水生物世界的最大防线也就毫无作用了。

"这似乎就是大自然的鬼斧神工，在形成伊利湖时，利用它的源头形成一个水库……"霍利写道，"这有望成为一条既宽阔又有价值的用来连接大西洋和内陆的运河，并且在人类历史的某个时期，可以通过人的聪明才智和工业制造来完成！"

由于技术上无法实现，这个不切实际的提案在整个国家被嘲笑。但它引起了一个重要人物——克林顿的兴趣。作为 19 世纪初期的纽约市长，这位年轻的律师最初将运河看作是能将他的城市与波士顿和费城相媲美的一种手段。但到了 1816 年，他已将运河作为能够支撑国家经济发展的必需品，并且得到了国会的财政支持，尽管这种支持最终被詹姆斯·麦迪逊（James Madison）总统否决了。

1817 年克林顿成为纽约州州长，从当年 7 月 4 日开始，他将该运河的建造推动成为一个国家项目。在接下来的几年里，公众对被媒体嘲笑为"克林顿的愚蠢"（Clinton's Folly）的企业的支持逐渐减弱，以至于克林顿失去了他的职位。但是，当他的设想变成了一条 40 英尺宽的沟渠，这条沟渠能够在纽约西部的荒野中穿行数百英里时，公众对运河的热情又开始飙升。克林顿在 1825 年再次赢得了纽约州州长的竞选，这已是运河建设开始 8 年之后，时值布法罗的开幕典礼。1825 年 10 月

26 日上午 10 时，[7] 83 号闸系统的第一道闸门打开了，伊利湖水进入运河。克林顿和他的随从登上"塞尼卡酋长"号（Seneca Chief）驳船，这艘驳船正以每小时 4 英里的速度向奥尔巴尼前进。

他们的启程以放加农炮为标志，随后在下游一次又一次听到同样的轰隆隆的声音，一直沿着运河到奥尔巴尼，然后沿着哈得孙河驶到纽约港。大约 90 分钟后，一连串的炮声才传到纽约市，纽约市内炮声隆隆以作回应。位于纽约州东部海岸线和西部边界的两个城市——纽约市和布法罗，如今都被像现代州际公路一样畅通的水路连接起来。

10 天后，当他们一行人到达纽约市时，克林顿举起了一个装满伊利湖湖水的绿色酒桶，把它倾倒入海。"在这个地方，这是伊利湖首次抵达船只的庄严时刻，"当他把五大湖的水撒入航道时宣称，"这是为了表明和纪念我们已经完成了五大湖与大西洋之间的航行。"

这只是一件小事，但它同时也是一个转折点，正如大约 500 万年前在海洋的另一端，大西洋的海水灌进干涸的地中海盆地，重新将其填满一般意义不凡。"塞尼卡酋长"号返程中肯定发生了一件事，虽然并没有被明确记录，但有很强的寓意。[8] 来自布法罗的一位法官带回了一个刻有"尼普顿回归潘多拉"（Neptune's Return to 潘）字样的木桶（尼普顿和潘分别指神话中的海神和森林之神），里面装满了来自大西洋的海水。"塞尼卡酋长"号于 1825 年 11 月 23 日（星期三）抵达布法罗。两天后，这艘装满贵宾的驳船被一队帆船拖至伊利湖的开阔水域。法官提到了 3 周前纽约市市长克林顿将伊利湖水倾倒入海的行为，然后宣布："作为回应，我们现在将海洋与湖泊连接起来了。"

"市民们，这个仪式将成为今后的年度感恩纪念仪式，为了尊重人类最重要的历史时刻，不仅仅指现在，还包括尚未出生的后代们以及未来的子孙后代，都应该学会感恩。"

然而，它将会带来难以想象的诅咒。

*　*　*

伊利运河从奥尔巴尼延伸至布法罗境内有 363 英里长，海拔 568
英尺、宽 40 英尺、深 4 英尺，然而这条来自大陆内部的涓涓细流对美
国造成的影响怎么说都不过分。第一年，约有 4 万人在伊利运河航行，
它将原来从奥尔巴尼到伊利湖为期两周的颠簸航行时间缩减为 5 天。
但是运河的开通不仅是为了压缩航行时间，更是为了增加在内陆和海
岸之间运输货物的数量。一艘伊利湖的驳船可以运载 30 吨货物，并将
从布法罗运往纽约的一吨货物的价格从大约 100 美元降低到 10 美元。
仅在第一年，就有大约 7 000 艘船在运河上运行，[9]这项工程立即成功
地吸引了很多生意，并且在 10 年之内，过路费就抵消了其 700 万美元
的建设成本。截至 1845 年，每年有 100 万吨以上的货物通过运河，[10]
而这个数字仅在 7 年后就达到了 200 万吨。

就像沿着一条行驶通畅的公路一样，城镇沿着运河繁荣起来。如在
纽约州的一个主要城市，它可能沿着运河向周围发展，又或是连接着罗
切斯特（Rochester）、锡拉丘兹（Syracuse）、尤蒂卡（Utica）、布法罗、
奥尔巴尼，当然还有纽约市。运河对五大湖本身也产生了相当大的影
响。一旦海岸和伊利湖之间的衔接得到保障，货物和人员就可以从纽约
港一直深入底特律、芝加哥和密尔沃基，因为在伊利湖与休伦湖和密歇
根湖之间的河流体系中，就算河水上涨 9 英尺也是可以自由航行的。

成千上万的美国人开始涌入大陆内部，数百万吨的粮食、毛皮和
木材向外出口，加拿大不可能对此坐视不管。1824 年，在布法罗运河
落成仪式结束后不到一年内，加拿大人就决定去挖一条属于自己的、
能直接进入伊利湖的运河——韦兰运河（Welland Canal），这条河将直
接穿越伊利湖和安大略湖之间的丘陵地带。韦兰运河就像是一台液压
电梯一样，它是一个由 40 个水闸组成的系统，专门用于绕过尼亚加拉
大瀑布，把巨大的船只吊到 325 英尺高的岩壁上，把五大湖中两个最

小的湖分开。韦兰运河的船闸尺寸远大于伊利运河的船闸，其闸长 110
英尺、深 8 英尺，这是因为韦兰运河是当时为巨型载货船的通行而建
造的，而伊利运河是为了在一个相对较小的驳船上运送货物而建造的
一个小而平缓的通道。从这个意义上来说，在 1829 年开放的韦兰运河
是一个比伊利运河更雄心勃勃的计划，其背后的目标并不仅仅是为了
两个大湖的通航。韦兰运河，再加上圣劳伦斯河下游的船闸扩建，其
设计旨在方便巨型帆船的通行，轮船也很快就会在五大湖和东海岸之
间建立直接的连接。

　　这既是一个承诺，也将会是一个一直困扰着韦兰运河的问题。无
论加拿大的圣劳伦斯船运通道中的船闸和运河有多大，它们终究还是
太小，因为世界载货船队的规模正在以不可阻挡的趋势增长。

　　1850 年，加拿大的韦兰运河和圣劳伦斯河的船闸大到足以容纳近
150 英尺长、26 英尺宽的航船。截至 19 世纪 60 年代初，小船通常从五
大湖航行到欧洲，将牛肉、盐、木材和谷物类等物品运往国外，同时带
回钢铁和纺织品。随着早期海外交通的发展和世界船队的扩张，这类规
模的航行次数注定会大幅度减少。即使是仅在五大湖港口之间航行的船
只，也很快变得太宽或太深而无法驶过韦兰运河，于是韦兰运河在 1887
年重建，这使得 270 英尺长和 14 英尺深大小的航船都能顺利停泊了。

　　在美国的边境一侧，伊利运河于 1862 年扩建，这次扩建直接将其
船闸拓宽至 70 英尺，深约 7 英尺。这使得伊利湖上驳船的载货能力从
1825 年的 30 吨增加到 240 吨。美国于 1903 年继续努力，并于 1918 年
完成了对伊利运河的又一次扩建。新运河可以承载装有 3 000 吨货物的
驳船，这是伊利运河原有船只载货量的 100 倍。尽管运河升级了，但
新运河还是在 20 世纪晚些时候被火车和高速公路所淘汰，因为这些火
车可以更快地运送货物，更重要的是，在运河结冰的整个冬季同样也
能照常运行。

虽然加拿大的韦兰运河和圣劳伦斯船闸同时遭受类似冬季停工的困扰，但他们仍在继续扩张。第 4 条运河的建设始于 1913 年，并一直持续到 1932 年。第一艘进入船闸的船足足有 633 英尺长、70 英尺宽，并携带有大约 19 英尺深的水，装载了大约 15 000 吨小麦。

问题是，这艘船基本上像是一个装在瓶子里的特大号船，它可以横穿所有 5 个大湖，但不能挤过圣劳伦斯河上的老船闸。我们的想法是，一劳永逸地创造一条"海道"，其深度和宽度足以让当时最大的货轮从大西洋海岸自由地进入大陆中心。

"大自然已经完成了建造闸道的大部分工作，"美国驻加拿大前大使汉福德·麦克奈德（Hanford MacNider）在 1939 年宣布，"让我们继续完成这项工作吧！"[11]

但是，北美"地中海"居民的想法与东海岸的美国政客们不太一样，他们担心建造的闸道会与他们自己的港口城市相竞争，而在整个 20 世纪的上半叶，国会一再拒绝加拿大关于共同努力扩大圣劳伦斯船闸和通道的提议。在 1952 年夏天的另一场国会表决中，这个提议再次被否决，安大略省省长莱斯利·弗罗斯特（Leslie Frost）称其已经受够了。"我们南方的好邻居，[12] 他们自作聪明地决定不跟我们一起加入扩大航道的队伍中，"弗罗斯特在 1952 年 6 月对加拿大广播公司说，"他们做出了这个决定。现在我们请他们让路，让我们继续做这项工作。"

加拿大人想沿着国际边界挖一条通航走廊，这条航道能让外国船只在美国境内的码头航行，并为全球提供通往共享的五大湖的通道。新当选的总统德怀特·D·艾森豪威尔（Dwight D. Eisenhower）自然是不愿意的。1953 年 4 月，艾森豪威尔通过美国国家安全委员会（National Security Council）计划委员会警告说："如果加拿大单方面采取行动，[13] 美国将无法在交通管制中行使平等的权利，这对无论是处于和平时期，还是战争状态时期的美国而言都是不可能同意的。"艾森豪威尔政府还担心，如果明尼苏达州和密歇根半岛上的铁矿石资源枯竭，可能会削弱中西部的钢铁工业。而在冷战的背景下，钢铁工业被总统的幕僚们视为"所有战略产业中最具战略意义的产业"。然而，加拿大东部拥有丰富的矿产资源，一条航道可以将它们带入大陆中部的钢铁厂。

国会注意到了这位二战时的将军，今日美国武装力量统帅的忧虑。1954 年 5 月，艾森豪威尔用一支钢笔在底特律旧堡签署了一项授权建造航道的法案，[14] 而那天所定制的法案就是美国和英格兰争夺五大湖和河流控制权的证据。

就在几周后，这两个国家各派出了一支 22 000 人的军队，在安大略和蒙特利尔之间的圣劳伦斯河上建造了 7 个 30 英尺深的闸道，以取代 21 个更小的加拿大混合闸道。美国将建造另外 2 个闸道。加拿大也将建造另外 5 个，最终的 1.338 亿美元的建造费用由美国支付（通过托运人所支付的 50 年以上的通行费来偿还），而另外 3.365 亿美元的建造费用由加拿大支付——他们也正是因此而最终关系破裂。与此相关的项目包括一个耗资 6 亿美元的水电大坝，它横跨的河流长度超过半英里，可直接越过边界。水坝的成本由二者均摊，它也是海上航行的组成部分，因为在它后面建造了一个 30 英里长的人工湖，这使得船只可以在曾经不可逾越的圣劳伦斯河急流上航行。

来自边境两侧的建筑工人以粗暴的形式将岸土冲进河槽，他们同时拥有重型土方机械，可以在短短一天内完成任务。而像这样的任务，挑选搬运的运河建筑商最少也要花费几个月，甚至几年的时间。当地学校的孩子们称这个 16 层高的起重机为"绅士"（Gentleman），它的铲子大到每分钟足以舀出超过 56 000 磅的土。[15]"绅士"很快就与一个同样大小的被称为"夫人"（Madam）的起重机一起合作，成为当时在这个星球上组装的最大型的重型机器。

＊　＊　＊

1955 年夏季，^[16]正当航道建设时，在布法罗市伊利湖畔的一位新闻周刊记者用这样一段文字来描述这个项目的规模和它改造这座城市的前景："今天你可以站在这里，看到我们的未来——许多船只悬挂着世界各国的旗帜，它们把五大湖变成地中海，把湖泊城市变成世界城市。"

航道的前景让《时代》杂志（Time）的记者们非常激动："河流和五大湖的排水口将变成一个人造地中海，船只可以向西航行到北美洲的中心地带。^[17]航道将对大陆的地理和经济产生巨大的影响。美国和加拿大将增加 8 000 多英里长的新海岸线。像芝加哥、克利夫兰、德卢斯、布法罗、多伦多和汉密尔顿这样的湖滨城市将成为真正的深水港。"

记者们回想起他们过去从航道拥护者那里听到的话。每一个湖滨城市的领导者都告诉他们的支持者，他们破败不堪的砂砾港口即将转变成闪闪发光的国际港口，甚至可以与世界上任何一个港口相提并论。"圣劳伦斯航道将是 20 世纪最伟大的独一无二的发展助力，它对密尔沃基未来发展和繁荣的影响不可估量。"密尔沃基港口主任哈里·C·布罗克尔（Harry C. Brockel）在 1959 年航道正式开埠前说。^[18]在一家刚出现的位于密尔沃基市中心的商店里，已经有专门的"外国商店"来推销所有富有异国情调的商品，布罗克尔和其他当地的领导人确信这些外来的商品会源源不断地涌入本市的码头。

在底特律，克莱斯勒（Chrysler）预测其汽车出口量的 80% 会通过航道闸口运出，^[19]明尼苏达人相信海洋即将与他们的州线相连接。"这条航道将拉近欧洲与德卢斯，^[20]而远离纽约和费城，"威诺纳的《共和先驱报》（Republican Herald）的编辑们在航道通过国家立法之后写道，"'内陆的'中西部地区已经不再是内陆地区了。"可以预见的是，芝加哥人认为建设航道是他们摆脱"二线城市"的一个机会。"让纽约成为这个国家最大城市的唯一方法，[21] 就是让一切都停滞不前，"总部位于芝加哥的美国中西部轮船局的主席罗伯特·科尔（Robert Kohl），告诉合众社（United Press）的记者，"现在没有理由终止建设。我们应该带着进口货物来到芝加哥，并把中西部地区的产品出口到国外。"

有理由这样乐观。1869 年，当还未开放到 100 年的时候，埃及的苏伊士运河就已经改变了世界的运作方式。120 英里长的人造航道将地中海和红海连接起来，并为往返于亚洲和欧洲之间的水手们提供了一个直接通道，缩短了原本必须绕非洲约 4 300 英里的路线。如今这条运河每年吞吐约 18 000 艘船，运载约 8 亿吨货物。在苏伊士运河开通的半个世纪后，巴拿马运河进一步革新了全球贸易，它将西半球一分为二，使得大西洋和太平洋之间的距离缩短了 50 英里，而使美国东海岸和西海岸之间的航行距离缩短了约 8 000 英里。

巴拿马运河每年吞吐约 14 000 艘船，运载货物量超过 3 亿吨，而且货物量预计还会持续增长，未来几年的货物量将在原来的数字上翻一番。无论是巴拿马运河还是苏伊士运河都将继续成为全球贸易的重要支柱，它们被誉为世界的现代奇迹。

但是，航道存在一个不太好的特点，[22] 据说它在美国现代工程奇迹中较为突出是因为它的知名度在建造前的几年反而比现在还大，原因在于：航道的闸建造得太小了，还没完全竣工就已经跟不上时代需求的变化。

即使巴拿马运河作为地球上的第一个海上航道已经有 50 年的历史了，但是美国和加拿大还是决定不去建造像巴拿马运河这样的 1 000 英尺长、110 英尺宽规模的航道船闸。相反，他们决定制造航道闸以配合更小的运河，如第一次世界大战前设计的长 766 英尺、宽 80 英尺的较小的韦兰运河。这么做的根本原因是为了节约成本。

航道建筑师认为建造像巴拿马运河规模的航道闸口是无用的，除非韦兰闸口也一起扩张，但是仅这项工程的花费就会高达 3 亿美元。这样做的建造价格几乎是建造航道价格的两倍，而且可以确定的是，这两种方案都不会得到资助。1954 年 11 月，建设还在进行中，美国航道管理员和其他工作人员试图让公众相信新的航道已足够宽。"大多数普通货物海船都能通过，[23]"该航道的相关公关人士坚称，"大部分的普通货船在航道完工后都可以在海上往返。"他们在那时的决定是正确的。

1956 年 5 月，在纽约马塞纳附近新建了艾森豪威尔闸，这是在圣劳伦斯河美国一侧建造的两座船闸之一。约 2 000 人参加了加拿大和美国两国的庆祝活动。然而就在 4 周前，新泽西州的州界线上发生了一个更大的事件。这个事件在当时几乎没有引起任何注意，但是航运的世界不可能一成不变，航道事业再也不可能恢复以前的辉煌了。

＊　＊　＊

马尔科姆·珀塞尔·麦克莱恩（Malcolm Purcell Mclean），北卡罗来纳州一位农民的儿子，他高中毕业时，美国正处于经济大萧条时期，当时他所接受的教育和职业选择的机会很少。他得到了一份在当地加油站加油的工作。3 年后，他买了一辆价值 120 美元的二手车，并开始了自主创业，为工程进度管理道路建设项目（Works Progress Administration）拖运水泥。在几年之内，他不仅能买下一个由 5 辆卡车组成的车队，同时还能支付起其他驾驶员的工资。在那之后的几年里，业务陷入困境，他被迫回到驾驶座上，开始从卡罗来纳州北部到纽约地区跑业务。1937 年 11 月下旬，他被困在霍博肯（Hoboken）码头的卡车里，一车棉花包等着他卸下来。当他看着装卸工们用起重机吊运货物时，他对他们的勤劳并不感到敬畏。他只是被那种笨拙的运输方式吓到了。这时，他陷入了思考，产生了一个改良装运方式的念头。

同今天的机械装备方式相比，当时装船的过程简直是一门艺术。不同形状、大小、重量和易碎性的产品都必须非常小心地放置在货舱中。

一些先到达码头的货物必须等其他货物到达为止，然后所有东西都被塞进船舱内。这就像是打包一个食品袋时，必须要把鸡蛋放到第一批，但它们必须等待面粉和罐头汤包装完成，以免被压碎。这意味着 20 世纪 30 年代船舶的装载过程所花费的时间，有时会比在大西洋上航行的时间要更长。"这需要一个更好的运输装载方式。[24]"麦克莱恩那天坐在卡车里想着。这个想法在他的脑海里反复出现了 20 多年。

1956 年 4 月下旬的一天，也就是被困在霍博肯码头那天之后，麦克莱恩准备把这个萦绕在他的大脑里并慢慢啃食他思想的念头化为行动。正在航道的船员准备去祝贺他们所在的企业包揽了当时全球范围内近一半的最大建设项目的同时，麦克莱恩正在悄悄地、几乎是独自地发起了一场改变世界的变革。他改造了一艘普通的油轮，并取名为"理想 X"号（Ideal X），同时在船上安装了一个凸起的平台，用于固定 58 辆拖车的车身和拆下来的轮子。布赖恩·J·卡达希（Brian J. Cudahy）在 2006 年由美国国家科学院交通研究委员会（Transportation Research Board of the National Academies）出版的一份报告中写道："这些都不是传统意义上的卡车，这 58 个设备已经脱离了它们在码头上的传动装置，并已经成了集装箱。"6 天后抵达休斯敦的"理想 X"号将58 辆拖车吊起来，并连接到新的传动装置，它们无须借助任何搬运工人之手就被传送到了指定的目的地。

麦克莱恩计算了在"理想 X"号上搬运一吨货物的成本，相比之前传统的船只运输货物每吨花费 5.83 美元，"理想 X"号每吨只耗费不到 16 美分。第二年，麦克莱恩改装了第二次世界大战时的货船，因此，集装箱可以像乐高积木一样堆叠在一起，并放置在甲板下方。这艘船长 450 英尺，可以携带 266 个集装箱。

麦克莱恩的创新并没有立即改变现状。船主、铁路和货运公司花了数年时间建造船队、港口和转运设施，所以箱子通常宽 8 英尺、高

8.5 英尺、长 20 或 40 英尺，可以在工厂、船、火车、卡车和仓库之间无缝移动。但是后来我们所知道的"集装箱革命"则要求越来越大的船只。截至 20 世纪 60 年代，最大的集装箱船的宽度超过 100 英尺——比航道的闸口还要宽 20 英尺。到了 20 世纪 80 年代，集装箱船已经长 1 000 英尺、宽 130 英尺，这比航道的闸口还要宽 50 英尺。而到了今天，最大的集装箱船已经远远超过航道闸口的两倍宽了。

＊　＊　＊

1959 年 6 月 26 日，艾森豪威尔总统和穿着一件蓝色连衣裙、左肩下挂着一个白色钱包的伊丽莎白女王，登上了皇家游艇"布里坦尼娅"号（Britannia），在蒙特利尔的一个礼仪大门处乘船航行，以纪念航道的完工。这扇大门是用一个旧的木制船闸的木头制成的，它是为了绕过以前无法穿越的拉欣急流而建造的，这股湍急的水流是许多船只在数百年来一直无法逾越的。那天的航行纯粹只是个仪式，航道已经开放了几个月，对美英的国家元首来说只是进行了一次为期一天的旅行，并没有真正驶向五大湖。还好是这样，因为沿着航道往上都是一片混乱景象。

那年春天早些时候，随着第一批远洋船只开始向五大湖航行，人们很快就发现了操作升降系统难以将 5 000 万磅重的轮船运送到 60 层楼的高度。在第一批船驶入的前几周，尼亚加拉大瀑布上方的水域仍然在一层厚达 3 英尺的冰层之下。到 4 月下旬，那里的冰块仍然坚固到足以阻挡蒙特利尔下游的 130 艘船只。一旦允许这些船只向内陆推进，它们就会不断地发生碰撞事故。

韦兰运河上的运输过程往往会出现长达 3 天的拥堵，[25] 底特律和芝加哥也会出现拥堵。在安大略湖下游的一条新运河上，一条熔断的保险丝导致大桥的升降机被撞毁，一艘油轮撞到了桥上，使整个航道陷入了更加拥堵的状态。一艘载有大豆油和牛油的德国货船在安大略湖畔的圣劳伦斯河搁浅；另一艘油轮以为码头是安全的，在加速时撞上了圣劳伦斯浅滩，几乎沉没了；一艘希腊船只的船舱在航道的船闸处被撞击，它带着破碎的航行灯、破烂的螺旋桨和弯曲的船头抵达了安大略湖；而另一艘船被困在韦兰运河中，就像一辆有一半楔入公路桥下的卡车一样，它的船长不得不卸掉船上的一部分货物。由于挖掘入湖的河道和港口的工作直到 20 世纪 60 年代才达到航道标准，所以一旦扣除新的航道船闸和韦兰运河，上游湖泊的运输情况就会变得更加紧张。底特律附近停泊了 10 艘船，其中的一位德国船长在拥挤的码头沮丧地抱怨道："你们都没考虑到船只的运输问题吗？"

抵达底特律的第一艘美国远洋轮船队的船长非常焦急地等待着能使他去克里夫兰接收其他货物的码头停靠空间。然而当他回到底特律时，仍然没有空间让他停靠。没办法，他只好带着原本应该卸载的货物离开了，其中包括应当运送到委内瑞拉的 132 辆汽车和卡车。一列火车最终将一些汽车带到了海岸，在那里它们被装上一艘可以处理"卸载"工作的港口船。

"半个世纪以来，圣劳伦斯航道一直渴望能有来自西部和加拿大的托运人，[26] 如今它已经运营了一个月。然而，它所经历的远远不只是一个梦想，"1959 年 5 月，宾夕法尼亚州一家报纸的编辑写道，"在某些方面，它也常常与噩梦相伴。"

夏末的时候，事情的进展逐渐顺利起来，当地的领航员熟悉了这些航道（海上航行条例要求外国船长在船舶通过该系统时根据当地水手的引导进行航行），航道闸操作员帮助船只艰难地通过让人难以忍受的狭窄的阻塞点，但不是所有船只都能这么容易地通过。托运人很快就失去了耐心。在航道第一季度定期为密尔沃基港服务的两家美国航运公司之一的格雷斯轮船公司（Grace Line）宣布，下个季度将不再冒险通过该航道。该公司去年索赔了 120 多万美元与航道有关的损失，其中部分原因就是由于船只通过闸口时受到闸具和通道的冲击而损坏。该公司的官员抱怨称，由于船闸的瓶颈和港口运营力不足，航程比原计划的时间延长了两周多。一些不好的消息传播开来。第二年，美国航道副总管对美国船运商使用该海道的船只数量"少得可怜"这个现象进行了猛烈抨击。[27] 到 20 世纪 70 年代初，在航道开放仅仅 10 年后，一些原来最有力的支持者也开始摇头表达不满了。

"我选择忘记这条航道。[28]"在 20 世纪 60 年代的大部分时间里，任职美国航道信息总监的迪克·米勒（Dick Miller），在 1970 年向加拿大新闻界哀叹道。在这之后的很长一段时间里，很显然，从外国港口运来的大量进口货物不可能进入一个只适合从加拿大海岸运铁、从中西部运粮的相对较小的船只通行的航道。"把这类事，比如创造第 4 条海岸线等，想得太理想化了，"他说，"但是你不能将费铁矿石和小麦也想得理想化。"

到 1982 年，航道运营机构的收入非常低迷，以至于国会豁免了美国海运公司 1.1 亿美元的债务，[29] 这是在 1970 年以后，立法者又一次允许航道运营机构停止偿还债务利息。在这样的情况下，航道运营商表示他们将被迫增加 70% 的通行费，这可能会使其陷入更加艰难的困境。5 年前，加拿大减免了它自己航道运营机构约 8 亿美元的债务。

到 1986 年，美国停止收取航道通行费，但仍未达到航道运营商期待的通航量。到 2002 年，陆军工程兵团报告说，海上航道只能承担世界散货船队载货能力的 2%，[30] 以及世界集装箱船队载货能力的 5%。

"最致命的遗憾是，我们把船闸建得太小了，[31]"来自明尼苏达州的已故美国国会议员吉姆·奥伯斯塔（Jim Oberstar）曾经告诉我，"铁路部门不希望在圣劳伦斯河航道上看到与铁路竞争的大型船闸，而东岸港口也不希望与五大湖竞争，于是这些因素合起来就限制了航道的规模。"

* * *

五大湖及其航道和北大西洋沿岸的运输至今依然是一项浩大的工程，每年需运输大约 2 亿吨的原材料，如矿石、沙子、盐和化学制品等，其中大部分都要通过这个船闸。但航道交通的海外部分曾在 20 世纪 70 年代末期达到峰值，[32] 其运输量达到 2 310 万吨，然而近年来却下降到不足 600 万吨。如今，海外货物的运输量通常约占五大湖区和圣劳伦斯海运航运业的 5% 以下。

由于船闸的尺寸很小，长期以来，人们一直在努力将航道重新定位，不是将其作为五大湖通往世界的门户，而是将其作为一个区域性的航行走廊，在这个走廊中，海路船通过从东海岸港口将集装箱运入湖中，与铁路进行竞争。这只是纸上谈兵，然而事实却是很残酷的，因为他们要面对的是冰封期。每年冬天，当航道的船闸和通道冻结时，航道必须关闭大约 3 个月，而在现实世界，一条每年中有 1/4 的时间处于关闭状态的航行路线是无法与卡车和铁路竞争的。企业基于"准时出货"的原则来管理库存，这就需要有快速、可预测和长期的交货时间表。

美国商船海军学院（U.S. Merchant Marine Academy）的乔恩·S·赫尔米克（Jon S. Helmick）曾在演讲中阐述了 21 世纪运输链中精心设计的交付方式。他指出了丰田汽车公司将发动机从日本运送到肯塔基州装配线上的过程。"在抵达南加利福尼亚州港口后，[33] 集装箱将从船上卸下，然后装载于向东行驶的双层火车上，通过陆路运输到芝加哥。在铁路运输的终点站，集装箱从列车中拉出并放在卡车底盘上，抵达旅程的最后一站，"赫尔米克说，"令人惊讶的事实是，在运输 17 天后，发动机在预定的 15 分钟送货通道内到达乔治敦（Georgetown）的工厂，在此期间，它们从集装箱中取出来并直接被移至装配线进行安装。"

季节性关闭是航道倡导者在航道开放之前试图解决的问题。其中一个想法是建立一系列核电站设施，以产生足够的热水来保持水路无冰。麦吉尔大学（McGill University）的教授早先提出一个建议，即为了防止冰堵塞蒙特利尔下游的圣劳伦斯航道，将化学燃烧装置装入锡容器中，然后将这些容器放入河中以保持水的流动。这些热融计划毫无进展。他们也没有计划在运输通道的底部放置一根管子，以便在整个冬天里将破冰的泡沫泵入水面。"假设压缩空气通过柔性穿孔的直径为 1.5 英寸的聚乙烯管道泵送、加重并锚定，[34] 那么安装的总成本预计不会超过 200 万美元，"1958 年的《新科学家》（New Scientist）杂志报道说，"这可能是人类设计的最引人注目的工程项目了。"

美国陆军工程兵团（U.S. Army Corps of Engineers）在 20 世纪 70 年代接受了破冰泡沫的理念，当时他们大约花费了 2 100 万美元探索各种方式，试图将航运季节延长至几个月的冰封期。除了泡沫生产商之外，该机构还利用海岸警卫队的一系列破冰船和"冰栅"将漂浮的冰块从船闸和航道上分流出来，以保持水和船只的移动。工程师们相信，他们确实可以让上游的湖泊全年保持开放，但每年冬天，航道闸和圣劳伦斯河河道仍需要关闭两个月。这个想法最终被否决了，因为其成本简直是天文数字：4.51 亿美元，[35] 几乎相当于航道建设本身的成本。

尽管陆军部队努力通过开放冬季航行使航道更具吸引力，但早期的集装箱船已经驶入新斯科舍省哈利法克斯的大西洋港口，并通过与芝加哥和德卢斯等五大湖港口城市的铁路合作，抢走了海运业务。

美国航道公司的老板戴维·W·奥伯林（David W. Oberlin）于 1975 年 4 月在美国众议院拨款小组委员会作证时表示："我们对此无能为力。[36]"他说唯一的选择是接受集装箱革命，尽管会出现季节性关闭，但仍试图将海上货轮改造成小型集装箱船，这其实不是什么好建议。

同年，德卢斯港投资 250 万美元安装了一台专用起重机和相关设备来处理集装箱货物。德卢斯港的前任主管告诉我，在起重机投入使用的第一年，德卢斯的确吸引了 3 艘小型集装箱船。第二年却一艘都没有。在闲置了 18 年之后，起重机终于被卖给了得克萨斯州博蒙特的一家公司。被德卢斯人称为"世界上最昂贵的海鸥栖息地"的最不经济的生产工具被拆除并运出了城镇。[37] 这位前任港口主管回忆说，最让人感到侮辱的是，起重机买家没有通过航道将他们的货物运出。

他们拆除了它，并用卡车将它拖出了城。

* * *

尽管五大湖港口的支持者们仍在为未能修建更大的海路以及将这条海路设计成全年运行而懊悔不已，而圣劳伦斯河下游的人们则为它的建造所带来的损失而哀悼。

如果你沿着康沃尔以西的安大略国王高速公路行驶，[38] 穿过纽约马塞纳的圣劳伦斯河，你会看到一个奇特的路标，这是一个用鹅卵石建造的石冢，它的顶部是一块棕色的木板，上面有一个黄色的箭头指向南方的河流，上面写着：指针方向 1/3 英里。这很奇怪。加拿大的限速标志在 1977 年的劳动节周末被改成了"千米"。更奇怪的是，如果你沿着箭头走，那条路不是通向一个小镇的郊区。它的尽头在南边 100码（1 码 =91.44 厘米）处的圣劳伦斯河岸边，河岸下游有一条水坝。在那波光粼粼的蓝色海水下，坐落着整个小镇的遗迹，一座曾经大到足以拥有自己的火车站、教堂尖塔和服务站的小镇。没有人知道这个镇名字的由来，它可以追溯到"穆利内"（moulinet），这在法语里是"绞盘"的意思，当时河水湍急，不是平静的人工湖，人们正是用绞盘把船拉到这段河的上游。

穆利内和其他几个城镇，包括米勒斯·罗什（Milles Roches）、狄金森登陆场（Dickinson's Landing）、威尔士（Wales）、法伦角（Farran's Point）和奥尔茨维尔（Aultsville）在 20 世纪 50 年代被洪水淹没，它们都为航道让路了。"淹没区"中的 6 500 名居民有两个选择，一是由政府买下其土地，二是把房子搬到更高的地方。83 岁的退休教师乔治·希基（George Hickey）对这两种选择都不满意。我们在圣劳伦斯河岸边相遇。50 年前，在离这里不远的地方，安大略电力公司的一名男子敲响了希基的房门，告诉他和他的妻子只有一年的时间可以用来搬家。

但随后，一场人为的洪水袭击了希基的住宅，其速度之快，就像瞬间填满地中海和黑海盆地的史前洪流一样。

"第二天，我上完课回到家，我的妻子对我说：'我们明天就要搬家了'。[39]"希基带着一种轻柔而悲伤的笑声回忆道。有人告诉他们，他们已经被列入搬家名单中的首位，需要赶紧打点行囊，因为在两周内，他们会被安置在临时住所里，这样的话，船员们就可以把房子从地基上抬起来，把它挪到几千米之外的地方。

新的湖泊占地约 3.8 万英亩，[40] 其中包括墓地。有的墓碑被挖出来并被重新安置。有时，尸骨会被埋藏在碎石堆下面，以防止被冲到下游。

但是，人造地中海的洪水与即将到来的一种完全不同的洪水相比显得苍白无力。当所有巨大的机械开始从海上向内陆缓慢推进时，几乎没有人会去担心这种洪水。

1955 年春季，八年级的学生帕特·肯尼（Pat Kenney）提出了一个当时没有人关注的问题。[41] 他担心河流的改造以一种前所未有的方式将曾经与世隔绝的湖泊与海洋连接起来可能会引发一场生态灾难。"为了我们的淡水鱼，我认为应该做点什么。"当航道建设正逐渐兴起时，一个来自爱荷华州布朗森的男孩在给艾森豪威尔（Eisenhower）总统的信中写道。总统将这个男孩的担忧转达给美国航道老板刘易斯·G·卡斯尔（Lewis G. Castle），卡斯尔在回信中尽可能地对这个男孩表达了安抚。

"也许你并不熟悉苏必利尔湖，它位于我们五大湖盆地的源头，海拔 600 英尺，位于大西洋之上。因此，河水从五大湖地区向东流入圣劳伦斯河的河口，"卡斯尔给这个男孩写道，"无论如何，海水都不可能污染五大湖的淡水。"

卡斯尔坚信湖水会源源不断地奔入海洋。但他没有告诉那个孩子，航行在内陆的远洋船只会携带着它们自己的迷你海洋。单航道船舶可以容纳多达 600 万加仑的船舶稳定压舱水，这些水在港口处卸下以便装载货物。这些都是科学家们事后才知道的，即使没有数十亿，这些水也可能会养活数以百万计的生物。

北美洲在第二年正式迎来了第 4 条海岸，支持海上航行的人是正确的：外国货物确实通过航道船闸进入湖泊，但这却不是所有人所期待的货物。原来这条海路上最重要的进口商品是不能买卖的，且不能被杀死。

第 2 章

七鳃鳗、湖鳟鱼和灰西鲱的故事

如果今天的五大湖盆地是由于冰川侵蚀而形成的，如果这些巨大的洼地在冰山融化之后才变成湖泊，如果这些湖泊在进化过程中与其他水生世界隔离开来，那么这里有一个显而易见的问题：所有的鱼都来自哪里？

答案是，五大湖并不总是与周围的河流和湖泊隔离的。在最后一个冰河时期，北美的大部分地区曾周期性地被冰川所覆盖，而在长达数万年的时间里，这些冰川逐渐消融。每次发生这种情况时，最容易联想到的是这些脉冲状的冰盖如同巨大的冰冻海浪一般有节奏地互相撞击着，但其实从地质角度来看，它的移动速度却很慢。在到达今天加拿大中部和美国北部时，冰川的碰撞开始了。一堆堆的冰在天空中形成一片又一片的雪花，在几千年的时间里，它们变成了海洋般大小的冰层，最大的冰层向空中延伸了将近两英里，跨距大约 500 万平方英里。

每当这些冰冻的海浪从北方缓缓而来时，就会有淡水河流从它的"出口"流出来——那里是冰川遇上充沛的阳光和温暖的微风的过渡地带。河流从这些冰山山脉以及它们赖以为生的湖泊、草原和森林中奔流而出，为那些在原生山脉里被冰雪覆盖的动植物包括鱼类提供了庇护。

然后，气候会变暖，冰盖会慢慢地向北收缩，幸存的植物、动物包括鱼在冰河区之外等待着时间的流逝，它们沿着消融的冰层向北迁徙，定居在新露出来的景观和湖泊中。然后，地球又会变冷，新的冰盖会压向北美中部，沿途的鱼类和动物将再次争夺避难所。

最后一次冰河期开始于大约 200 万年前，最后一次碰撞直到一万年前才退去。没有人能够确切地知道，有多少这样的冰波在最后一个冰河期从北方俯冲下来；冰波每向前推进一次，它就会冲刷掉上一次推进时留下的湖泊、河流以及景观。但是当最后一波浪潮向北袭来时，冰川融化形成了巨大的盆地。这些新的五大湖最终被顽强的鱼类和其他水生生物所占据，它们一直生活在冰川无法到达的融化水域中。

在冰盖缓慢后退的过程中，早期湖泊的形状、大小和与附近水域的关系都在不断地发生变化；冰层在大约 2 万年前就开始收缩，但之后又再次扩张，然后以向北两步、向南一步的方式再次收缩。有一段时期，湖泊或者它们的前身与今天苏必利尔湖西北部的淡水海相连，这片海的面积比今天所有的五大湖加起来还要大。曾经有一段时间，一条河流从今天的密歇根湖和休伦湖流出，汇入大西洋的一个巨大入海口，[1] 而另一条河流从密歇根湖的南端流入密西西比河流域。最终，这些湖泊和其他早期形成的湖泊都干涸了，从大约 2 500 年前开始，唯一持续的联系就是河流系统，它呼啸着越过尼亚加拉瀑布，穿过安大略湖，然后沿着圣劳伦斯河谷冲到北大西洋。物种可能会在雷鸣般的瀑布上翻滚并进入海洋，但是对于鱼类和其他水生生物来说，它们可以从海洋（以及大陆上的其他内陆水域）向上游迁徙并进入湖泊的开放大门已经关闭了。

　　这使得尼亚加拉瀑布上游的 4 个湖泊与其他水生世界基本隔绝。五大湖的面积大概是加利福尼亚州的一半，但从某种意义上说，它们就像森林中一个个 1 英亩大的池塘一样孤立着，直到 19 世纪早期，建造的韦兰运河和伊利运河绕过了瀑布，将湖泊与大西洋相连接。千百年来保护着这些湖泊的尼亚加拉大瀑布的屏障被打破，引发了一场生态灾难，3 种鱼类——七鳃鳗、湖鳟鱼和灰西鲱的兴衰就是最好的例证。它们的故事告诉我们，一幅已经存活了几千年的精美生态画卷是如何在短短几十年间瓦解的。

*　*　*

　　当通往外部世界的上游湖泊河道对迁徙的鱼类关闭时，将食物网的底部连接在一起的是浮游植物。[2] 这种植物状的生命能够被微小的浮游动物吞噬，而浮游动物反过来又为软体动物和甲壳类动物提供食物。在这些大型动物中，有尼斯皮平刺鱼、来自深海的黏乎乎的杜父鱼，还有一种被称为"绿宝石"的小鱼。这种小鱼是湖中中等大小鱼类的主要食物来源，包括鲈鱼、大突眼鱼和小嘴鲈鱼。在湖泊较浅的区域，也潜伏着巨大的鲟鱼，它可以活 100 多年，生长到 7 英尺长，它在海底捕食水生昆虫、甲壳类动物、贻贝，偶尔也吃小鱼。

　　把这一切称为食物链恐怕过于简单化了。捕食与被捕食之间不是严格的线性关系；幼小的捕食者与其成年后捕获相同的猎物。有些鱼类以自己的同类为食，在这五大湖的生命链中，有些大鱼不喜欢小鱼，而是喜欢与它们竞争甲壳类动物和浮游生物。例如，白鱼可以长到 2 英尺多长，重量超过 10 磅。它们的食物来源主要由底栖生物和甲壳类动物组成，这些甲壳类动物夜间在黑暗的掩护下从湖床上迁徙上来寻找浮游生物。与白鱼属于同一科，并在食物网中占据类似食物链位置的有 6 种以上且亲缘关系密切的鱼，其中最著名的被称为湖鲱鱼，但也有一些有着特殊绰号的"小鲱鱼"，比如布洛特（bloater）、短鼻（shortnose）、黑鳍（blackfin）、短颚（shortjaw）和基伊（kiyi）。其中一些觅食的鱼类，统称为"加拿大白鲑"，它们的生活方式就像小型白鱼一样，成群结队地追赶那些夜间从湖底迁徙而来的甲壳类动物。在五大湖区的生态系统中，大腹便便的湖鳟鱼在追逐着这一簇簇的小鱼。

巨型鳟鱼可以生长到70磅，和狼一样重，它们和鲑鱼属于同一个家族，有着相同的祖先，但在很多方面却截然不同。鲑鱼孵化后在淡水河流和小溪中度过它们的青春，然后到海洋中享受两三年的盛宴，之后回到它们的原生淡水中产卵一次，最后死去。鲑鱼可以通过吞食成群的像鲱鱼这样的猎物，在短短几年内达到它们的最大体型，有时甚至可以达到100磅。但是鲑鱼是很挑剔的物种。如果它们在短暂的生命中找不到足够的鱼群来吃，它们自己的新陈代谢会将它们自身毁灭；它们会饿死或者变得虚弱，最后死于疾病。

生长缓慢的湖鳟鱼则是另一种类型。它们可以存活数十年，年复一年地繁殖，并且能够在与鲑鱼同样挨饿的条件下长出脂肪。湖鳟鱼经过数百万年的进化，能够在寒冷的、相对贫瘠的冰川河流中生存下来，它们几乎可以在湖泊中找到任何能食用的东西——从浮游生物到昆虫，再到其他鱼类，这些特点都是它们自然形成的，也因此能够在这片水域经受住长时间的饥荒。

如果它们某一个阶段的食物供应量较少，湖鳟鱼就会减慢它们的新陈代谢，甚至停止生长，等待着再次获得食物。如果一条湖鳟鱼在海洋中放松警惕，一条更大的鱼可能会把它整个吞下去。但五大湖食物网中的成年湖鳟鱼只需要担心食物，而不用担心被吃掉。这种能够利用现有的食物资源来控制其生长速度的能力，使其成为调节，或更准确地说是收获，来自五大湖缓慢流动的能量的最佳鱼类。

"没有谁能和它们相比了，[3]"美国鱼类和野生动物管理局（Fish

and Wildlife Service）的五大湖鳟鱼专家马克·霍利（Mark Holey）说，"湖鳟鱼能以最有效的方式将生态系统中的能量从光照转化为食物。"

就像人类培育出具有独特特征的犬科动物，[4] 比如牧羊犬用来放牧、猎狗用来狩猎、杜宾犬用来护卫等，类似的专业化自然也发生在五大湖中的鳟鱼身上。在溪流还没有和外面的世界连结起来的时候，只有相对较少的食肉动物进入湖泊，因此五大湖里的鳟鱼经过数千年的进化，填补了多个原本可能被其他物种占据的生态位。一些生物学家认为，仅在密歇根湖，湖鳟鱼至少被分成了 100 个种群，其中许多成为孤立的种群，只在它们自己的种群之间繁殖。在五大湖沿岸，每一种鱼类都经过了独特的适应，在其所属的地区苗壮成长。一些种群在泥滩或布满卵石的开阔水域中繁衍生息，它们的肌肉和体腔中积聚了大量的脂肪，使它们拥有了浮力，这样它们就能适应湖泊的不同深度，无论是在地表附近，还是在深海的高压地带。五大湖的湖鳟鱼和其他种类的湖鳟鱼相比，它们的眼睛更大，而且更靠近头顶，这对鱼来说是绝妙的，就像鲨鱼一样，可以从下方攻击成群结队的白鲑和加拿大白鲑鱼。

其他生活在浅水区的湖鳟鱼品种，与白鲑鱼和加拿大白鲑争夺甲壳类动物和昆虫。它们中的有些品种更擅长从水中分离出浮游生物。它们有的在卵石中繁殖，有的在礁石上繁殖，还有的在被海藻缠绕的湖床上产卵，也有一些湖鳟鱼像鲑鱼一样在河流和溪流中繁殖。

根据生活地点的不同，成年湖鳟鱼的体长为 12 英寸到近 4 英尺不等。它们的皮肤可以是绿色或者棕色的，上面带有黄色或橙色的斑点，也可以是从白色到黑色之间的所有颜色，在这个区间里包括灰色和银色。取决于不同品种，成年湖鳟鱼的肉从白色到粉红色到深红色不等。大多数湖鳟鱼在秋天产卵，也有的在夏天，还有一些在春天。

早期捕捞过这些鱼的渔民给它们取了不同的名字，有些叫作红鳍和黄鳍，有些叫作鹿皮、油脂球或者纸肚子，有些叫作苔藓鳟鱼、浅滩鳟鱼和脂肪鳟鱼，还有些叫作海湾鳟鱼和黑鳟鱼，但其实它们都是一个品种。

关于这些湖鳟鱼的自然历史记录并不完整；在进行全面的鱼群调查之前，从 19 世纪中期就开始出现过度捕捞了。早在 1844 年，摩门教创始人约瑟夫·史密斯（Joseph Smith）在伊利诺伊州的迦太基被一群暴徒暗杀后，一位名叫詹姆斯·J·斯特朗（James J. Strang）的人就曾尝试解释密歇根湖北部人口兴旺的原因，而他则是布里格姆·扬（Brigham Young）领导的摩门教的激烈竞争对手。布里格姆带着他的信徒来到了犹他州沙漠中一个相对青翠的山谷，那里如今被称为"盐湖城"（Salt Lake City），是一个在全球拥有 1 500 多万名信徒的教堂所在地。

与其说斯特朗是圣人，不如说他是近代的海盗，[5] 他把自己的教众带向完全相反的方向——向东进入了北密歇根湖的中央。在那个湖岸线长 13 英里、宽 6 英里的海狸岛（Beaver Island）上，这个身高 5 英尺 4 英寸，蓄着橘黄色的胡须，长得像个胡萝卜的斯特朗，给自己戴上了皇冠，用岛上的苔藓铺成坐垫，称它为"王座"，并宣称自己是国王。

在 1940 年的一篇报纸采访中，斯蒂芬·史密斯（Stephen Smith）回忆道："斯特朗下令，只要有人对严苛的管制稍有反抗，就会遭到鞭打。"当时 91 岁的史密斯声称自己是斯特朗残酷统治下最后一个活着的人。斯特朗杀了许多男人和女人，把他们捆起来鞭打，直到他们的血流干为止。他还派人去抢外邦人（非摩门教徒）的商店，甚至让海盗在岛上航行，抢劫渔船。

和他的对手布里格姆一样，斯特朗也娶了多位妻子，其中一位扮成男人，身穿黑色外套，头戴烟囱帽，自称为查尔斯·道格拉斯

（Charles Douglas），是斯特朗的私人助理。在 6 年的统治期间，斯特朗经历了一场与本地人的海战，并被底特律的美国地方法院以伪造、海盗以及干扰邮件和谋杀等多项罪名指控。

斯特朗与陪审团交谈时口若悬河。史密斯回忆道："陪审团相信了他的话，无视对他的所有指控并宣判其无罪。""国王"回到比弗岛时比以往任何时候都更加自信，因为即使是美国政府也无法击败他。

被史密斯称"傲慢的小暴君"的人并不全是失意的，他在教会里有相当多的追随者，在其鼎盛时期时达到了 12 000 人，以至于他得以当选为密歇根州兰辛市的议会议员，据说他在那里表现得很好，成为一名立法者，并创办了一家报纸。他是一个废奴主义者，在主流摩门教成立之前的一个多世纪里，他就允许黑人成为他所在教派的正式成员。

斯特朗自称是一名自然学家，[6] 他是最早尝试将岛屿附近水域中的湖鳟鱼进行分类的人之一。在 1853 年的一份报告中，他概述了一种胖胖的名为湖鳟鱼的生活史。他说，由于湖鳟鱼的肉是白色的，所以一些渔民猜测它可能是一头"骡子"——一个介于鳟鱼和白鲑鱼之间的杂交品种（事实证明是错误的）。他还注意到，生活在较浅水域的很瘦但体型更大的湖鳟鱼只有在产卵时会独自游动，并把水下的所有东西都狼吞虎咽地吃掉，定期掠夺捕鱼人用渔网捕获的成群的白鲑鱼。

斯特朗写道："鳟鱼是一种贪婪的捕食者，据我们所知，它们会捕食和吞食其他任何种类的猎物，甚至是自己的同类。""鲱鱼经常成为它们的猎物。在鳟鱼的肚子里发现了重达 2 磅的白鲑。有时会发现小鳟鱼，"斯特朗解释说，"在那个时候捕捞湖鳟鱼是一项非常辛苦的工作，尤其是在冬天。鱼上钩的那一刻，渔夫就把渔线甩到肩膀上，用尽全力地拉着线奔跑，直到鱼被拉出冰面。"

用船捕捞鳟鱼并不容易。斯特朗描述了渔民是如何勾住鱼的下巴，直到它们筋疲力尽为止。对于渔夫来说，这不是一种容易的谋生方式。斯特朗说，两名渔民在一起工作的时候，最好的时候能在一周内抓到重达 800 磅的鲑鱼。

据史密斯说，斯特朗在 1856 年被两名心怀不满的追随者开枪击中头部。这两名追随者拒绝了斯特朗的一项法令，即他们的妻子和岛上所有其他的女人都要穿灯笼裤。凶手从未受到指控，斯特朗的暴虐统治在很大程度上已经成为历史。

不久便迎来了新时期：渔民们每周都能捕获到 1 000 磅的湖鳟鱼就算是巨大的收获了。

在斯特朗死后的几年里，随着捕鱼船队的机动化和渔网的机械化，五大湖渔业从一个维持湖岸社区的当地产业发展成为一种宝贵的国家资源。[7] 到了 19 世纪 90 年代，仅密歇根湖每年的鳟鱼捕捞量就超过了 800 万磅。报告显示，苏必利尔湖和休伦湖的捕捞量较少，但是在安大略湖的量却超过了 100 万磅（伊利湖的水域要浅得多，水温也要高得多，所以湖鳟鱼的捕鱼量要少得多，不过到了 1890 年，每年捕捞的白鲑鱼数量达到了惊人的 4 400 万磅）。

不管湖鳟鱼的捕捞多么艰难，湖泊每年仍会产出数百万磅的鳟鱼，10 多年过去了，直到 20 世纪 40 年代，五大湖每年大约有 1 亿磅的鱼类被捕捞。然而，在短短几年的时间里，湖鳟鱼和某几种白鲑鱼就突然消失了。即便没有被完全摧毁，整个湖泊的白鲑鱼种群数量也减少了很多。

仅凭贪婪的渔民不可能造成如此迅速的破坏。事实证明，这场环境灾难中有一个帮凶，它们不同于历史上的淡水鱼，这是一种如吸血鬼般的鳗鱼，它们扭动着身躯生活在 19 世纪建造的运河中，破坏着东海岸湖泊的自然平衡。这个古老的掠食者表明这些年轻的湖泊还仅仅是生态系统的新生儿，真的非常脆弱。

1936 年在密歇根湖、1937 年在休伦湖、1938 年在苏必利尔湖发现七鳃鳗后，渔业崩溃的速度和范围让生态学家和渔民困惑不已。到 1949 年，联邦生物学家预测这 3 个湖泊的湖鳟鱼种群将完全灭绝，白鱼、鲑鱼和鳟鱼也不可避免地朝着这一方向发展。1950 年，一名报社记者描述了一场前所未有的生态灾难：

> 几周前，伊利诺伊州沃基根的商业渔民亨利·史密斯（Henry Smith）把他的船开进了密歇根湖，[8] 并布下了 4 英里长的网。
>
> 过了几天，他出去把网拉起来。这次他只捕到 6 条鳟鱼。而 5 年前相同的操作可能会捞起重达 6 000 磅的鱼。
>
> 现在那些美味多汁的鳟鱼都不见了。五大湖的渔业正在衰退。价值数百万美元的渔网、齿轮和小船丝毫起不到作用。年轻人已经在另谋出路，而年长的人仍坚持着，拼命地想要靠捕鱼勉强地维持生计。
>
> 在我们的五大湖，有一个谋杀犯，几乎摧毁了美国最伟大的商业和渔业。
>
> 它的名字叫七鳃鳗，是一种被称为"吸血鬼"形似鳗鱼的生物，原产于大西洋，开始时捕食湖鳟鱼，现在正在捕食更多的像白鱼、鲱鱼和鲑鱼等五大湖生物。

事实确实如此。同年的晚些时候，在美国科学促进会（American Association for the Advancement of Science）的一次会议上，一位密歇根教授透露，七鳃鳗已经开始攻击人类了。[9] "事实上，"韦恩州立大学的查尔斯·克里泽（Charles Creaser）解释说，"它们并不像捕食鱼类那样攻击人类。当游泳者离开水面时，它们会松开嘴，在未破损的皮肤上留下一个牙印。"

克里泽还注意到，七鳃鳗已经开始附着在以每小时 15 英里的速度行驶的摩托艇上。据他推测，这一现象可能是它们在 20 世纪 40 年代末像火一样蔓延五大湖的原因之一。1944 年，仅密歇根湖里的湖鳟鱼的年均捕获量已经接近 650 万磅。5 年后，捕获量降至 34.2 万磅，而在那之后的 5 年里，湖鳟鱼的捕获量已经接近零。类似的故事也发生在白鲑鱼身上。在 1947 年，密歇根湖的商业渔民捕获了近 600 万磅的白鲑鱼，而 10 年后，每年的捕鱼量下降到 2.5 万磅。鲑鱼的急剧减少也发生在休伦湖。不久后这也发生在伊利湖里，伊利湖不仅鳟鱼数量较少，而且缺少冰冷、湍急且清澈透明的产卵河流，而这正是大自然中最具毁灭性、最持久的掠食者生存所需要的。

*　*　*

在 2005 年，一位年轻的古生物学家从一块近 4 亿年前的岩石上凿出了这种动物的化石，其中最可怕的是它的嘴巴。[10]这条古老的鱼是在非洲南端附近的一堆页岩中发现的，它有着光滑的身体和胖胖的脑袋，就像一只巨型蝌蚪。它的头顶上有一个鼻孔。这只小动物的两只小眼睛从它的脸上被扯向后面并推到一边，很明显，这是一只无法从正面抓住猎物的杀手。然后是嘴巴：从我们对嘴唇、下颚和牙齿的认识来看，它根本不是一个嘴巴，只有一个圆孔，上面镶着 14 颗毒牙，这是最荒诞、最难以想象的。如果巴特·辛普森（Bart Simpson）养了一条宠物水蛇，它看起来也就像这样。很难想象这种没有嘴巴的生物会如何咀嚼和吞食它的猎物，而不会被猎物杀掉。

这种古老海洋生物的发现，打开了一扇了解史前海洋生物的大门，古怪的是，这是在种族隔离时代，南非社会动荡期间偶然发现的。20 世纪 80 年代中期，为了防止白人和黑人之间发生冲突，在东开普省人口约为 7 万人的格雷厄姆斯敦的贫民窟里，一条主干道被改道。这个建筑项目需要在城市郊区的山坡上砍下大量的植被，从而露出了一

堵由黑色页岩组成的岩石墙。当时，这个地区的一位名叫罗布·格斯
（Rob Gess）的青年对地质学有着浓厚的兴趣。当他发现自己可以像翻
书一样把页岩层分开之后，就开始用一把袖珍小刀从那些片状页岩碎
片中挑选出几片。这本书中有很多植物和鱼类的化石残骸，这些碎片
描述了 3.6 亿年前的海洋环境。事实证明，在非洲、南美洲、南极洲、
印度和澳大利亚被合并为冈瓦纳古陆时，页岩曾是沼泽泻湖中的淤泥。

　　20 世纪 90 年代末，当路边新露出的页岩面开始脱落时，政府向当
时还是一名研究生的格斯提供了一辆平板卡车以及 6 名工人，让他们
将大约 30 吨的页岩运走。格斯甚至建造了一个棚屋，以防闲置的富含
化石的岩石风化。2005 年的时候，格斯在那里发现了食肉动物的遗骸。
这种食肉动物显然是靠咬住猎物的腹部而繁衍生息的，它那吸盘状的
嘴巴上镶着一圈牙齿，这种牙齿是由一种与人类指甲中发现的蛋白质
类似的物质组成的。该动物的唾液中含有一种毒素，可以起到抗凝血
的作用，使宿主的血液保持流动。这种生物会一直撑到自己的肚子填
饱了，或者直到受害者没有东西可给它了为止。这是一种最原始的谋
生和杀戮方式，事实证明，这也是一种非常有效的方式。

　　格斯的标本里没有显示出骨骼存在的证据，标本只有由软骨材料
制成的头部、鳃和脊椎，这些湿软的材料对于化石记录并没有什么帮
助。这意味着这块化石实际上只是在岩石薄片之间的印痕化石，几乎
和图片一样扁平。那么，科学家们如何从这张粗略的图像中得知这个
生物是如何生存以及如何攻击猎物的呢？事实证明，这个残忍的杀手
还留下了其他关于它如何生活的线索，那就是它的后代。而这些后代
又留下了更多的后代。因此，经过石炭纪、二叠纪、三叠纪、侏罗纪
和白垩纪，一直到大约 6 600 万年前开始的新生代，再经历了所有的时
代——古新世、始新世、渐新世、中新世、上新世、更新世、全新世
等，一直到 1825 年伊利运河终于开通了。

　　格斯的化石说明，今天七鳃鳗的直系始祖是一种原产于大西洋沿岸水域和河流里的生物。除了一些微小的进化调整，包括多几排牙齿和增加的长度和周长，格斯的发现表明，自从七鳃鳗的祖先被困在冈瓦纳的淤泥中之后，这种食肉动物就没有发生明显的进化。传统观点认为，具有这种特殊设计的动物很可能随着猎物的进化或灭绝而消失。但七鳃鳗没有，在地球上 5 次大规模的灭绝中，七鳃鳗不知何故地幸存了 4 次。它们从盾皮鱼手下逃生，这是一种比现在最大的鲨鱼还要大的生物，它们的背部和头部都有像海龟一样的龟壳，由于其大小如鲨鱼一般，因此也被叫作鱼龙，它们在 25 亿年前的海洋里游弋。七鳃鳗也从蛇颈龙手下幸存下来了，而蛇颈龙是一种可以长到 50 英尺长的海洋食肉动物。

　　"从本质上来讲，"格斯说，"这是一种非常成功的形态，只要有冷水和水生脊椎动物供它食用，七鳃鳗就会继续存活。"没有什么地方比五大湖更适合它们生存了。如今，七鳃鳗只是大西洋生态系统中的一个小角色。但是它们经受住了考验，也并没有摧毁海洋资源。它们也在回馈食物网；对于鳕鱼、剑鱼和条纹鲈鱼等鱼种来说，七鳃鳗是一种受欢迎的食物。

　　但是，当七鳃鳗最终从海洋进入五大湖区的时候，这种原始的海洋生物被证明是一种生态威胁。五大湖位于尼亚加拉瀑布之上，这片广阔的水域覆盖了在韦兰运河和伊利运河修建之前存在的相对简单的食物网。有 4 种原产于五大湖盆地的鳗鱼已经与五大湖里的其他鱼类和谐共处了数千年。其中的 2 个物种从未达到攻击鱼类的程度，而是像蠕虫一样，一辈子都在溪流中挖洞觅食。它们的生存方式是将头探出河床，从水流中吸取浮游生物和其他微小的物质。另外 2 种本土的五大湖鳗鱼是在开放的水域里捕食，但它们只有大约 1 英尺长，不会对五大湖里其他鱼类的生存构成威胁。

然而，随着韦兰运河在 19 世纪末的扩建，七鳃鳗随之而来。像鲑鱼一样，七鳃鳗是一种溯河产卵的动物，这意味着它们生命的第一阶段是在淡水河流和溪流中度过的，然后才下海捕食，最后再回到淡水河流和小溪中产卵和死亡。但是，就像鲑鱼一样，在七鳃鳗的生命周期中不一定需要盐水成分，如果它们能找到足够大的水域，里面有足够多的鱼来替代海洋，它们就不需要盐水了。

* * *

五大湖里的第一条七鳃鳗是 1835 年在加拿大安大略湖中被发现的。关于它是否一直存在于安大略湖是存在争议的，但许多研究人员认为，七鳃鳗只是在伊利运河开通后才在湖中定居下来的。理论上，七鳃鳗原产于东海岸的河流，包括哈得孙河，它们可能冒险进入伊利运河的东部地区，然后通过伊利运河的支流入侵安大略湖。这些人造水道来自安大略湖盆地，以保持伊利运河东部的水流。因为成年七鳃鳗生来就是逆流而上的，所以这些从安大略湖流下来的水流会把它们引向那个方向。

至少有部分的七鳃鳗将继续向西迁徙至伊利湖，这似乎是合乎逻辑的，但今天研究七鳃鳗的专家认为这不太可能。伊利运河西段的河水过于温暖，水流缓慢，污染也特别严重，特别是与来自安大略盆地涌入伊利运河的冰冷而清澈的海水相比。但这并不能解释为什么七鳃鳗在 1829 年韦兰运河开通时，并没有立即从安大略湖游到伊利湖，当时距尼亚加拉瀑布上发现第一条七鳃鳗已有近一个世纪的时间。一种解释是，安大略湖没有适合七鳃鳗繁殖的产卵栖息地，以至于它们开始互相排挤并寻找新的水域来入侵。另一种可能的解释是早期韦兰运河的设计，导致寻找上游水域产卵的七鳃鳗一旦碰到运河中央就会不知所措，因为运河的水会流向安大略湖和伊利湖两个方向。运河航道上的一个岩石高点使得运河的河床比伊利湖还高，所以来自一条支流运河的水必须被输送到这个山脊附近的韦兰运河上，这样船只就可以浮在上面。当这条支线运河的水流流向顶端时，它就向南流向伊利湖，向北流向安大略湖。因此，天生就能逆流而上的七鳃鳗，[11] 会在河流的顶端感知到下游水向的转变，然后游向支流运河，按照这个理论，它可能会陷入乱糟糟的上游溪流和潮湿的水沟里——这些沟渠将农田里的水排干——这是一条生物学上的死胡同，如果故事就此结束的话，对五大湖上游的鱼类来说将是个喜讯。

韦兰运河的水下隆起处可能是为了阻止七鳃鳗入侵五大湖的最后一道防线，但在 19 世纪 80 年代运河的第 3 次扩建完工并在随后的几十年里进行了升级之后，这条防线就被彻底摧毁了。加深的河道最终使伊利湖的水可以源源不断地从韦兰运河流入安大略湖。这使得七鳃鳗持续向上游迁徙，直到进入伊利湖。

还有一种可能是，自从韦兰运河开通以来，七鳃鳗就一直在伊利湖中游荡，它们可能是靠吸附在船壳上搭便车穿过伊利湖的，而它们花了几年，甚至几十年的时间，才在伊利湖建立起一个繁殖种群，直到长得足够大，足以引起人类的注意。

无论出于什么原因，第一条七鳃鳗不是在尼亚加拉瀑布上游被发现的，[12] 而是直到 1921 年，一位成年人在伊利湖西端 200 英里外的开阔湖水域捕获了一条长达 21 英寸的七鳃鳗。又过了 15 年，[13] 人们才在另一个大湖中发现了一条七鳃鳗。当时，密歇根商业渔民弗兰克·C·帕佐查（Frank C. Paczocha）发现了一个直径为 15 英寸的标本，它就在密尔沃基附近水域的一条 4 磅重的湖鳟鱼周围。我无法想象，当帕佐查第一次凝视这个看上去不属于这片水域的生物时，脑子里想的是什么。

2015 年春天，我六年级的女儿在科学课上解剖了一堆被撕成碎片的七鳃鳗尸体，这可能是因为标本公司卖的这些解剖体比标准的青蛙组织便宜。看到一幅史前寄生虫的照片是一回事，而用手指触摸它那深灰色、无鳞的皮肤并轻轻地划过它那尖尖的牙齿又是另一回事。这些 1 英尺长的标本是真空包装的，在它们的头顶上有一个铅笔头大小的鼻孔和黑色的球状眼睛，在每只眼睛后面都有 7 道眼睛状的裂口——这是七鳃鳗的鳃。不像大多数的鱼通过嘴巴来吸收水和水中的溶解氧，七鳃鳗通过这些椭圆形的开口来吸收氧气，因为它们的吸盘状嘴是为了全天候地捕捉猎物而设计的。

我受中学科学老师的邀请，参加了一个让人心惊胆战的活动：12 岁的孩子用剪刀剪去标本的皮肤，露出一种淡橙色的糊状物，那是成千上万个罂粟籽大小的橙色的卵。"这些都是它的宝宝吗？"一位女孩号啕大哭，"哦，我想吐。"

这些卵能够在野外孵化，它们成年后的体长可达 2 英尺、体重达 1 磅左右。但这些都得付出高昂的生物代价——几乎每一条七鳃鳗在追逐猎物的一年中可以杀死 40 磅的鱼。

在入侵初期产生的问题是，早期的五大湖并没有配备自然捕食者来控制一个如此鬼鬼祟祟而又如恶魔般高效的杀手，以至于媒体都把七鳃鳗叫作"吸血鬼"。但是后来密歇根大学的一名研究生，同时也曾是第二次世界大战老兵的弗农·阿普尔盖特（Vernon Applegate）出现了，他做了一件在过去 3.6 亿年里没有任何生物能做的事情。他钻研了七鳃鳗，弄清楚了七鳃鳗是如何迁移和隐藏的，以及它又是如何被喂养、如何繁殖和如何死亡的。他为人们认识这个生物打下了基础。

* * *

到 1950 年，五大湖里的七鳃鳗泛滥成灾，捕鱼业处于低谷，这是因为几千年来形成的五大湖错综复杂的生态系统陷入了混乱。也正是这一年，阿普尔盖特在五大湖一些七鳃鳗入侵最猖獗的水域进行了为期 3 年的实地研究，之后发表了论文《七鳃鳗的自然历史》（*The*

Natural History of the Sea Lamprey, Petromyzon marinus, In Michigan)。
这份长达 334 页的论文中充满了表格、图片、草图和数据，很明显，
他至少引起了一名密歇根大学教授的关注。该大学的渔业研究所所长
在阿普尔盖特的论文封面上添加了一页，并指出这是一份年代久远的
文件，应该直接发送到国会图书馆进行缩微拍摄和编目。渔业部长肯
定了这项工作里所包括的详细信息，文件里有"异常详尽的细节"，[14]
其中包括了关于七鳃鳗生理机能的详尽信息以及一系列的统计分类，
从白天七鳃鳗选择逆流而上繁殖，到它们选择用来建造产卵床的岩石
类型，再到雌性或雄性在交配前是否做了更多的工作（雄性有）。审稿
人也称这篇论文清晰且令人愉悦。令人鼓舞的是，阿普尔盖特显然是
在努力弄清楚如何钻到这个物种古老、黏稠因而难以穿透的皮肤下面。

　　阿普尔盖特是一名来自扬克斯的瘦弱的前步兵，他在密歇根北部
有七鳃鳗活动的两条河流附近生活了 3 年，为了寻找其最持久的进化
模式之一的生命周期中的弱点。他做这件事的力度很大，以至于在半
个多世纪之后，仍让那些留下来与他共事的人或者是与他有过短暂接
触的人感到困惑。阿普尔盖特不分昼夜地工作，带着手电筒和笔记本
在黑夜里追逐那些灰色或黑色的寄生虫。他设置陷阱捕捉游到上游
产卵的成年鳗鱼，以及当春天洪水顺流而下时游向湖泊的小七鳃鳗。
阿普尔盖特建造了室外的围栏来观察七鳃鳗的繁殖。他在休伦湖岸边
的实验室里通过鱼缸来观察七鳃鳗的进化秘密。对阿普尔盖特来说，
休伦湖的生态健康显然比他的个人健康更重要。

　　著名的五大湖渔业生物学家霍华德·坦纳（Howard Tanner）是在
密歇根州立大学读书期间结识阿普尔盖特的，他有一天无意中了解到
阿普尔盖特打算恢复湖区鳟鱼的目标："我听阿普尔盖特说过，他在生
活中依赖香烟和阿司匹林。[15]这个红头发的矮个男人非常有激情。"

　　有一种观点是，在早期的时候，入侵五大湖的七鳃鳗是一种会破

坏鱼类种群的大型水生生物。但事实证明，七鳃鳗的杀手阶段只是它们生活的一小部分。它们绝大部分的生存时间——7 年中大约有 5 年的时间，就像一只失明的、细虫般大小的害虫，在为五大湖提供食物的河流和小溪中生活。它们的嘴暴露在水中，可以从漂浮在水流上的水藻和其他营养物质中吸取营养物质。这意味着已经有成千上万的七鳃鳗在开放的水域游动，在阿普尔盖特开始研究的时候，这群七鳃鳗的数量已经达到了数十万只，而在河床上挖洞的七鳃鳗数量可能是这一数字的 6 倍，它们的生长速度非常缓慢，难以察觉，而且不可阻挡，直到它们发起冷酷无情的攻击。

通过在水族馆的观察使我们很容易理解为什么七鳃鳗的幼虫很少在溪流中被发现。[16]阿普尔盖特在他的论文中写道："在一幢木质建筑的地板上，由脚步声所引起的震动会导致水族馆里的所有幼虫标本都从水面潜到洞穴深处。几分钟后，如果一切都恢复安静，它们又会回到水面上继续进食。"

阿普尔盖特指出，河岸上的脚步声也会引发七鳃鳗类似的反应，"因此，即使是细心的观察者，在自然环境中也很少能看到有这种生命状态的生物"。[17]

成年七鳃鳗返回河流和小溪产卵的过程也同样神秘。阿普尔盖特注意到，当研究人员进入一条溪流时，产卵前的成年七鳃鳗会潜伏在岩石、原木、悬垂的河岸和暗池深处，它们逃跑的直觉是很准确的。阿普尔盖特写道："当躲在藏身之处的七鳃鳗受到刺激时，[18]它们会盲目地冲出去，丝毫不考虑方向。在一些情况下，受干扰的七鳃鳗以非常大的力量与水流成直角的方向冲出去，滑上了几英尺高的低矮的草堤或泥滩。"

阿普尔盖特发现，这些产卵的七鳃鳗更喜欢底部布满砾石的溪流，且砂石的直径不得小于 3/8 英寸，也不得超过 2 英寸，而且它们自己通常直到早春的时候才会向这些溪流的上游迁徙，那时水温已经上升到4℃以上。阿普尔盖特在一条自己研究了3年的小溪中发现，99%的七鳃鳗向上游迁徙都是在黑暗的掩护下进行的。成千上万的七鳃鳗可以像病毒一样感染一条独立的河流，除了阿普尔盖特，其他任何人都看不见它们的活动。阿普尔盖特观察到雄性和雌性七鳃鳗是如何通过挖掘石头和用吸盘嘴移动它们来建造产卵床的（因此它们的拉丁名字，大致翻译成"石头吸盘"），它们把石头堆叠起来，只是为了给顺流而下的受精卵提供一个受保护的地方。阿普尔盖特通过精确地了解七鳃鳗成功繁殖所需要的物质条件，顺利地找到了这些巢穴。砂砾和少量沙子是理想的选择对象，而巨石、岩床和碎石都存在潜在的危险。那些底部完全是软沙的溪流也是如此。阿普尔盖特还发现这类动物需要一种特殊的水流，即在它们的新巢还没有建起来之前，一种足够强劲的、能够让受精卵呆在下游但又不至于把它们冲走的水流。

就像一名私家侦探试图找出一个实验对象的性习惯，1948年，阿普尔盖特在一条河的溪岸上盯梢，共发现了954个巢穴。然后他观察了338个产卵床的实际性别。他发现其中71%的产卵床是一夫一妻制的；13%的产卵床是1只雄性和2只雌性的巢穴；此外，他还发现了9个巢中分别有1只雄性和5只雌性。阿普尔盖特以清晰的实地观察为基础描述了七鳃鳗实际的产卵行为，与此同时，印第安纳大学洲际性研究学院的阿尔弗雷德·金赛（Alfred Kinsey）也在同一时间完成了相同的工作。

雄性靠近雌性通常依靠彼此之间的生物电流。[19] 在这个过程中，雄鱼的嘴经常轻轻地掠过雌鱼身体的前半部分，一直到达鳃区。这时，雄鱼用嘴牢牢地咬住雌鱼。那一瞬间，雄鱼将他身体的后1/3部分卷成一个半螺旋状包裹在雌鱼的身体周围，这样它们的肛门口就十分接近了。精卵的结合是在2～5秒的时间内，由两者身体的快速振动而形成。之后雄鱼会立即放开雌鱼。阿普尔盖特也密切关注着温度的变化，并注意到这一切行为直到河流升温到 10℃时才会发生。

现在，阿普尔盖特知道他的研究对象在哪里、如何以及何时繁衍后代。他把笼子放在小溪里，这样他就能在整个繁殖过程中控制一对七鳃鳗进行交配了。他注视着刚受精的卵顺流而下，直到它们被困在产卵床的矮墙上。然后，他看着这对父母用嘴把自己锚定在岩石上，从产卵床上逆流而上，剧烈地摇晃着自己的身体，把漂浮在下游的沙子踢开，用岩石墙给它们的孩子提供保护。

接下来，这对父母会休息几分钟，然后继续重复刚才的繁殖过程。一遍又一遍，直到迎接死亡的来临。交配期通常会持续 16 个小时，但阿普尔盖特在 1947 年初观察到的一对七鳃鳗夫妇交配了 3 天半的时间。产卵的雌鱼会释放多达 10 万个卵子，但阿普尔盖特指出，通常只有不到 1 000 个卵子会孵化。这种情况通常在产卵后 10 天或 12 天内才会发生。大约在受精后的第 20 天，这些弯曲的幼年七鳃鳗比一小块碎奶酪还小，它们从父母为它们建造的鹅卵石房屋中出来，顺流而下，直到在河床里找到平静的水域，那里没有涡流，两侧的河床可以作为比较宽敞的孵化点，那里还有柔软的泥沙。它们又回到水流底部，在未来的五六年里，它们将在那里安家。

阿普尔盖特的实验室观察结果揭示出，如果水流没能把幼虫引向舒适的、有柔软沙底的河床，那么，幼年七鳃鳗的意志到底有多么坚定呢？阿普尔盖特在水族馆实验中指出，如果一只小的穴居七鳃鳗在寻找舒适的居住地时撞上岩石，它常常会把自己撞晕过去。但当它恢复意识时，就会继续寻找更柔软的材料以便扎根。

在溪流中潜伏和觅食约 5 年或更长的时间后，七鳃鳗平均每年只长大约 1 英寸，接下来这个一头埋在地下的生物开始转变为吸血动物，眼睛也随之出现在它头的两侧。那些可怕的圆形的长着尖尖牙齿的嘴巴，以及粗糙得像砂纸一样的舌头会把受害者的皮肤和鳞片撕碎。一旦蜕变完成，新一季的七鳃鳗们便立刻从河床上暴发出来，向广阔的水域进发。阿普尔盖特指出，大部分的迁徙从3月底和4月初随着水温上升开始，直到水温降至5℃之前结束。

"刚完成转型的七鳃鳗向下游迁徙最显著的特征之一是，[20]大量的七鳃鳗突然离开泥岸，然后往下游移动，"阿普尔盖特写道，"在不断上涨的洪水推动下，一个奇特的视觉现象发生了，成群结队的刚刚成年的七鳃鳗在洪水上涨和洪峰时顺流而下。这种向下游流动的浪潮往往在开始时就突然结束了。"

七鳃鳗在开放水域的捕食期可持续12～18个月，在此期间，它们的产卵距离最远可达200英里。不同于鲑鱼这样的物种，七鳃鳗对它们出生的水域没有家的归属感；它们会游动到任何海域，用它们灵敏的鼻子告诉自己哪里有适合交配的七鳃鳗。

阿普尔盖特的研究表明，在成千上万平方英里的五大湖开阔水域中，这些四处游动的杀手也并不是坚不可摧的。如果你知道它们出动的时间和地点，它们就成了靶子。"很显然，"阿普尔盖特总结道，"在七鳃鳗的一生中，最脆弱的时期是它在河流中作为幼虫或年轻的迁徙者以及后来进入产卵期的时候。[21]"

最初的控制策略在阿普尔盖特的论文发表之前就已经运用了，即通过建造堰坝，在五大湖受七鳃鳗攻击最严重的小溪和河流中袭击七鳃鳗，这是一种网状屏障，可以让水流向下游流动的同时，阻碍产卵后的成年七鳃鳗游向上游通道。这个做法生效了。在阿普尔盖特的论文得到验证的3个月后，美国鱼类和野生动物管理局报告称，在密歇根北部的12条溪流中，有29 425条准备产卵的成年七鳃鳗被捕获。[22]这是一个值得记录的成功；如果一只七鳃鳗能杀死40磅重的鱼，那么仅这些死去的七鳃鳗就能杀死大约120万磅重的本地鱼类，每条母鳗能生育数百个后代。生物学家们越来越有信心，相信他们能找出控制七鳃鳗的方法。

研究人员也开始探索电子屏障，这一策略将被证明能有效地阻止成年七鳃鳗向上游迁徙，但这对向下游迁徙的幼年七鳃鳗来说却是无效的，即使在没有电的情况下，它们仍有可能在春季运用上涨的洋流漂流。电子屏障的运行成本也很高，而且容易出现故障。堤堰和电子屏障最大的问题是它们可能会被洪水冲垮。此外，因为七鳃鳗在一条溪流里有 6 次机会可以入侵河床，所以在未来 10 年的大部分时间里，这些屏障都必须成功运作。但只要失败一次，仅仅 1 年，七鳃鳗就会产生更多的后代来重新占领湖泊。

阿普尔盖特知道，需要有比这些物理障碍更有效的东西。他也明白他是在与时间赛跑——他要在七鳃鳗通过屏障前就控制它。他下定决心要及时控制七鳃鳗对苏必利尔湖的干扰和破坏，以拯救在这里幸存下来的湖鳟鱼。他希望最终能在繁殖项目中把湖鳟鱼的种群密度恢复到和密歇根湖与休伦湖一样，但他担心可能为时已晚。即使政府工作人员能够立即在所有的产卵支流上建造堤堰，但在未来数年的时间里仍然会有七鳃鳗继续向湖泊下潜，这可能会使处于优势种群地位的湖鳟鱼遭受灭顶之灾。

于是阿普尔盖特决定寻找一种毒药，可以在不消灭溪流中其他物种的情况下消灭七鳃鳗。他的雄心壮志是"彻底消灭尼亚加拉瀑布之上的七鳃鳗"。

而唯一的问题是，到现在这种毒药还未被发现。

* * *

20 世纪 50 年代初，在位于密歇根的一个由海岸警卫队改造而成的救生站里，刚毕业的阿普尔盖特开始了一项秘密计划，为七鳃鳗幼崽研制完美的毒药。阿普尔盖特此前在美国鱼类和野生动物管理局工作，他的一位同事路易斯·金（Louis King）仍然记得当阿普尔盖特到达休伦湖岸边时十分绝望，他刚从密苏里州的研究生院毕业，带着妻子和孩子。他说湖水看起来死气沉沉的。

这位 84 岁高龄的老人在他位于密歇根北部休伦湖岸边的家中的客厅里说："当我来到这里时，[23] 我看到的实际上是一片沙漠，一个大沙漠，什么都没有，没有商业捕鱼，没有任何休闲捕鱼活动。我想，在这片广阔的水域里有 5 个湖。怎么可能控制住七鳃鳗呢？"

阿普尔盖特和他的助手们在休伦湖岸边的实验室里，开始测试每天从全球各地工厂运来的工业毒物。这些工业毒物的标签上有数字，但通常没有名字；一些提交产品的化学公司小心翼翼地保护着这些配方，以防其中一种被证明能拯救五大湖并带来丰厚利润的药剂被其他人知晓。今天的科学家们认为，这项计划在生物学上相当于登月计划。但是工人们使用的这个毒物检测系统除了在火箭科学中运用过之外，在别的地方都没有用过。工人们将体积为 10 升的罐子装满水，将两条幼年七鳃鳗、一条虹鳟鱼和一只蓝鳃鳗分别放入其中，然后投放毒药。他们的想法是找到一种混合物，[24] 既可以消灭七鳃鳗，又能让虹鳟鱼和蓝鳃鳗安然无恙地出现在湖中。

克利夫·科特曼（Cliff Kortman）的工作是称量和混合来自世界各地化学公司的粉末。[25]

科特曼告诉我："我所得到的只是一些上面有骷髅和交叉骨头的小瓶子。"他没有受过大学教育，最初被聘为看门人。科特曼说他和其他化学测试人员除了偶尔穿上白色的实验服并戴上护目镜或面具之外，几乎没有采取任何保护措施。科特曼记得，有一次他在烧杯里搅拌白色粉末，当他穿过房间，将粉末放入装有七鳃鳗的罐子时，溶液噗的一声完全蒸发到实验室的空气中。于是他又试了一次，结果还是一样。这些化学物质太刺鼻了，以至于房间里的人必须被疏散。类似这样的情形持续了两年多。

"想象一下每天要测试四五十种未知的化学物质,"金说,"你还不得不坚持下去。"

科特曼回忆起他打开 5209 号瓶子的那一天。这些试验品和七鳃鳗以及另外 2 种鱼类一起被倒入罐子里,没过多久,七鳃鳗就不再动弹了,只剩鳟鱼和蓝鳃鱼不停地游来游去。半个多世纪后,科特曼回忆时说,那是一件相当了不起的事情。这件事成功地激励了科学家们,让他们踏上了拯救五大湖的征程。

1957 年 7 月 26 日,《密尔沃基日报》(*Milwaukee Journal*)报道称,科学家们已经成功地找到了完美的鳗鱼毒素。据当地报纸当时的一篇文章报道,第一次在野外应用这种毒素是在那一年的晚些时候,在黑暗的掩护下,发生在密歇根州切博伊根附近的一条小溪上,这个项目达到了"几乎和核项目一样的保密程度"。[26] 精确剂量的化学物质被注入小溪,在接下来的几个小时里,就像阿普尔盖特的船员们所希望的那样,成千上万只夜间爬行类大小的七鳃鳗从河床上浮了出来,没有任何生命迹象,但是同地区的其他鱼类并没有受到任何影响。阿普尔盖特将当晚的场景描述为"真实而又纯粹的景象"。[27]

到了午夜,疲惫不堪的船员们回到希博伊根,准备吃一顿热饭。报纸报道说:"这一棘手的工作终究因科学家们的求知精神而有了眉目,七鳃鳗的数量终于被控制住了。"

之后的实验发现了一种更有效的化学物质,到 1961 年,这种"杀虫剂"大量流入苏必利尔湖的溪流中,以至于七鳃鳗的数量最终得到了控制。这种杀虫剂在其他大湖上也有很好的功效,到 1967 年,研究人员认为他们已经成功地将五大湖七鳃鳗的种群数量降至其峰值的 10% 左右,由于这个项目需要不间断地进行,所以时至今日,每年大约需要花费 2 000 万美元的项目费用。

但对于密歇根湖和休伦湖来说，对湖鳟鱼的营救行动来得太迟了。密歇根湖的湖鳟鱼种群的数量急剧减少，这给这些湖鳟鱼，还给依靠它们生活的渔民造成了很大的损失。就在密歇根湖以西不到 100 英里的地方，20 世纪的博物学家奥尔多·利奥波德（Aldo Leopold）在他的开创性著作《沙县年鉴》（*A Sand County Almanac*）中，惊人地捕捉到了一个顶级捕食者在其生态系统中所扮演的关键角色。利奥波德不仅描写了一些山脉在驱除狼群后的景象，以便猎人可以享受更多的鹿群，他还写下了这样的文字：

> "我已经看过许多全新的没有狼出没的山貌，[28] 发现在朝南的山坡上有许多弯弯曲曲的鹿留下的足迹。我看到每一株可食用的灌木和幼苗都被烧焦了，首先是枯竭，然后是死亡。我也看到每一棵可食用的树都被砍到只有马鞍的高度。这样一座山，看起来就好像有人给了上帝一把新的修枝剪刀，并禁止他做其他任何事情，"利奥波德在书中写道，"最后，由于种群数量过多而饿死的鹿群遗骨在高大的杜松树下被发现，树下的鼠尾草都被这些遗骨漂白了。我现在怀疑，就像鹿群生活在对狼的极度恐惧中一样，山岳也会对鹿群产生极度的恐惧。"

利奥波德于 1948 年去世，如果他活得足够长，能花一天的时间开车到密歇根湖岸边，亲眼看见 20 世纪 50 年代开始的七鳃鳗入侵所带来的不可思议的、完全不可预测的后果，或许他会找到一种同样恰当的方式来传达这样一种观念：有时，本土捕食者对一个正常运作的生态系统来说是极为重要的，而且这个问题是真实存在的。

* * *

七鳃鳗的入侵导致五大湖上游的本土捕食者数量锐减，但这只是

19 世纪运河建设引发的第一波生态问题。在七鳃鳗沿着航道逆流而上之后，出现了一种看起来无害得多的闯入者，这是东海岸人们喜爱的一种河鲱鱼。但是一旦进入五大湖，这种鱼就没有原来看起来那么无害了。

像七鳃鳗、鲑鱼和条纹鲈鱼一样，1 英尺长的河鲱鱼成年后通常在海洋中生活，然后再到淡水中产卵。每年春天，雌鱼都能产下成千上万的卵。这些卵在几天之内就会孵化成类似一粒米一样大小的透明的小鱼，这些小鱼以一种河流中长得很凶猛的浮游生物为食，这种食性使得它们在不到 2 个月的时间内就可以长到 3 英寸长。在夏末，四五英寸长的幼鱼便可以游入海洋。这种鱼会在大西洋上停留三四年，然后才返回淡水产卵。我们不可能确切地知道数百年前有多少这样的鱼聚集在东海岸的水域，但是它们的活动范围从南卡罗来纳州一直延伸到纽芬兰，据说仅缅因州的一条小溪里每年春天就有多达 1 亿条幼鱼。[29] 每年只有一小部分洄游的幼鱼能存活下来，然后接着返回淡水产卵，但这些半磅重、肉质丰富的鱼的到来是一个历史悠久的季节性事件。古老的火坑里散落着鱼骨，这表明美洲原住民以河鲱鱼为食已有至少 4 000 年的历史，他们用这些鱼来给玉米施肥。

在 18 世纪，美国人将这些丰富的和容易被腌制和熏制的河鲱鱼当作福利送到了新英格兰沿海社区的老人和穷人们手上，这一做法史无前例。这些河鲱鱼以每桶 1 美元的价格被运到西印度群岛，然后被送到奴隶手中。

这些鱼不仅仅对人类很重要。报告显示，黑熊曾在溪流岸边搜寻鲱鱼。后来，随着殖民地农业的发展，猪也会到小溪边来食用河鲱鱼。河鲱鱼同样也是老鹰、鱼鹰和大蓝鹭等鸟类的食物来源。在海洋中，它们是条纹鲈鱼、鳕鱼、黑线鳕、大比目鱼、蓝鱼、金枪鱼，甚至是海豹、海豚和鲸鱼的蛋白质来源，并成为东海岸龙虾、螃蟹、鳕鱼和黑线鳕商业捕鱼业的主要鱼饵。但是过度开发和长达 2 个世纪的阻挡物种迁徙的大坝建设，使得鲱鱼的数量锐减。如今，鲱鱼的数量仅为前殖民时期的一小部分。2011 年，美国自然资源保护委员会（Natural Resources Defense Council）请求根据《濒危物种法》(Endangered Species Act) 将鲱鱼列为濒危物种，但没有成功。也许是因为河鲱鱼并不在世界各处都那么引人关注。

这些河鲱鱼最早是在 19 世纪末被发现的，当时并没有人知道这一海洋鱼类是如何从东海岸进入安大略湖的。也许这些河鲱鱼其实是本土物种，它们独自踏上了这段旅程，沿着圣劳伦斯河逆流而上，游到尼亚加拉大瀑布下面的唯一一个大湖。一些人指出，是美国渔业委员会（U.S. Fishery Commission）(美国渔业和野生动物管理局的前身) 里的生物学家将一大批类似鲱鱼的鱼当作饲料投放到湖里，用以喂养本土大西洋鲑鱼（19 世纪末期灭绝）和鳟鱼。也许这些河鲱鱼沿着哈得孙河、伊利运河，最后进入一条连接安大略湖的运河支流。

然而，在 1983 年，当在安大略湖发现第一条鲱鱼时，并没有引起什么轰动。[30] 正如七鳃鳗的情况一样，五大湖的水同样被证明很适合河鲱鱼生存。在安大略湖，东海岸的鱼与本地的鱼和睦相处了几年。一个很可能的原因是五大湖的食肉动物——大西洋鲑鱼和湖鳟鱼能够控制它们。但是，用密歇根大学的生物学家罗伯特·米勒（Robert Miller）的看似不太科学的话来说，当过度商业捕捞破坏了这些大鱼的种群数量时，现在内陆河流里的河鲱鱼在 20 世纪开始以惊人的数量出现。[31]

鲱鱼群寻求到新的水域只不过是时间的问题。与七鳃鳗一样，从安大略湖发现河鲱鱼到它沿着尼亚加拉瀑布（绕过韦兰运河进入五大湖上游）向上迁徙，存在着明显的滞后性。1931 年在伊利湖，人们在瀑布上方发现了第一条河鲱鱼。然后它们迅速向西扩散，在 1933 年出现在休伦湖，1949 年出现在密歇根湖，1954 年出现在苏必利尔湖。起初它们的数量并不多，[32] 20 世纪 50 年代早期，在五大湖上游的鲱鱼仍然非常稀少，以至于它们的标本作为一种新奇的东西被送到地方博物馆进行收藏。想象一下，在我们自己的五大湖里，有一条东海岸的鲱鱼在游动！

如果河鲱鱼在鳟鱼被淘汰之前就已经进入湖泊，它们可能已经悄无声息地溜进了食物链。但由于没有捕食者来控制它们的数量，导致它们像病毒一样迅速蔓延。这种没有牙齿的小河鲱鱼无法成为七鳃鳗的猎物，它们仅仅只有东海岸同类鱼的一半那么大，但凭借其强大的竞争力来争夺食物以及以幼鱼为食的方式，控制着现存的本地鱼类物种。如果五大湖曾经是一片森林的话，那么七鳃鳗的入侵就是一场将它们烧毁的大火，而第一条河鲱鱼便是后来被风吹来的杂草子。

这一结果被描述为一场生态灾难，尤其是在密歇根湖，河鲱鱼的扩张在范围和速度上都是无与伦比的。到 1962 年，生物学家估计河鲱鱼占密歇根湖鱼类总数的 17%。[33] 3 年后，这个数字更是达到了 90%。这种外来的河鲱鱼在休伦湖和安大略湖也有相似程度的蔓延，但对于更冷、更贫瘠的苏必利尔湖，以及更温暖、捕食者更多的伊利湖，它们的危害就没那么大了。

生物学家们早在 20 世纪 60 年代中期就知道，在密歇根湖中有一群体型巨大的鱼在成群地游动，但没有人预料到这个鱼群会在 1967 年夏天发生大规模的死亡，成群的鱼浮在湖表面就像发动机螺旋桨搅拌出来的泡沫，而在那时的五大湖区域并没有人称它们为河鲱鱼。人们除了把它们叫作大眼鲱之外，也用了另外一个词来形容这些成百上千亿的银色入侵者：内陆海中的蟑螂，或者是湖中的蝗虫。[34]

* * *

驾驶海军水上飞机飞越密歇根湖深蓝色水域的飞行员，[35] 在仲夏时节的湖面上看到了绵延数英里的白色条纹，他一定以为自己产生了幻觉。或许他认为 1967 年 6 月中旬的一天，高原上闷热的 30℃ 高温气流压在湖面上是为了消除某种视觉错觉，这是五大湖地区常见的现象，比如密歇根州马斯基根市的居民会报告说，在向西大约 80 英里的开放水域，他们看到了密尔沃基的夜空轮廓。考虑到地球的曲率，这是不可能的。事实上，这些人看到的既是真实的也是虚幻的。天空中出现了逆温层，将密尔沃基射入夜空的光线折射到密歇根海岸。因此，密尔沃基电视塔闪烁的红光可能是真实存在的，但如果有人想要乘着一艘船去寻找这道光，那令人迷惑的光线最终会消失在漆黑的天空中。

　　但在 1967 年那个微风拂面的日子，飞行员和来自联邦水污染控制管理局（Federal Water Pollution Control Administration）的乘客并没有凝视着湖对岸。他们一直往下看，在湖的南端寻找污染物的蛛丝马迹，这时他们看到了一连串白色的狭长地带，几乎从沿海城市马斯基根延伸到南黑文。飞行员不需要猜测这片区域有多大，这两个城市相距约 50 英里，他可以根据海岸线的地理位置来计算。他把机翼倾斜到离湖面很近的地方，以确认他看到的是不是在《清洁水法案》颁布时期，由一种工业化学品肆意倾倒在密歇根湖南岸所产生的某种泡沫。他们发现了数以百万计的已经死亡和濒临死亡的鱼。[36] 他从未预料到会是这样的一个情形，这种受创如此严重的自然场景甚至是一个淡水生物学家一生都未曾遇到过的。

　　幸运的是，那些散发着恶臭的鲱鱼正在向东漂去，在波涛汹涌的海浪中漂向密歇根湖东部相对人烟稀少的海岸线。在那里，鲱鱼注定会腐烂，最终被冲回开阔的水域。但随后风向发生了变化，把这些死鱼吹回了湖的对岸，吹向了拥有 350 万居民的芝加哥。第一批鱼的尸体在那个周末开始漂浮。几天后，30 英里长的芝加哥海岸线被一堆腐烂的鱼淹没了，有些地方甚至有小腿那么深。在过去的 10 年里，五大湖地区曾发生过较小规模的类似鱼群死亡事件，[37] 包括一年前在芝加哥南部的一个密歇根湖钢铁厂发生的冷却水注入事件，导致 10 天内每天损失高达 50 万美元。

　　然而，芝加哥人永远也不想再看到那年 7 月这些腐烂的鲱鱼被冲上岸的场景。100 多年来，内海一直是芝加哥人赖以生存的地方，那里有大量的原生淡水鱼。但是突然间，淡水鱼变成数百万磅无法食用的、闻起来就像人类排泄物的腐肉。这些大眼鲱鱼非常擅长在五大湖中繁殖，但也许它们只是碰巧不太擅长生活在这里。在接下来的几周内，数百名工人在密歇根湖的南岸用铲子和推土机清除这些腐肉。芝加哥的工人们报告说，他们在一个月内已经处理掉了足够覆盖 2 个足球场、有 500 英尺高的大眼鲱鱼。[38] 但即使是很有能力的城市也无法快速铲除这些腐肉。合众社的新闻是这样描述这场败仗的："芝加哥已经没有地方埋葬这些死鱼，没有钱把死鱼运走，[39] 更没有人来做这项工作。十几个地区的公园员工因厌恶臭味而辞职了，剩下的人士气也很低落。"

　　那些留在岗位上的人开始偷工减料。1967 年 7 月 25 日，美国联邦水污染控制管理局（Federal Water Pollution Control Administration）的一份报告称："在某些情况下，这些鱼被埋在海滩上四五英尺深的地方，[40] 像砂筛这样的设备可以将鱼和沙子分离开，然后再焚烧这些死鱼，但这种做法会导致空气污染。所以他们会在死鱼上使用除臭剂，以减少海滩上腐烂的恶臭味。在某些情况下，海滩上还会用到化学品来抑制死鱼体内的蝇蛆。"

　　到盛夏时，据报纸估计，密歇根湖的总清理费用将达到 5 000 万美元，相当于今天的 3.5 亿美元。[41] 这不仅仅影响了芝加哥这一个地区，那年夏天，整个南密歇根湖的海滩上都堆积着大量的死鱼，这又给旅游业带来了 5 500 万美元的额外损失，[42] 不得不提一下，1967 年的美元，放在现在的话也就是差不多数十亿美元。

然而并不是所有的死鱼都上岸了，潜入湖底的潜水员报告说湖底还有 6 英尺厚的死鱼堆，[43] 并且这个湖泊仍然存活着数量不受限制的大眼鲱鱼。当时的声呐读数显示，有一个长 10 英里、宽 60 英尺的鱼群还在游动着。[44] 这群鱼的数量十分惊人。当时，一名生物学家计算出，这群 15 英尺宽的球形鱼群里有多达 6 000 条大眼鲱鱼。[45] 那个时代的一些当地的商业渔民通过寻找到白鱼、鲈鱼和白鲑不断缩小的生存空间，在这场灾难中幸存下来，但几乎不可避免地撞到了大眼鲱。肯·科恩（Ken Koyen）是北密歇根湖上为数不多的商业渔民之一，他仍然能记得当他和他的父亲在威斯康星州门半岛旁的华盛顿岛附近的渔场开车时，因撞上了一堆死掉的大眼鲱鱼而受到的惊吓。"在某些地方，死鱼堆积得太厚了，"他说，"就像撞上了一个雪堆。"[46]

在 1967 年的夏天，一些商业渔民试图以每磅两便士的价格捕捞大眼鲱鱼，他们在出售后每磅能赚取一美元。这些渔民仅在密歇根湖上就将大约 4 000 万磅的大眼鲱鱼拖上岸。那个时代的食品科学家们正忙着将这种鱼研制成易于人类消化的食物。他们探索了大眼鲱鱼条、大眼鲱鱼的早餐香肠，甚至把大眼鲱鱼的肉混合制成面包团，把它做成面包，然后在工业烤箱中烘烤。[47] 但这些都没有成功。这种鱼唯一的市场是把它们生产成猫粮，或者变成液体肥料，或者把它们变成毛皮大衣——大部分作为饲料出售给中西部的水貂养殖场。

在夏季结束的时候，大眼鲱鱼的死亡数量估计会从 60 亿增加到 200 亿，并且每条鱼的死亡方式几乎完全相同，正如一位生物学家向五大湖渔业委员会所描述的那样："受伤的鱼无力地侧游，[48] 呈垂直螺旋状，直至它们浮出水面。一些鱼会突然加速向侧面或向下游动。它们试图恢复平衡的努力只持续了几秒钟，然后会再次浮出水面，它们在那里颤抖着死去。"但这是为什么呢？

＊　＊　＊

就在 1967 年的物种灭绝如火如荼之际，生物学家们在密歇根湖的南端（从密尔沃基到芝加哥，到印第安纳州的加里，再到密歇根州的格兰德黑文）展开了一项详尽的调查，以检测这个湖里的化学物质和细菌含量。他们沿着数百英里的海岸线甚至更远的海域对硫酸盐、氮、氯、苯酚和氰化物的含量进行测试。他们发现湖里的这些化学物质的含量与鲱鱼死亡前有着明显的不同。一些人猜测，这次鲱鱼的死亡与一场由于污水泄漏引起的致命的蓝藻暴发有关，这一猜测后来被驳回，因为在鲱鱼死亡前后，水中蓝藻的含量都是相近的。另一种猜测是，大眼鲱鱼的数量实在太多了，这使得水中的氧气不足从而导致它们窒息而死。

一些研究人员切开了大眼鲱鱼的胃，想看看它们吃了些什么。鱼类死亡的高峰期是在春末和夏初，是鱼产卵和通常不进食的时期，因此当人们发现它们的胃空空如也时也就不足为奇了。即便如此，超过一半的鱼类样本中都含有一种被快速消化的浮游动物，很明显，这些鱼在死亡之前也还在寻找浮游生物并一直吃下去。另一些人可能都已经厌倦了思考这件事，他们推测这只是一条老年的鱼。所有人都被难住了。在芝加哥发现第一条死鱼的几周后，联邦政府发布了一份报告，报告总结说："这一发现并没有表明水域中存在任何极端或怪异的污染条件能导致如此大规模的鱼类死亡。"[49]

事实上，真正的问题出在大眼鲱鱼自己身上。五大湖里的鲱鱼大约只长到 6 英寸长，相比之下，它们的海洋近亲则更重、更长。五大湖中的大眼鲱鱼的肾脏承受着巨大的压力，因为它们不是真正的淡水物种，以至于这种鱼被迫不断地排尿，以排出持续渗入细胞的淡水。同时，它们的身体也在加班加点地工作，以保留它们从淡水中提取出来的珍贵的盐分。可能是由于淡水中缺乏碘，所以五大湖中大眼鲱的甲状腺发育得很缓慢。当真正的问题出现时，它们会更容易死亡：淡水的温度波动不同于物种在海洋中必须应对的其他任何事情。风从湖底搅动着冰冷的海水，可以在短短几分钟内将五大湖的温度降低 20℃。

因此直到 1967 年，五大湖中的 3 个湖泊：密歇根湖、休伦湖和安大略湖被一种不适合生活在其中的繁殖迅速的物种所淹没。当时的生物学家预计，由于缺乏体型更大的鱼来吃它们，大眼鲱鱼的数量会在某个时候反弹，并且会有更多的鱼群死亡。当湖泊被破坏时，没有理由相信它们能够自行恢复正常。刚刚发生在密歇根湖的事情就证明了这一点。

总而言之，联邦政府在 1967 年 7 月下旬的报告中指出，密歇根湖的鱼类种群主要由一种鱼类组成，那就是大眼鲱鱼。[50] 而作为大眼鲱的天敌，掠食性鱼类已经不能在维持鱼类种群平衡方面发挥控制作用了。

阿普尔盖特制定了一个计划来解决这个问题，即为了恢复几乎灭绝的湖鳟鱼种群，用苏必利尔湖上剩余的鳟鱼种群的卵子和精子进行大规模的孵化。[51] 但是另一位生物学家另有打算，他不想仅仅让大自然复苏。他希望通过在湖中放养一种外来的食肉鱼来升级自然环境，他认为这种鱼将比本地的湖鳟鱼更具有吸引力。

如果说阿普尔盖特是五大湖肿瘤学家，他通过开发一种可以在生态系统规模上使用的精准化疗疗法来拯救湖泊环境，那么坦纳就是它们的整形外科医生。

第 3 章

世界上最大的捕鱼胜地

——银鲑和奇努克鲑鱼的引入

1968 年的初夏，两个来自伊利诺伊州沃基根的商人偷偷离开了他们的工作岗位，[1]在当地的熟食店里急急忙忙地拿走了一些外卖三明治和啤酒，随后开车到城市码头，跳上一条小船到密歇根湖钓鱼。

不到一年的时间，密歇根湖南部海岸线就被数百万条腐烂的大眼鲱鱼所淹没。这种入侵鱼类的个体样本只有约 4 盎司重（1 盎司 = 2.835×10^{-2} 千克），但从总体上来说，小鲱鱼的重量已经超过了湖泊的本地鱼类种群，当时的生物学家估计，在湖里的每 10 磅鱼中有 9 磅是大眼鲱鱼。商人们满怀希望地想捕捉那捉摸不定的第 10 磅鱼，因为他们赶时间，所以很匆忙，当他们在离海岸约半英里的海面上放下钓索时，甚至连领带都懒得解。

"他们一只手拿着三明治，另一只手拿着竿子，很快就钓到了几条银鱼，每条有 3～5.5 磅重，"《芝加哥论坛报》（*Chicago Tribune*）的汤姆·麦克纳利（Tom McNally）写道，"45 分钟内他们钓到 7 条银鱼，然后就匆忙回去工作了。"

再往南走几英里，在芝加哥海军码头附近的一堵围墙旁，一名垂钓者发现他的鱼漂在水面上盘旋跳跃，就好像他的鱼钩钩住了一艘快艇的螺旋桨。他最终钓起一条重达 12 磅的银色鱼，这是他多年来在市中心的湖边钓鱼时从未见过的东西。到了夏末，芝加哥南部狂热的钢铁厂工人到湖边搬运这种大鱼，有的甚至超过 20 磅重。这种奇异的鱼用一种五大湖本土动物所不具有的活力和凶狠来攻击诱饵，而这种攻击并不局限于伊利诺伊州的海岸线。那年夏天，从印第安纳州的加里市到密歇根州的特拉弗斯城，成千上万的渔民被吸引到密歇根湖岸边，因为这个大湖几乎瞬间复苏的消息传开了。

麦克纳利写道："所有这些引起人们愤怒以及相当多的冒险和不幸的原因是在密歇根湖新发现了一种鱼——银鲑。"在引入银鲑之后，密歇根湖出现了一个近乎奇迹的现象，银鲑已经把附近的湖泊从学术角度上不适合鱼类繁衍的地方变成了钓鱼者的天堂。

这是一个人类创造的天堂。

经过无数代的努力，鲑鱼才在密歇根湖和其他五大湖中找到自己的住所。几年前，密歇根州的生物学家们从太平洋西北部收集这种奇特的、并最终在孵化场培育而成的银鲑，随后将这些银鲑倾倒入五大湖。在短短几个月的时间里，这些银鲑就找到了它们的栖息地，它们以成年雌鲑鱼的肉为食，仅在一个夏天的时间里，体重就从几盎司增加到几磅。花湖鳟鱼、大眼鲱鱼，甚至七鳃鳗都是在大自然的召唤下才进入五大湖的。而这些太平洋鲑鱼是在俄勒冈渔业委员会（Oregon Fish Commission）的帮助下，通过落基山脉空运过来的。五大湖历经数千年的时间才形成了完整的生态环境，这让早期的欧洲探险家用尽华丽的辞藻来描述它的雄伟。这些湖边的当地人几乎一夜之间就把内海的名声从世界上最大的湖泊变成了历史学家所说的"世界上最大的捕鱼胜地"。[2]

这个项目将会给五大湖区注入数以亿计的孵化的鲑鱼，并带来庞大而经久不衰的经济、生态和政治影响。在鲑鱼到达之前，人们把湖中的鱼作为一种公开的珍贵资源加以管理，使得数百万磅的本地物种得以生存，比如在美国和加拿大边境居民的餐桌上出现的湖鳟、白鱼、鲱鱼和鲈鱼，就像联邦政府为住房建设提供木材，或者联邦拥有的草原是牛肉生产者的饲料来源一样。

这个决定让七鳃鳗的捕杀者——阿普尔盖特暂时放弃恢复湖鳟鱼数量的目标，转而专注于将这个外来的掠食者转移到五大湖上，这有点像修复病入膏肓的大平原，在那里铺上肯塔基蓝草的草皮，把这个地方变成一个巨大的高尔夫球场，这需要持续不断的照料，而不是在广阔的土地上重新播种经过数千年独特进化的原生草，使其在干旱、火灾以及食草动物面前仍能保持稳定状态。

五大湖区渔业历史学家克里斯廷·M·西尔维安（Kristin M. Szylvian）说："鲑鱼不是用来给人们吃的，[3] 而是用来逗他们开心的。"

这些鲑鱼基本上被宣布为禁止商业渔民食用，因此也禁止向杂货店购物者或餐馆食客出售鲑鱼。鲑鱼成为户外运动者的财产，他们购买了捕捞许可证，为鲑鱼养殖计划提供了资金。这一计划将被证明对旅游业有利，但它最终也成为一种障碍，在七鳃鳗事件之后的几十年里，它阻碍了湖泊自然秩序的恢复。

从乡镇委员会到国家环境部门，从美洲土著部落到联邦渔业局，再到美国和加拿大国际联合委员会（U.S. and Canadian International Joint Commission），有数以百计的政府机构在管理相互连接的湖泊方面发挥着一定的作用，而这些湖泊是为了住在离海岸不远的 5 000 万居民而存在的。然而有关把它们变成钓鱼场的决定并没有经过全民公投，也没有真正的公开讨论。如果有任何争论的话，事实上，它只发生在一个人的脑海里。

*　*　*

坦纳 1923 年生于密歇根州北部的一家杂粮商店，他 5 岁就开始在星期天的早上和父亲一起去捕鱼。这些在安特里姆县乔丹河（Jordan River）的铁路附近被追逐的小溪鳟鱼，几年前也被一位叫欧内斯特·海明威（Ernest Hemingway）的年轻人在同一地区捕捞过。坦纳记得当时的捕鱼量限制是每天 15 条，在那个特殊时期，坦纳一家人并不会将所捕捞上来的鱼都放生。[4] 在美国进入大萧条时期后，坦纳的父亲失去了这家商店，他当上了警长，因此全家搬到了县监狱附近的生活区。

"我祖母和我母亲的弟弟妹妹住在街上，所以我们把捉到的鱼都吃光了。这是毫无疑问的。"91 岁的坦纳在兰辛郊外牧场风格的家里告诉我。对于一个无固定职业的人来说，这是一个真实的答案。

年轻的坦纳非常熟练地把鱼片放在家里的餐盘上，15 岁时，他就在打印的名片上宣称自己是一名专业的钓鱼教练，带着城市垂钓者到内陆湖泊去追逐小口鲈鱼，或者在乔丹河上飞钓（一种在北美和欧洲很流行的钓鱼方法）。事实上，这些人只是为了好玩才钓鱼，他们并不在乎餐桌上有没有鱼，这给这个少年留下了很深刻的印象。

坦纳说："有时候我说这是我做过的最好的工作，我一边钓鱼一边还能挣钱。我遇到了很多优秀的人。我估计他们大多都是有钱人，每天支付我 2 美元带他们去钓鱼。"

高中毕业后，坦纳要去上大学而不得不放弃他的钓鱼事业。"我 18 岁开始在西密歇根大学上学，我的母亲和她的兄弟姐妹也都在那里接受过教育。"当时，坦纳称自己是一位注意力不集中的学生。当他回头去看那条把他带离自己最爱的事业的道路时，他带着一种你可能会从一个曾经的棒球运动员身上看到的伤感。

"然后在 12 月，日本人把炸弹投到了珍珠港上，"坦纳苦笑着说，

"它打乱了所有东西。"

坦纳那年 21 岁，成为一名士兵，任务是在南太平洋热带岛屿上的丛林中修建飞机跑道。他还经历了与一位名叫海伦的女孩的异地恋的痛苦，这个女孩是他在卡拉马上大学期间认识的。她每天给坦纳写信。有些信与其说是在诉说爱情，更多的是关于事业。"海伦很有条理，"坦纳说，"她的大意是：如果我要嫁给你，你打算怎么办？"坦纳早期接受过军事工程师的训练，但效果并不是很好，他很快就发现，他不喜欢在教室里学习。他是个了不起的渔夫。当海伦追问他时，坦纳告诉她，他认为自己或许能以生物学家的身份谋生。接下来，信件接踵而来。"她给我寄来了 6 所大学的渔业课程，而密歇根州立大学就是其中之一。"

29 岁时，坦纳从战场上归来，掌握了学习的诀窍，收获了密歇根州立大学渔业生物学博士学位以及一位名叫海伦的妻子。坦纳毕业后的第一份工作是幸运的，而且他对此也是雄心勃勃。他用一台发电机、一台水泵和一根管子将密歇根州立大学森林中心的一个湖泊的湖水从湖床 40 英尺深的地方吸到水面，把那里的生物搅得天翻地覆。"这样做的目的是让营养物质逐渐沉淀到湖底，但那里没有生物活性氧，他们的疑问是：如果你把富含营养的水带回水面，那里有阳光和生命，接下来会发生什么？"

作为在实验里的年轻科学家，坦纳的工作是维持发电机在西失湖（West Lost Lake）岸边昼夜运行。他清晰地记得 1952 年一个初夏的早晨。

有一名渔夫坐在岸边，手里拿着钓竿，抽着烟斗，坦纳加完油后检查了一下，然后走过去说早安。渔夫说："你能告诉我你在做什么吗？"坦纳说："可以啊，我们正在把湖底的水吸到表层。"渔夫看着坦纳说："我也是这么想的。"说完他就走了。坦纳苦笑了一声，声音嘶哑地回忆道："我仿佛能听到这名渔夫在酒吧里说：'你知道我今天看到了什么吗？'"

实验完成了预期的任务——在湖面附近出现了浮游生物的暴发。但是一旦科学家们关掉水泵后，这场暴发就消失了。"这种现象可能会在一两周内恢复正常，"坦纳耸耸肩说。他没有坚持足够长的时间来找出答案。

夏末，坦纳带着海伦和两个年幼的儿子往西去了科罗拉多，在那里他找到了在科罗拉多州立大学的工作。由于密歇根州的州立自然保护署给他提供教育基金，所以坦纳本以为科室会雇佣他。他当时很失望，但在 6 年后再次回顾时，坦纳说，这正是他自己专业发展所需要的，也是未来五大湖的需要。

坦纳发现，西部的渔业管理方式与生物学家在五大湖地区的工作方式几乎完全不同。西部有一些世界上最著名的鳟鱼河流和小溪，例如蒙大拿州的布莱克富特河这样的地方，作家诺曼·麦克林恩（Norman Maclean）在那里学会了捕鱼，后来又将这条河永久地留在了自己的书——《大河恋》（*A River Runs through It*）中。爱达荷州有一条小溪叫银溪（Silver Creek），是太阳谷（Sun Valley）以南的一条泉水注入的小溪。海明威在 20 世纪 30 年代第一次在那里漂流时给儿子写了一封信，说他从如水晶般的水中看到了比他所去过的任何地方所见到的"更大的鳟鱼"。此外，还有国家公园的原始河流，其中包括黄石公园的水域，这里居住着数量最多的内陆居民，他们都是凶猛的特鲁瓦人，特鲁瓦人是狂野西部的象征。

但从西部尘土飞扬的景观中冒出的许多水体，都是混凝土或土坝后面的人工水池。在这些地方，渔业管理者不担心通过限制捕捞来维持或支撑本地鱼类的库存或者通过孵卵来使它们繁衍。从本质上说，这些人造水体是生物学家从零开始构建生态系统的空白画布。坦纳解释说："当你创造出新的水体且里面什么都没有的时候，你就需要在里面养殖一些东西。"

人工孵化的鳟鱼和鲈鱼等被随意地养殖在水库中，通过分享人工孵化的鱼卵的方式在渔业管理者和跨越州界的研究人员之间建立联系。事实证明，这种自行建造的生态系统管理方法对在西部各州从事高级渔业工作的坦纳的朋友们来说，是极其重要的。坦纳年迈的导师有一次打电话给他，想知道他以前的学生的职业发展如何。

坦纳最近被提升为科罗拉多州渔业研究主管，他回忆说："我完全安顿下来了。我们在那里生活了 12 年，我的妻子有她的工作，她在社区和学校做事情。那个时候我们有 3 个儿子，他们都在学校里学习。我很高兴。"

导师问道："你知道密歇根州在招聘渔业主管吗？"坦纳说："不知道。"导师说："那你会申请吗？"坦纳说他会考虑这个问题。

当然，他有个人理由要回来。他的父亲正在与癌症斗争，他的岳父也病了。此外，还有专业的机会，其中最重要的是广阔的水域连接着密歇根州的边界，而密歇根州是美国 48 个州中最靠近海岸的一个州。此外，当地还有一句最奇怪的航海格言：如果你想寻找一个令人愉快的半岛，向这里看（*Si quaeris peninsulam amoenamcircumspice*）。

坦纳想起了很久以前的一次横渡密歇根湖的渡轮旅行，那次旅行把他带进了无边无际的大海，就像他置身于大海之中一样。他想起了他曾经在海狸岛钓鱼时遇到的那片蓝色的广阔海域。有一些数字开始在他脑海中滚动，不仅仅是密歇根州愿意支付给他的额外报酬。坦纳在科罗拉多州可能会成为大人物，但他知道，与密歇根州的广阔水域相比，他的工作仅仅是在池塘里："美国 50 个州大约 50% 的地表淡水都在密歇根州境内，而其余 49 个州共享剩下的淡水，"坦纳说，"这是一项艰巨的任务。"

而且这个任务还会变得更重。几十年来，联邦政府一直与五大湖沿湖各州一起，在管理五大湖的开放水域以供商业捕鱼方面发挥带头作用。20 世纪 50 年代初，当鱼类资源锐减时，美国和加拿大政府联合成立了五大湖渔业委员会，一同与七鳃鳗的入侵作斗争，协调五大湖本地物种的渔业管理。正如坦纳所回忆的那样，最初的想法是赋予两国委员会管理五大湖渔业的权力，但这样做会损害个别国家在其水域内独立行动的权利。他说，有一个州——"该死的"俄亥俄州特别不愿将其权力拱手相让。

他说这是伟大的决定。五大湖渔业委员会可以提供建议，但不能以命令的形式。因为在 20 世纪 60 年代早期，经过几十年的发展，联邦渔业生物学家一直专注于湖鳟鱼等五大湖本地物种和密歇根州的白鲑，他们已经准备好将湖泊引入另一个方向——远离商业化并在未来朝着有趣的自然功能方向发展。

坦纳接受了这份工作，他的新老板给了他一个简单的指示："走出去，去做一些了不起的事情。"

* * *

1964 年秋天，当坦纳回到密歇根的时候，阿普尔盖特的七鳃鳗已经沿着湖区的支流奔流而下，而七鳃鳗的数量正稳步下降到峰值的 10% 左右。但这并没有解决大眼鲱鱼的侵扰问题。在上任的第一天，坦纳在密歇根湖的上空飞行，考察了这场灾难的蔓延范围。当飞行员在海狸岛附近的一个被污染的湖面上巡航时，坦纳叫他往下飞，再转一个弯，以便更仔细地查看湖面的污染状况。3 年前，大眼鲱鱼的暴发范围蔓延了整个密歇根湖南部的湖岸线，而且像那天双引擎飞机下所观测到的鱼类大量死亡的现象已经变得很常见了。当坦纳问及飞行员看到的范围有多大时，飞行员告诉他大约有 7 英里长、2/3 英里宽。这片浮在水面上的鲱鱼面积大约有科罗拉多州最大的湖那么大。"这是我第一次亲眼看见，"坦纳说，"这是一个非常令人印象深刻的景象。"

尽管当时大多数人都认为，大眼鲱鱼数量的过度增长已经成为一场自然灾害，坦纳却将它看作是一个可以让食肉鱼类大丰收的机会。新成立的渔业委员会当时所追求的自然选择，是把陷入困境的湖鳟鱼带回苏必利尔湖和休伦湖的部分地区。湖鳟鱼问题的根源在于它不被密歇根州新的渔业老板们所青睐。坦纳拿到的基本上像是一张白纸，几乎就像西部新填满的水库一样，他认为这是一次给大自然母亲升级的绝佳机会。

坦纳和他在密歇根州保护部门的同事们将该州的五大湖水域视为中西部地区最后的娱乐区域，而娱乐活动在这个区域可以产生巨大的经济效益。因为那个时候，要在这么大的水域里捕鱼需要时间、船只和装备。对坦纳来说，把五大湖区的渔业从本质上作为一种自给自足的公共食品供应进行管理，转变成为娱乐垂钓者提供刺激的集约化管理，这一过程是一种自然演变。坦纳借用美国林业局（U.S. Forest Service）首任局长吉福·平肖（Gifford Pinchot）的名言说："你管理资源，以便在最长的时间内为最多的人创造最大的利益。"平肖认为，林业是一种从森林中生产出能为人类服务的任何东西的艺术。

坦纳说："一个世纪以来，商业捕鱼可能都符合这个标准。但在1964年，它已经是过去很久的事情了。我们的内陆湖泊里挤满了滑水者，我们的鳟鱼溪流里也挤满了独木舟，这里有相当大的流动性和可观的收入。"

坦纳得出结论，湖鳟鱼并不"性感"到足以吸引垂钓者来到变幻莫测的五大湖。湖鳟鱼上钩时并没有用力挣扎。这并不是因为它们缺少心脏，而是因为这些鱼类的"鳔"无法快速排出气体，"鳔"的功能是让它们调节浮力的，让它们可以在不同的深度捕食小型鱼类。当鱼被卷进旋涡的时候，压力的迅速减少会使鳔膨胀到几乎像气球一样浮到水面上，聚集起所有的战斗力来扭动，就像一只被卡住的橡胶靴。

"我从来没有讨厌过湖鳟鱼，"坦纳说，"我只是对湖鳟鱼不太感兴趣。我自己的经验是，钓湖鳟鱼并没有什么乐趣。"

作为渔业主管，坦纳的第一个决定就是派他的副手韦恩·托迪（Wayne Tody）去寻找一种新的食肉鱼类。最初的想法是在五大湖区重新储备条纹鲈鱼，[5]这是一种体型巨大的食肉动物，可以长到100多磅重，几乎在整个东海岸游荡。南卡罗来纳的渔业工人已经掌握了在孵化场饲养条纹鲈鱼的技术，此前西部水库的放养企业也曾表示，这种鱼可以在淡水湖中生活一辈子，这是通过吞食一种名为"鸡皮鲱"（gizzard shad）的群居小鱼来实现的，这种小鱼有点像鲱鱼。托迪去南卡罗来纳旅行时所看到的一切都使他确信，密歇根湖和其他五大湖区将是大西洋鲈鱼的完美去处。很明显，那里有食物来源，而且内陆水域现有的养鱼计划已经回答了这个问题，即这种鱼是否可以只在淡水中繁殖。而且最重要的是，这些鱼生长速度快，一旦上钩，会奋力反抗。

但坏消息传来了，托迪带回密歇根的南卡罗来纳鲈鱼专家的发现，这些湖泊缺少鲈鱼产卵所需的漫长的、缓慢流动的、没有筑坝的河流。专家还认为这些湖泊过于寒冷，以至于这些鱼无法快速生长，然而这是坦纳的追求——创造一个以体育休闲为主的渔业。

托迪随后去了一趟西海岸，了解了太平洋鲑鱼。这是一种以鱼群为食的鱼类，就像灰西鲱一样。鲑鱼在像五大湖一样寒冷的水域里繁衍生息。事实上，在尼亚加拉瀑布下面的安大略湖水域曾经盛产大西洋鲑鱼，但它们在19世纪由于过度捕捞和栖息地破坏而灭绝。也许最重要的是，鲑鱼可以快速地排出它们鱼鳔内的气体，就像打嗝一样，直到被拉上船的甲板时，它们依然奋力挣扎。

有一个问题是，这些来自太平洋的"原住民"是否能在淡水中度过整个生命周期。一些加拿大生物学家对这个想法嗤之以鼻。但托迪发现，其他生物学家认为，五大湖的放养计划可以利用银鲑来实施。银鲑是一种体型较小的鲑鱼，在游到海洋之前，它的 3 年生命周期中有一半的时间（大约 18 个月，包括两个夏天和一个冬天）是在淡水中度过的，它们追逐太平洋上的猎物，然后回到自己的天然淡水溪流中产卵并死去。在西部的淡水中甚至有一些成功的鲑鱼放养实验的例子。但也有很多人工养殖鲑鱼在淡水中挣扎的例子，包括 19 世纪 70 年代在五大湖进行的几十次小规模尝试。然而在鲱鱼时代，没有人尝试过养殖鲑鱼，或者如坦纳所说："没有那么多的水和食物供应。"

坦纳从托迪的西部考察中已经获得了足够多的东西，他断定太平洋鲑鱼将主导五大湖的未来，虽然他还不确定外来引进的鱼是否会自然繁殖。尽管他认为这是可能的，但他并没有把希望寄托在这上面，而是准备开始一项可能持续数年、数十年甚至更长时间的年度储备计划。他只是不知道怎么开始。他花了数年往返于科罗拉多，尝试从西北太平洋地区的同事那里获得银鲑鱼卵，并尝试着在落基山脉的水库中进行繁殖。但坦纳这些年来却一直遭到拒绝，因为西北部孵化场的工作人员试图增加他们自己的野生鱼种群，他们很难想出如何在圈养的环境下饲养这些鱼，而且也没有多余的鱼卵。

一种叫"俄勒冈湿粒"（Oregon Moist Pellet）的鱼饲料的开发改变了这一状况。在 20 世纪 60 年代早期以前，饲养鲑鱼的孵化场工作人员必须每天磨碎鲑鱼的卵、肝脏和脾脏等来喂养他们的幼鱼。正是这种过程致使鱼的产量不能上升。但是，这种添加了维生素以及鲑鱼和鲱鱼的内脏的巴氏杀菌颗粒可以工业化批量生产，每天冷冻和分发。这在西部掀起了一股鲑鱼养殖的热潮，最终，坦纳在回到密歇根的第一个秋天的晚上接到了一个电话。一位老同事说俄勒冈州可能可以分出一些银鲑鱼卵。

坦纳说："我不敢相信的事实就这么发生了，我觉得这不真实，因为我这些年来一直去要银鲑鱼卵，但他们没有多余的。"

坦纳那晚激动得无法睡觉，房间里的灯一直亮着，他就那么坐在椅子上，脑袋里思考着什么。"我在想如果那是真的，那么机会来了，事情就会变得很清楚，我是说，一切都很合适。将会有食物补给了。水温也正好……如果我愿意这么做，我们就能办到。"

坦纳第二天给俄勒冈州那边打了一通电话，他发现生物学家那边真的有多余的银鲑鱼卵，而这多亏了发明的新饲料。生物学家在电话的另一头告诉他："正是俄勒冈湿粒的作用，鲑鱼们才会回来产卵，它们也更有活力，更有耐力。"

1964 年 12 月，在坦纳上任不到 4 个月的时间里，来自俄勒冈州的首批 100 万只鱼卵被送上了飞往密歇根州的飞机。

＊　＊　＊

在坦纳发出这一呼吁之前，是否该立刻向五大湖引入外来物种这个观点在过去的几十年里一直充满争议。19 世纪 70 年代，美国鱼类委员会，即美国鱼类和野生动物管理局的前身，发起了一项针对鲤鱼的全国孵卵和放养计划。早期的欧洲定居者将鲤鱼视为食用鱼。该项目如此引人注目，以至于该机构的负责人内战后在华盛顿纪念碑的空地上建造了鲤鱼养殖池。到 19 世纪 90 年代初，那些破坏湖底植被以稳定湖底进而造成生态破坏的食腐动物把五大湖的湖水弄得浑浊不堪。接着便引入了一种来自大西洋海域的、手指般大小的彩虹胡瓜鱼（rainbow smelt），这种鱼在 1912 年一开始就被养殖在内陆的密歇根湖。彩虹胡瓜鱼很快窜进了密歇根湖，然后又逃到五大湖的其他地方，通过吞食本地物种，如湖鲱鱼、白鱼、鲈鱼和湖鳟鱼的幼鱼，破坏了自然秩序。1926 年，美国商务部在一份报告中对这两种故意引发灾难的物种提出警告，反对未来在五大湖建立任何外来物种的储备计划。

一位美国渔业局的生物学家写道："我们已经从引进外国脊椎动物物种中积累了许多经验，[6]因此似乎没有必要对这种做法继续警告，希望今后不会出现任何组织将为引进任何无法控制的本土物种承担责任的事件。"

但是大概 40 年后，坦纳非常愿意承担这样的责任，他解释说，他和同事们猛烈抨击重建五大湖的工作，这折射出他们集体的经历。坦纳作为美国陆军信号部队的一员，曾在南太平洋的丛林中建造过飞机跑道。他的领导曾带领海军陆战队员登陆。而且他的领导曾是二战时期的轰炸机飞行员。坦纳谈到这个久经沙场的组织的做法："如有什么需要做的事，你去做就是了。"

"坦纳他们既没有咨询加拿大，[7]也没有征询其他州的意见，"五大湖渔业历史学家西尔维安说，"他们就是这么做了。"

鲑鱼计划确实会在区域乃至国际上产生影响，因为鱼可以在海洋中游数千英里，所以理论上来说它们可以在所有的湖泊间漫游，而不会注意到地图上把那些将明尼苏达、威斯康星、伊利诺伊、印第安纳、俄亥俄、宾夕法尼亚、纽约和安大略这些地区水域划分开来的界线。鲑鱼计划也让密歇根州与联邦生物学家之间发生了摩擦，联邦生物学家已经开始尝试用孵化场的方式来恢复当地的湖鳟鱼。尽管坦纳和托迪公开表示，他们希望商业捕捞能够在一定程度上继续下去，他们希望湖鳟鱼能够恢复，但他们也同样明确表示这不是他们的首要任务。他们不想试图让时光倒退，以重新获得一些自然的馈赠和平衡。他们想把这里变成 20 世纪垂钓者的游乐场。

坦纳和托迪在 1966 年的一份报告中承认："银鲑养殖针对的是一个具体的渔业管理问题，即通过增加五大湖潜力最大的渔业资源，使其服务于娱乐性的垂钓。"[8]该报告是在第一批孵卵养殖的鲑鱼即将投入的几周前发表的。

坦纳最初的养殖计划是连续 3 年饲养鲑鱼，看看它们在 3 年生命结束时是否会回到它们原来生长的溪流中。他们的想法是，在第 3 年结束时捕获洄游的鱼，并收集它们的卵和精子以维持孵化繁殖计划。但坦纳知道，大自然母亲自己也有可能做到这一点。

"这当然是可能的，"坦纳和托迪在他们 1966 年的报告中写道，"在建立银鲑项目的第一个生命周期中就可以取得成功。在这一点上，只有一个真正的五大湖鱼类引入计划可以告诉我们更多的信息。"

就像 14 年前在西失湖上做的那个小实验一样，坦纳又开始着手改善湖里的生态环境，但现在，他希望项目可以达到在五大湖上实施的规模。

60 年后，坦纳仍然不敢相信自己被允许这么做。"在我的一生中，"他说，"有一个人，碰巧就是我，得到了做出如此重大决定的机会和权力，这让我感到惊讶。"

1966 年 4 月 2 日是一个灰蒙蒙的下雪天，坦纳戴着领带，穿着大衣，而不是戴着他在田间喜欢的牛仔帽。他在流经特拉弗斯城西南部的普拉特河岸边的一个临时舞台上拿起麦克风，贵宾们坐在他身后的牌桌椅上，举行了一个简短的仪式，随后，一位州议员拿起一个仪式用的金桶，把一车手指般大小的银鲑倒进河里。

那天晚些时候，坦纳把自己的一桶银鲑倒在附近的小溪里，这条小溪正是海明威半个世纪前钓鳟鱼的地方。这是一个苦乐参半的时刻；坦纳已经悄悄地同意接受密歇根州立大学教授的新工作。

"我站在熊溪（Beer Creek）的岸边，"坦纳告诉我，"卡车离开了，摄影师们也离开了，我站在雪地里看着那些鱼游到主河道，不禁想知道它们到底游得有多快，能长得有多大。"

这些鱼能活到成年吗？如果能，它们会回到原来生长的河流中吗？它们会像一些人嘲笑的那样，为了大西洋的咸味诱惑而向东游吗？它们会变成鱼食吗？或者它们会开始自我繁殖，以一种没人能预测的方式改变五大湖的生命吗？坦纳把他的烦恼带回家，一边喝着鸡尾酒，一边向妻子袒露心声。

"我记得我告诉过她，我要么是个英雄，要么是个流浪汉，"坦纳说，"无论这个想法究竟是什么，它都是响亮而清晰的，这将会在心里盘旋很长一段时间。"

＊　＊　＊

坦纳对有关孵育出来的太平洋鲑鱼能否在五大湖的淡水中找到栖息地的任何怀疑，几个月后就烟消云散了。1965 年冬天，这种鱼在密歇根的一个孵化场开始了它们的生活，直到 1966 年 4 月人们才将它们放生。典型的银鲑通常有 3 年的生命周期。它们在出生后一年半的时间里，会在孵化它们的河流和小溪中度过，在第 3 年秋天，回到它们的原生河流去产卵和死亡。

这意味着预计在第二个秋季到来之前，第一批养殖鱼要在湖里度过 1966 年和 1967 年的夏天。在第二个秋天即将到来之际，人们希望它们能凭借敏锐的嗅觉回到它们曾经被放生的水域。但并不是所有的太平洋鲑鱼都在海水中遵循这个 3 年计划。有时，如果环境适宜，一小部分银鲑会生长得足够快，足够成熟，然后在一个夏天后回到开放水域中产卵。

这正是 1966 年秋天在密歇根湖发生的事情。几个月前，渔民们从附近的水域中打捞出数百只银鲑，这些鱼几个月前在这个水域里养殖。其中一些已经重达 7 磅（约 1 千克），在其原生的太平洋水域中，这是一个典型的成年银鲑的尺寸。更引人注目的是，在海洋中，这些早早洄游的被称为"jacks"（对鱼的一种昵称）的鱼，几乎都是雄性。但是密歇根湖的第一批"jacks"也包括了雌性，这进一步表明密歇根湖确实是很好的鲑鱼栖息地。

在坦纳离开后，托迪从他手中接管了渔业部门并向西北地区的渔业官员免费提供了一次五大湖之旅，感谢他们帮助启动了世界上最具雄心的淡水鱼养殖计划。该代表团于1966年9月抵达位于密歇根州北端附近的霍顿。在接下来的3天中，代表团在空中视察了五大湖，[9]他们首先飞往苏必利尔湖东端，然后沿密歇根州西部海岸飞行，经过芝加哥后返回北部，飞越麦基诺海峡，再沿密歇根州东部休伦湖海岸飞行。已故的托迪曾回忆起他的鲑鱼计划，华盛顿州渔业主管对他在地图上只知道蓝色覆盖的范围感到吃惊，他说他从来没有想过海洋之外还能有这么多水。

参加庆祝活动时，坦纳想起了当时西方人的乐观情绪，因为他们了解到，大量的巨大而成熟的鲑鱼在被养殖几个月后，有很多已经回来了。来访的官员告诉他们，与他们预估的明年的情况相比，这种巨型的鲑鱼洄游现象不算什么，因为预计将有近100万条银鲑返回当时它们被放生的水域产卵。

"这将是一件大事，"代表团的人告诉坦纳，"而且这些鱼会变得更大。"

＊　＊　＊

1967年秋季，当密歇根湖西南岸的灰西鲱数量开始减少的时候，在湖东北岸大约300英里以外出现了另一个洄游的鱼群——第一个银鲑群，成千上万条银鲑返回本土水域。鲑鱼果然不出所料地在成群结队的小鲱鱼面前大吃特吃，肥得像足球，有的重达20多磅；而通常一条成年海洋银鲑的平均体重仅约为8磅。坦纳告诉我，当看到成千上万的鱼流向湖岸时，那种兴奋是常人很难理解的。就好像密歇根所有的滑雪者在某天早上醒来发现他们的小山丘被落基山脉取代了。"你试着想象一群狂热的渔民，他们可能梦想着花上一大笔钱去西海岸或者去类似阿拉斯加这样的地方钓鲑鱼，但是很少有人会那样做。"坦纳说。

"突然间，他们带着现有的索具、小船和发动机，走了出去，钓到了 5 条鱼，钓索被扯断了，鱼儿从水中跳了出来，他们围在鱼儿的周围兴奋极了。这是一场狂欢。"

密歇根州西北部的城镇以一种没有人预料到的方式被淹没。[10]"周围 50 英里的汽车旅馆人满为患，[11]停车场仓促修建，渔民有时排着一英里长的队等候开船，"密歇根自然资源部在其 1967—1968 年的太平洋鲑鱼状况报告中说，"餐馆没有食物供应，渔具供应商无渔具可供应，加油站的汽油也都用完了。"

有鲑鱼存在的附近溪流和河岸都爆发了骚乱，甚至一度有 60 多名保护官员在国家巡逻队的支持下才平息了"暴徒"对鲑鱼的袭击。"我们完全没有预料到的一件事是，捕捞这种新的外来物种引发了狂热，[12]或者说'鲑鱼热'，"托迪当时向美联社坦言，"垂钓者在小溪上排成一排，捕鱼的方法包括抓鱼、刺鱼、使用渔网和鱼竿，甚至徒手抓鱼。"

1967 年 9 月 23 日，当这股鲑鱼热潮达到顶峰时，事态急转直下。当时，成千上万的渔民在美国西北部的沿海地区完全没在意或者根本不明白迎风飘扬的红旗的重要性，这些红旗是一艘小船发出的警告信号。湖里有太多的船，有的船像充气筏子和独木舟一样小。大风如期而至。数以百计的船只被淹没，美国海岸警卫队直升机机组人员从水中救出数十名落难的渔民。并不是每个人都能活着离开这个湖。灾难的消息传到了西海岸，第二天的头条新闻就报道了数十名渔民失踪的消息。最终确定的实际死亡人数为 7 人。据美联社报道，所有的尸体后来都被冲上了岸，他们都没有穿救生衣。[13]

然而那致命的一天也只是促使渔民们去投资购买更大的船只和引擎而已；几个月后，威斯康星州的汽车制造商埃文鲁德（Evinrude）开始销售捕捞鲑鱼的特殊船只。"这是一个属于银鲑的国家，[14]" 1968 年 5 月 17 日出版的《奥什科什西北报》（*Oshkosh Northwestern*）刊登了一

则展示广告，"交给埃文鲁德，而不是交给运气。"据《芝加哥论坛报》
（*Chicago Tribune*）报道，那年春天，在"芝加哥国家游艇、旅游和户外
展"（Chicago National Boat, Travel and Outdoors show）上，埃文鲁德的
发言人像在春日里漫步一样在会场上走来走去，眼里闪着光芒，并声称
把银鲑引入密歇根湖将引发户外汽车的销售出现行业历史上的高峰。

他说："在渔业管理方面，从未获得过这样的成绩。[15]它的影响
是令人惊叹的。"

当地社区也从中受益；与1966年同期相比，受"鲑鱼热"影响最
大的密歇根州东北部地区，1967年3个月的鲑鱼销售额增长了1190
万美元。[16]与此同时，更多的船坡道、码头和汽车旅馆也正在匆忙建
造中。这正是坦纳所希望看到的繁荣的沿海经济景象，而且这种景象
很快就蔓延到所有的五大湖区域。

1967年，密歇根州扩大了养殖计划，将奇努克鲑鱼也纳入其中，
这种鱼与银鲑相似，但体型大得多。奇努克鲑鱼也被称为"国王"，在
其本土太平洋水域可以长到100多磅重，它们生活在五大湖的表层水
域，可以长到40磅以上。但奇努克鲑鱼并不仅仅是比银鲑更大，它们
的饲养成本也要低得多。因为它们可以在6个月内完成孵化和养殖，
而不需要用18个月的时间来重新培育一种银鲑。所以到了1967年秋
季，密歇根湖银鲑的渔获量突破了近200万条，其中有100万条奇努
克鲑鱼以及100万条原生湖鳟鱼。联邦生物学家养殖这些湖鳟鱼的目
的是为了恢复湖泊表面的自然秩序，而不是为鲑鱼的暴发提供燃料。
其他五大湖各州也立即制定了自己的鲑鱼养殖计划，由密歇根州免费
提供鱼卵。到1968年，五大湖中的所有湖泊都有大量的太平洋鲑鱼。

"我们面临的压力太大了。[17]"威斯康星州自然资源部门（Wisconsin
Department of Natural Resources）退休的渔业主管李·凯尔宁（Lee
Kernen）说。据他描述，1968年，密歇根州的生物学家给了他25000美

元，让他在密歇根湖的威斯康星州的养殖场养殖鲑鱼。凯尔宁独立完成了这项工作。当他看到鱼在水面上跃起时，他几乎不敢相信。他说："鲑鱼和灰西鲱一同游来游去，就像雪茄的烟从嘴里吐出来一样自然。你知道这是一个不能错过的好机会。它们会变得更大，人们会钓到最好的鲑鱼，并且他们真的做到了。"

当时仍在经营的密歇根湖商业渔民寥寥无几，他们被禁止捕捞鲑鱼或湖鳟鱼，因此一些人开始撒网捕捞鲱鱼，他们将这些鱼作为宠物食品或肥料，以每磅一两便士的价格出售。在 20 世纪 60 年代中期，水手们已经在密歇根湖中捕捉了数千万磅的灰西鲱，联邦生物学家还是希望能继续提高捕获量。减少灰西鲱的数量不仅可以帮助商业渔民，而且还可以提高湖中原生物种的产量，因为它们的卵和幼鱼会被这些灰西鲱大量捕杀。托迪回忆说，美国联邦商业渔业局曾要求密歇根州批准建立鱼饲料厂，以扩大灰西鲱的捕获量。但更糟糕的是，托迪说，他不得不忍受联邦机构对鲑鱼放养计划的批评，联邦机构认为这只是渔业试验中的一个噱头。[18]

"这一点，"托迪回忆道，"我们无法接受。"

托迪把他的担忧告诉了密歇根州州长，州长带他们到华盛顿特区。最终的结果是，尽管联邦湖鳟鱼项目远比国家鲑鱼项目的规模小得多，但他们仍会继续开展这个项目，密歇根州商业捕鱼区域办事处被关闭，其工作人员也被转移到马萨诸塞州的格洛斯特。

"它不再是我们的资产，"托迪总结道，"事实上，它与我们的整个计划相矛盾。"这个计划完全依赖于入侵的灰西鲱，托迪认为灰西鲱对五大湖未来的重要性不亚于任何本土物种，甚至比其他的物种更加重要。

1968 年，就在芝加哥的海滩被腐烂的灰西鲱鱼肉堆满一年后，托迪打趣地对一位记者说："有一天，我们可能会养殖灰西鲱作为我们的鱼饵。"[19]

＊　＊　＊

尽管今天坦纳对由他发起的经济转型项目特别自豪，但是他说，这个项目的意义不仅仅会推动造船商、租船捕鱼经营者和沿海社区的经济发展。他指出，在鲑鱼到达五大湖区域后，公众要求政府采取行动，确保他们捕获的鱼吃起来更安全。当时的五大湖区已经遭受了长达一个多世纪的工业、市政和农业污染，坦纳称鲑鱼是人们要求采取更多措施保护湖泊的一个重要原因。这样做的压力是巨大的，尤其是当生物学家开始深入研究鲑鱼肉的时候，发现其体内的杀虫剂 DDT 的浓度高达 1.9×10^{-5} mg/L，远超联邦规定的 5×10^{-6} mg/L 的 3 倍多。一项在密歇根州河流中通过过量捕捞鲑鱼以进行商业销售的计划在萌芽初期就被废弃了，但是人们依旧可以自由地捕捞鲑鱼。美联社当时报道说，高 DDT 浓度的恐慌对托迪来说无关紧要，[20] 他指出，这根本就没有困扰到真正的渔民。

托迪说："我们发现，烹煮鲑鱼可以去除大部分含有 DDT 的油脂，它们的含量远低于 5×10^{-6} mg/L，而且味道鲜美。"

但是，鲑鱼污染物含量超标问题促使密歇根州在 1969 年率先禁止 DDT 的使用。鱼类的消费量日益增长，尽管与此同时也增加了对多氯联苯和其他污染物的限制，但就工业和市政污染物而言，五大湖水域比坦纳在 20 世纪 60 年代中期上任时要干净得多。坦纳说："永远要指出，我们为这些湖泊创建了一批支持者。"他在 1968 年被国家野生动物联合会提名为年度自然保护主义者。这是一种人们意识的觉醒。

直到今天，坦纳仍然对他为了解决环境问题而从科罗拉多带回灰西鲱的想法而感到恼火，他还是想知道如何控制灰西鲱。他说，灰西鲱的数量在 1967 年银鲑暴发后的一年中直线下降。

作为一种被引入的物种，比如灰西鲱，其特征是当它的数量达到顶峰后，种群就会出现崩溃。在 1967 年的初夏，灰西鲱的数量急剧减少，死亡数量之多是以前从未出现过的，坦纳说："这是最糟糕的情况。"

那年秋天的晚些时候，银鲑开始了第一次洄游，这一消息吸引了成千上万的垂钓爱好者，并迅速登上了全国报纸和杂志的头条。第二年，海滩上再也没有死去的灰西鲱了。坦纳说："大家都知道，鲑鱼已经吃掉了那些灰西鲱。那一年，没有足够多的密歇根湖鲑鱼来减少灰西鲱的数量。我们说：'不，不，不，这不是鲑鱼做的。'我们说了至少两个月都没有用，然后我们说：'好吧，是我们干的（可能是为了宣传鲑鱼饲养计划）。'"

这对五大湖的鲑鱼饲养计划是一个很好的宣传，尽管它最终使得奇努克鲑鱼的养殖占主导地位。但它延续了一个神话，坦纳说，这是对所有参与该项目的人的侮辱。"我们是渔业生物学家，"他说，"我们不是来解决海滩问题的。我们去那里是为了建一个渔场。"坦纳把自己比作一个偶然发现某个小岛的农场主，这个岛有密歇根湖那么大，长满了草。"你觉得这个农场主会说：'我可以把一些牛放在那个岛上，让它们吃草吗？'"坦纳问。这不是农场主想说的。他会说，我的上帝，我养的牛肉比你这辈子见过的都多。

在 20 世纪七八十年代，生物学家们就像农场主们一样，试图从牧场上尽量多地"压榨出"一盎司的牛肉，将把五大湖每年的孵卵面积提高到数百万英亩。在这种情况下，没有哪个湖泊比密歇根湖的养殖规模更大。到 20 世纪 80 年代中期，密歇根湖每年的鲑鱼产量超过 1 000 万条，而联邦规定的湖鳟鱼的养殖量仅为这个数字的一半。

历史学家西尔维安说："坦纳实现了他的梦想，[21] 而其他人都是在电视上幻想着和那些鲑鱼打架。每个人都在想：天哪，我们可以去芝加哥租一条船，然后就可以从摩天大楼的视角钓到这些超级棒的鲑鱼！"

1985 年，坦纳正忙着培育一种超级鲑鱼，他希望它能长到这个湖中的"最佳得主"奇诺克鲑鱼的两倍大。[22] 他这么做的目的是用热休克疗法刺激奇诺克鲑鱼的受精卵，使其拥有 3 组染色体，而不是 2 组。最终产品将是一条永远不会达到性成熟的成年鱼，这意味着它的所有能量都不会被浪费在产生精子或卵子上。所有的能量将用于生长，因为它的生物钟被冻结了，能够摆脱 3 年生命周期的束缚，使它的生长时间长达 10 年甚至更久。

《田野与河流》杂志（Field & Stream）* 在项目开始的前一年写道："他们正试图决定要养殖多少鱼，并且分析饲养基地将受到什么样的影响。由于密歇根湖的饲料鱼种群数量正在下降，科学家们正在密切关注这一变化。"

他们确实应该密切关注。截至 1988 年，坦纳的"超级鲑鱼"有近 100 万条，它们要么是正在湖里，要么正在孵化室里成长，[23] 而坦纳向记者们暗示，重达 125 磅的奇努克鲑鱼可能会出现在密歇根湖的地平线上。

但事实证明，就像在牧场上过度放牧一样，湖泊所能承受的鲑鱼数量是有限的。同年晚些时候，腐烂的奇努克鲑鱼开始被冲到密歇根湖的岸边，它们中的一部分死于由饥饿造成的细菌性肾脏疾病，灰西鲱数量持续下降。当时，这些鱼的数量仅为其 20 世纪 60 年代巅峰时期的 1/5。"超级鲑鱼"项目被取消了，到 20 世纪 90 年代初，奇努克鲑鱼的捕捞量也骤降至 20 世纪 80 年代中期的 15%。

鲑鱼的饥荒只会进一步提升灰西鲱的形象，它被水手视作一个珍贵的饲料鱼，即使它破坏了留下来的当地物种的壁垒，它仍然是五大湖价值数十亿美元的渔业支柱；长期以来，人们就知道吃鱼卵的灰西

---

* 世界上最大的户外狩猎和钓鱼杂志。——译者注

鲱数量的减少和本地物种数量的增加之间存在关联。然而，自从鲑鱼计划开始实施以来，五大湖各州几乎没有兴趣以增加本地鱼类的名义来抑制灰西鲱的数量。事实上，在 20 世纪 90 年代初，当灰西鲱的数量在密歇根湖暴跌时，威斯康星州的生物学家宣称它们是需要保护的物种，并停止了对它们最后的商业捕捞。保护令在鲑鱼大饥荒中发挥了作用；灰西鲱的数量有所回升，但已经随着灰西鲱的死亡而恢复的当地鲈鱼数量再一次暴跌了。

当时，许多商业渔民的生计受到当地物种减少的破坏，他们认为州立生物学家在湖中养殖鲑鱼的行为太过火了。威斯康星州的商业渔民皮特·勒克莱尔（Pete LeClair）认为，商业捕捞灰西鲱与照料杂草相似；严格控制它们的数量是保护当地物种，比如鲈鱼、白鲑和鲑鱼的鱼苗或幼仔的最好方法，而这些基本上都是当时密歇根湖的商业鱼类库存中剩下的全部物种了。

"不要告诉我，灰西鲱不吃那该死的鲈鱼，[24]"在灰西鲱渔场关闭 10 多年后，勒克莱尔在一次采访中咆哮道，"当灰西鲱被引进时，它就像牧场上的牛。威斯康星州在 20 世纪 90 年代中期禁止商业捕捞栖息在密歇根湖的鲈鱼，以试图挽救这个物种，但它从未恢复。"

勒克莱尔谈及鲑鱼的养殖时说："这是个好主意，但他们做得太过火了。现在他们只知道养、养、养，却不知道鱼在外面做了什么。"

到 20 世纪 90 年代末，自从坦纳在 1966 年第一次倾倒他的桶以来，五大湖地区已经养殖了 5 亿多只人工孵化的太平洋鲑鱼，然后真正的崩溃便发生了。

＊　＊　＊

"一日之计在于晨"这一格言的作者，从来没有在秋季鲑鱼洄游期间和杰伊·霍尔（Jay Hall）一起坐在休伦湖的岸边。2014 年 10 月一个无风的秋日，这位 47 岁的来自弗林特的机械师坐在一张折叠椅子上，双手插在夹克口袋里，他的钓竿支撑在湖滨淤泥上的一根树枝的分叉处。他的装备可能会被拖到海里，但霍尔对此并不太担心。他刚刚结束了一次糟糕的没有一点收获的钓鱼之旅。

"真是太令人沮丧了，[25]"他的声音像无风的港口一样平静，"人都是这样。"

要想了解霍尔有多失望，你必须了解他从何而来：他最后一次沿着哈里斯维尔的海岸线钓鲑鱼是在 1989 年秋天。就像当时密歇根州东部的许多沿湖城镇一样，每年秋天哈里斯维尔都挤满了沿着海岸线钓鱼的人，他们几乎是有规律地把奇努克鲑鱼从湖里捞上来，就好像这条鱼是从通用汽车（General Motors）的装配线上下来的一样。当时，捕鲑鱼确实是蓝领阶层的休闲活动，你所需要的只是一根杆子和一片公共海岸线。

霍尔想起了港口停车场的狂欢节。啤酒横飞，汽车收音机响起。但他印象最深刻的，是秋天清新的空气中弥漫着附近一家鲑鱼熏制厂燃烧硬木的味道。还有那个把一堆堆铜一样的鱼切成片，每片要价 1 美元，然后把鱼皮扔进垃圾桶的老头，他的动作似乎很熟练。1989 年，霍尔和他的一个朋友返回弗林特的途中，他的手臂由于提着 20 磅重的鱼而感到疼痛，他们把车后座折叠起来，为装满淡橙色鱼片的冷却器腾出空间。不久之后，霍尔就搬走了，直到最近为了照顾年迈的母亲他才回到密歇根。他觉得回到家乡的一个好处是，他可以再次踏上休伦湖的秋季鲑鱼洄游之旅。

但是，当这一天终于到来时，他却已经感觉不到任何一点和以前一样的兴奋之情。他只觉得自己很愚蠢。从弗林特开车回来的路上，霍尔有点担心，他大声地向他的姐夫说，海岸线可能太挤了，找不到一个好地方。然而当他们到达时，广阔的港口是空的。海岸边找不到任何一个钓鱼者，只有一艘孤舟浮在港口，切鱼片的站点不见了，旧的鱼饵店也没有了，空气中唯一的烟雾来自霍尔悲哀地吐出的香烟。

"这儿曾经是个热闹的地方，"霍尔一直试图说服他的姐夫，"过去是这样的。真的！"

不到 2 个小时后，他们拿起行囊，直奔停车场，感觉就像道奇小型货车后面的 3 个冷却器一样空虚。霍尔记忆中的湖泊已经消逝，湖里的鲑鱼在过去的 10 年里全部消失了。事态发展得如此之快，以至于渔业生物学家将其比作驾车冲下悬崖。

休伦湖在 20 世纪 80 年代末和 90 年代初的鲑鱼危机中受到的冲击没有密歇根湖那么严重，但 10 年后，它开始遭受的毁灭性破坏来自奇努克鲑鱼的集体死亡。这个破坏看起来是永久性的。随着时间的推移，人们越来越清楚地认识到，近半个世纪前在休伦湖沿岸城镇带来经济繁荣的鲑鱼饲养计划，不过是短短几十年里的一次生物学史上的光芒。当时，人类控制了一个大湖的生态平衡，并得到了他们想要的精确结果。

造成这次大灭绝的一个重要原因是，鲑鱼开始在野生环境下以不可持续的数量繁衍后代，因为有太多的奇努克鲑鱼，而没有足够多的灰西鲱。坦纳和他的同事们一直都知道太平洋鲑鱼可能会找到如何在五大湖支流中繁殖的方法，其中最有可能的是在加拿大寒冷且清澈的溪流中繁殖。在饲养计划最初的几十年中，我们知道一些鲑鱼就是这样做的，但没有人知道会达到什么程度。

生物学家可以辨别哪些鱼是被放养的，哪些鱼是野生的，因为他们会在每一条孵化的鱼身上剪下鳍，或者用其他方式标记它。然后他们可以通过比较从孵化场捕获的鱼类数量和捕获的野生鱼类数量，估算出湖里存活着多少野生鱼类。当他们 2000 年开始在加拿大考察鱼类的密度时，他们震惊了。他们认为自然繁殖的鱼可能占休伦湖中奇努克鲑鱼总量的 15%，但事实上，除了每年孵化的 350 万条奇努克鲑鱼之外，大自然的鱼类产量高达 1 600 万条。换句话说，生物学家的估计几乎完全落后了，湖泊里只有大约 20% 的奇努克鲑鱼是人工孵化的。

就像飞行员突然意识到他们的飞机装载的货物比物理条件允许的要更多一些一样，渔业经理们削减了奇努克鲑鱼的养殖范围。但这一切都太晚了。生物学家们认为他们建造的经过精细校准的鲑鱼生产机器已经变得疯狂了。2003 年左右，休伦湖的灰西鲱数量已经开始急剧下降，但起初很少有人注意到这一点。鲑鱼的捕捞情况和以前一样好，就在一年前，它的捕获量创下了历史新高。但事实证明，这并不是鲑鱼养殖场健康发展的迹象。这说明鲑鱼已经没有灰西鲱可吃了，这种饥饿让它无法抗拒来自渔夫的诱惑。

雪上加霜的是，由于湖泊底部的外来贻贝数量激增，浮游生物的数量急剧下降，这导致灰西鲱自身也开始出现食物短缺。因此，灰西鲱被终止在食物链的两端，因为过多的鲑鱼带来同种竞争，此外，食物链下端的食物数量也减少了。

生物学家在 2003 年做调查的时候偶然发现了奇努克鲑鱼的胃里是空的，而且在 2004 年的时候，这种现象已经很常见了。截至 2005 年底，休伦湖主要港口的奇努克鲑鱼的捕获量从 3 年前的 104 000 条以上下降到 11 700 条。到了 2010 年，收成降到了 3 000 条，而此后几乎没有反弹的迹象。

今天，很少有生物学家指责坦纳和托迪如此明目张胆地重建五大湖的行为；密歇根为休伦湖设计的新研究船以坦纳的名字命名。密歇根湖自然资源生物学家戴夫·菲尔德（Dave Fielder）说："他们没有什么可失去的，湖泊被破坏得如此严重，[26] 除了往上走，没有别的地方可去。这是一个创造性的、聪明的、漂亮的鲁莽之举，因为他们不知道会发生什么。但是，孩子，这真的成功了吗？从控制灰西鲱的角度，这确实激发了公众对五大湖的热情。今天，人们很难理解坦纳和托迪所做事情的意义，这不仅仅是关于鱼的事。"

菲尔德说："早在 20 世纪 60 年代，就没有人真正关心五大湖了。他们开始关心鲑鱼什么时候出现。"当密歇根州第一次引进鲑鱼时，菲尔德还是个孩子。他之所以知道这个项目，是因为他说那些鱼几乎是 20 世纪 60 年代末电视和报纸上出现的唯一的好消息。

"那是我第一次看到社会的乐观和兴奋，正是因为这一种鱼，"菲尔德说，"这让我明白，有时候，即使处于那样的社会中，我们也可以充满希望和兴奋。"

现在，菲尔德和其他许多五大湖的生物学家从休伦湖最近的失败中吸取到的教训是谦逊，这是坦纳和鲑鱼业先驱们在管理领域的另一个极端。

五大湖渔业委员会的生物学家约翰·德特默斯（John Dettmers）说："作为人类，我们总是想控制局面，但我们无法控制五大湖。[27]我们可以改变它，但我们不一定能控制它。"

* * *

在威斯康星州，就在密歇根州的霍尔对于休伦湖的鲑鱼业现状感到绝望的那个月，密歇根湖海岸线附近的一家奇努克鲑鱼工厂正在轰隆隆地生产鲑鱼。砰地撞到，发出嘶嘶声、噗嗤声、喷射声、搅拌声、嘣嘣声。

虽然密歇根湖和休伦湖实际上都是一个巨大的水体，但其在许多方面都是截然不同的。密歇根湖是一个更具生产力的湖泊，因为从其支流中汇入的营养物质能滋养更多的浮游生物来维持灰西鲱的生存。两个湖泊在水中化学物质的成分、温度、深度和鱼类产卵栖息地等方面也存在差异。尽管密歇根湖现在也是一个以自然繁殖为主的奇努克鲑鱼的故乡，但这些鱼的繁殖程度没有休伦湖鲑鱼大灭绝前那么高。

但是即使到了 2014 年，密歇根湖上的灰西鲱也开始出现灭绝的迹象；年度渔业数据显示，灰西鲱的总数已经达到历史最低水平，而年龄较大和体型更大的灰西鲱也在消失。这正是在灭绝发生前休伦湖所发生的事情。然而尽管如此，密歇根湖渔业管理者还是认为最好的办法是继续养殖鲑鱼。

在多尔半岛斯特金湾附近的草莓溪的上游，鲑鱼的生产线开始于一个人工池塘，那里挤满了孵化养殖的奇努克鲑鱼。2011 年秋季，这些成年鱼在孵化场度过了它们的青春期，然后于 2012 年春季，在草莓溪的一个混凝土池塘里待了几个星期，这样它们的嗅觉系统就能记住家乡水域的味道。然后，通往水池的大门打开了，小拇指大小的鱼儿游向密歇根湖的开阔水域。

两年半以后，这些鱼儿利用自身的优势向密歇根湖的岸边前进，进入人造斯特金湾运河，游入草莓溪，然后又回到它们小时候待过的巨型混凝土池塘。在这里，在它们生命的最后一天，也就是它们后代出生的第一天，一台起重机把它们从养殖池里舀出来。它们被扔进一个冒着气泡的浴缸，然后一个接一个地从溜槽往下滑。

砰砰——敲击锤在 SI 5 M3 击晕机上，对鱼的头骨进行了一次击打，从这个精巧的装置后面出来的是一个软弱无力的奇努克鲑鱼，它的眼睛向上翻，生命即将终止。

嗖嗖——戴着橡胶手套的渔工飞快地将死鱼放到秤上称重，测量它的长度，并确定它是雄性还是雌性。

噗嗤——雌鱼的胃被一根连接在二氧化碳罐上的软管里的针头扎破了，直到它们肚子里的一堆鲜橙色的卵排入水桶中，每条鱼大约有 5 000 个卵。

呼哧——一名装配线上的工人弯着身子挤压雄鱼，把它们的精液像飞镖一样精准地射入小塑料杯中。

哗啦——一位没有戴手套的技师把一杯精液倒入装着来自两个雌性鱼卵的容积为 3 加仑（1 加仑 =3.785 升）的大桶里，然后用碘酒给他的手指消毒，将手指放入冰冻的混合物中旋转，直到起泡为止。

嘣嘣——10 000 个卵子正在进行受精。

仅在这一天，就有 20 多万条鱼被送到一个州立孵化场，大约 6 个星期后就能孵化出鱼。小鱼会在它们的卵囊里短暂地摄取营养，到 1 月份就会狼吞虎咽地吃下孵化厂的营养小球。

到了春天，它们会长到将近 4 英寸长，在大门打开前被带回草莓溪的混凝土池塘中进行几周的适应，然后随着水流向密歇根湖蜿蜒前进，在那里，它们将追逐湖泊中不断减少的灰西鲱种群，直到两年半之后再回到混凝土池塘中。

"如果你看看休伦湖上发生的事情，就会觉得有点可怕，"威斯康星州自然资源部五大湖渔业生物学家尼克·莱格勒（Nick Legler）在 2014 年草莓溪收获鱼卵的最后一天休息时说道，"这就是为什么我们减少了库存，试图让生态系统恢复平衡。"

2016 年与密歇根湖相毗邻的几个州只储备了大约 180 万只奇努克鲑鱼，约为几年前养殖数量的一半，远低于 20 世纪 80 年代末的奇努克鲑鱼的数量峰值（800 万条左右）。

坦纳想知道这些措施是否会有效，因为尽管鲑鱼养殖数量大大减少了，但灰西鲱的数量仍在下降。"我很担心密歇根湖，"他说，"因为它和休伦湖在同一航线上。"

半个世纪前，坦纳的独特远见几乎立即恢复了湖泊的生态平衡，并把这片荒凉的水域变成了世界上最受欢迎的休闲钓鱼胜地之一。但是，通过将外来掠食者缝合到食物网的顶部来修补食物网的顶端被证明只是一个相对简单的修复方法。

事实证明，此刻湖泊正在遭受第二波入侵，这使得解决七鳃鳗和贻贝的侵扰问题似乎很容易。并且这一次没有明显的补救措施，因为这一次是食物链最脆弱的地方受到了攻击——底部。

第 4 章

有害货物
——斑马贻贝和斑驴贻贝的入侵

1988 年 6 月的第一天，[1] 阳光明媚，天气炎热，风平浪静。3 位来自温莎大学的年轻研究人员正在寻找爬行在圣克莱尔湖底的生物。索尼娅·桑塔维（Sonya Santavy）是一位刚刚毕业的生物学家，她上了一艘 16 英尺长的小船，前往横跨美国和加拿大边境的湖中央。

在地图上，圣克莱尔湖看起来像一个 24 英里（1 英里 =1.609 千米）宽的动脉瘤，它位于底特律以东，连接休伦湖和伊利湖，这就是它的概貌。从苏必利尔湖、密歇根湖和休伦湖流出的水在这里形成了一片水域，接着又经由尼亚加拉大瀑布向东流入安大略湖，最后沿着圣劳伦斯河汇入大西洋。流经圣克莱尔湖的水流非常强劲，如果你在湖的上游跳上一个充气筏，你将在大约两天内被冲到湖的另一边而无需划桨。

在圣克莱尔湖，水流动的速度很快，因为它的大多数地方都像游泳池一样浅，除了中间有一条大约 30 英尺深的航道。美国陆军工兵部队在 20 世纪 60 年代早期开辟了这条航道，作为海路工程的一部分，允许远洋货轮在伊利湖和上游湖泊之间航行。当水位低或者河床高时，航道的深度就不够了，这迫使船只不得不通过减轻负荷才得以通过。这通常意味着船只会将发挥稳定功能的压舱水倾倒出来，而这些是原本存在于五大湖以外的水。世界各地的港口都发现了大量挟带着外来生物的水。

1988 年初夏，当桑塔维和她在温莎大学的同事们在圣克莱尔湖的岩石上艰难前行时，她异想天开地将取样铲伸进了下面的鹅卵石中。她当时在寻找喜欢淤泥的蠕虫，但她戳了一下下面的岩石。好吧，直到今天，她仍然不知道当时为什么会这么做。"我甚至无法解释为什么这个想法会突然出现在我的脑海里，"桑塔维告诉我，"我想，如果我们什么都得不到的话，我就标记一下，告诉其他人这不是一个可以采样的区域。"

桑塔维铲了一勺石头，里面并没有她想要的虫子，最小的一颗比她的指尖大不了多少。但其中有两颗小鹅卵石有点奇怪，它们连在一起。她试着把它们分开，但有点难。这时她意识到其中一颗根本不是鹅卵石。它是活的生物。

* * *

当时没人多想，但在 1959 年航道开放后的几年里，从海藻到软体动物再到鱼类，各种并非五大湖原产的物种开始以前所未有的速度涌现。在航道开放的那个季节，出现的是原产于欧洲和亚洲的驼背豌豆蛤蜊（humpbacked peaclam）。1962 年，海鞘藻（*Thalassiosira weissflogii*）出现，它是一种单细胞藻类，可以进行有性和无性繁殖，与七鳃鳗不同的是，在生态系统范围内，任何人为措施都没法对其进行控制。

在接下来的两年里，又出现了另外 5 种外来藻类。1965 年，一种原产于黑海和里海海域的颤蚓（湖底穴居）蠕虫来到这里。一种来自欧洲的水蚤在第二年也出现了，两年后又出现了一种来自欧洲的扁虫。一种原产于黑海和里海的甲壳类动物于 1972 年到来。次年又出现了 3 种外来藻类。外来生物年复一年地，几乎是有节奏地、可预见性地到达，直到 1988 年圣克莱尔湖上那个闷热的星期三的早晨。

桑塔维向一名科学家展示了她在课题研究中发现的活着的"石头"，其波浪形条纹使它能够融入桑塔维在发现它时潜伏的那些岩石中。很明显，这是一种蛤蜊或贻贝，但像这种一角硬币大小的软体动物是桑塔维的同事从未见过的。这很奇怪。她的同事是一名研究生，他的工作是研究北美的淡水蛤。这引起了桑塔维的疑问，所以她把标本带回了校园。

她说："我刚毕业，没有真正的经验，不懂的地方很多。但我想也许别人知道这是什么……"

当桑塔维回到校园时，她向实验室的教授展示了她的样品。他们也很困惑。他们把它送到多伦多郊外的圭尔夫大学，在那里一位国际贻贝专家鉴定出它是斑马贻贝。这不是一个好消息。该物种原产于里海和黑海盆地，在大西洋彼岸以其可以黏合到任何坚硬的物体表面的能力而广为人知。它们簇集在一起，表面锋利尖锐，可以使船夫和游泳者的手脚流血，堵塞船只的管道，缠住船底，滤食浮游生物，在它们入侵的水域中汲取生命。

斑马贻贝已经占领了整个西欧的河流和湖泊，这要归因于发达的运河和水闸网络，就像北美的航道一样，这些运河和水闸让其像血液中的癌细胞一样在大陆扩散。

匈牙利和伦敦分别于 1794 年和 1824 年受到了斑马贻贝的侵扰。[2]鹿特丹于 1827 年"沦陷"，紧随其后的是 1830 年的汉堡和 1840 年的哥本哈根。20 世纪 70 年代，贻贝已扩散到瑞士、芬兰和意大利。然后，桑塔维的标本出现在圣克莱尔湖，离它最近的入侵地大约有 3 000

英里。

　　斑马贻贝有一种"脚"，使它能够穿过湖底，但即使是最快的成年斑马贻贝也只能以每小时 14 英寸的速度前进。贻贝群不可能一代又一代地跨过海洋和航道，因为贻贝无法在海洋的盐度和深度中存活下来。科学家们知道桑塔维发现的贻贝穿越大西洋进入五大湖的最合理的方式，是借助一个装着淡水或来自港口的半咸水的货船压载舱。

　　以前，稳定的压载物是固体材料。在 19 世纪，奴隶贸易中的纵帆船（使用纵帆的一种船）用铁条作为压载物，而满载烟草的欧洲船只则用砖头来压载。但是当货轮卸下船帆和木制船体，装上蒸汽机并发展到"泰坦尼克"号时，船只要求更稳定的压载物，特别是当一艘船的货舱不够满，货物装载不均匀，或者在波涛汹涌的海面上航行时。

　　船舶设计师们很快意识到，每加仑水重达 8 磅多，用水作为压舱物就足够了。更重要的是，不必手动加载。水可以被抽进或抽出，并隐藏在现代货船钢制外壳下的储罐网格中。但是液体压载有一个巨大的缺点，那就是它的重量不固定。

　　桑塔维找到的单壳类软体生物对发现它的年轻研究人员来说可能意义不大。但经验丰富的生态学家知道它所预示的厄运，就像放射学家在 X 线片上发现了一个能说明一切的斑点；斑马贻贝的重要之处在于，不要把每一个贻贝都看作是一个单独的有机体，而要把它看作癌细胞一样，会带来更大的灾难，因为它的扩散速度和水流一样快。而且不像欧洲的一些地方和贻贝的本土区域，北美没有贻贝的天然捕食者，所以它们的数量以前所未有的方式爆炸式增长。

　　每只雌性贻贝每年能产 100 万只卵。这些微小的后代被称为面盘幼虫，直径只有 1/10 毫米，它们覆盖着纤毛，在生命的最初几周里，这些纤毛帮助它们顺应水流和海浪，从而游到新的地方。这些纤毛还使得幼贻贝能够捕捉食物，并开始长出贝壳，贝壳的重量迫使它向下沉，最终使贻贝在湖底或河底安顿下来。在那里，贻贝开始盲目地寻找坚硬的物体表面——岩石、玻璃、桩，甚至其他贻贝，然后附着在上面。一年之内，这些幼贻贝就会吐出自己的绒毛来建立新的"殖民地"。

尽管有消息说斑马贻贝已经横渡大西洋，但令人沮丧的是，没有人感到惊讶。早在 19 世纪末，博物学家就认识到斑马贻贝是一种入侵物种。"斑马贻贝也许比任何其他淡水贝壳更适合在人类生活的范围传播并定居，[3]"英国动物学家哈里·华莱士（Harry Wallace）于 1893年写道，"它们顽强的生命力，异乎寻常的快速繁殖，对外界的附着能力，以及能够适应陌生的、完全人工的环境，使得斑马贻贝成为世界上最成功的软体动物入侵者之一。"

1921 年，波士顿自然历史学会的馆长查尔斯·约翰逊（Charles Johnson）发出了另一个警告："斑马贻贝被引进美国的可能性很大。在我们的池塘和溪流中，有太多人不顾后果地倾倒外来水。许多外来淡水贝壳都是被这种方法引进的。贻贝为什么不能通过这种方式被引进呢？"

生物学家拉尔夫·辛克莱（Ralph Sinclair）在 1964 年，也就是"航道"开放 5 年之后警告说："斑马贻贝种群最终很可能会在北美大陆建立起来。"

最后一次警告发生在 1981 年，[4]当时一群科学家正在观察驶向五大湖的海外货轮压载舱里潜藏着什么东西，他们发现这些贮水池基本上相当于漂浮的生态系统，充满着从全球港口携带而来的生物。研究人员特别提到斑马贻贝是主要的威胁之一，它们通过搭载压舱水进入湖泊，当一艘来自海外的船只交换货物时，斑马贻贝会随着压舱水被排放出来。美国和加拿大政府对这一发现没有采取任何行动。

第二年，也就是 1982 年，外来船只被指责引入了带刺的水蚤。这种水蚤严重影响了五大湖里原生浮游动物的生存，并导致依赖这些浮游生物生存的小型原生鱼类数量减少。1983 年，航道上的船只被确认是引入了另一种外来蠕虫——颤蚓的罪魁祸首。1986 年，在苏必利尔湖发现了一种来自大西洋另一端的入侵鱼类——欧亚梅花鲈。两年后，在 1988 年，桑塔维发现斑马贻贝的消息在《温莎之星》（*Windsor Star*）的头版上出现。新闻里宣称，一种新型的"斑马蛤蜊"（斑马贻贝）可能会让该地区损失数百万美元，因为它们可能会附着在坚硬的物体表面，堵塞工业用水管道。

桑塔维所在的温莎大学实验室主任保罗·赫伯特（Paul Hebert）告诉记者："斑马贻贝这个家伙通过搭便车进入压载舱。[5] 继续研究这个问题令人疯狂，我们一直在湖中发现新的物种，我们必须做些什么。"问题在于监管者的手脚被《清洁水法案》给束缚住了。

＊　＊　＊

1968 年夏天，克利夫兰《平原商人》（*Cleveland Plain Dealer*）的编辑们终于忍无可忍了，[6] 因为当时给伊利湖提供丰富水源的凯霍加河发生了一件不堪设想的事。该报的编辑们写道："我们已经明确地表明，这条河的肮脏状况是这座城市的耻辱。"他们解释了近几年河水表面是如何变成工业化学物质和油类的黏稠混合物的，这些化学物质和油类易燃物威胁着河岸上的仓库、磨坊、机械商店、谷物升降机和木材堆场。当然，灾难很容易就发生了。媒体都愤怒了："我们所有的警告都没有效果，今天早上，当一艘拖船从河上经过时，从船的烟囱里冒出来的一丝火花落在了废弃石油上，将凯霍加河点燃了！"

你可能认为你知道这个故事，[7] 实际你可能并不知道。这并不是 20 世纪 60 年代末发生在凯霍加河的那场大火，那场大火曾出现在全国各地的报纸上，促使国会通过全面的联邦污染法规，以修复因战后工业污染激增而遭受蹂躏的美国水域。

这场大火的确是在内战之后才点燃的，1868 年的大火几乎没有造成任何财产损失，也没有造成人员伤亡。就像 1969 年的大火一样，19

世纪的大火使得媒体向当地人施压，要求他们"立刻清除这条河上的垃圾"。

政府拒绝采取行动。当洪流穿过城市的工业中心再次释放易燃废物，使凯霍加河在 1883 年再次燃烧时，他们也没有采取行动。1912 年的一场大火也没有带来多少改变，[8] 尽管 5 艘船的机械师在一次汽油爆炸的蓝色火焰中牺牲了。[9] 克利夫兰的河流在 20 世纪 20、30 和 40 年代再次燃烧，却从来没有足够的热度让政客们通过追究污染者的责任来遏制这种荒谬的现象。1952 年的凯霍加河大火确实占据了《平原商人》的头版头条，尽管它关注的是一家造船厂被烧毁的情况，而不是它的成因。

克利夫兰并不是五大湖地区唯一一个河流被工业污染的城市。类似的大火从芝加哥到底特律再到布法罗，从 19 世纪末开始，一直延伸到 20 世纪。引发这些火灾的化学倾倒行为是不受惩罚的，因为一直保留到 20 世纪 60 年代的联邦水污染法对阻止工业和城市把河流当作液体垃圾填埋场毫无作用：基本上不存在对污染者的民事和刑事处罚。

1969 年 6 月 22 日早晨，一辆从凯霍加河上驶过的火车上掉下了一个火花。火焰在几分钟内就熄灭了，这个事件只配在《平原商人》的 C-11 页上刊登一个小新闻。但随后，就像飘着的余烬一样，大火的消息在全国各地的报纸上出现，全国人民的愤怒也随之爆发。

在 1952 年那场熊熊大火和 1969 年那场小火灾之间的某个时候，如果你认为地球上最富有的国家会发生河流火灾的话，那简直荒唐可笑。来自大到《时代》杂志和小到威斯康星州简斯维尔市的《每日公报》(Daily Gazette) 等媒体的批评之声此起彼伏：

凯霍加河曾经是美丽的。[10] 它曾经有着清澈的、波光粼粼的水面，孩子们可以在岸边玩耍。这里曾经有鱼，还有可以保护野生动物的绿色植物。现在，这是一个臭气熏天的污水坑——一条穿过美国大型城市中心的露天下水道。克利夫兰并不是唯一一个这样的城市。同样的事情也发生在这片土地上。我们的河流和湖泊的污染程度令人震惊。这不仅仅是一种耻辱，这是对美国人民犯下的一种可恶的罪行，这些河流不属于工业家，而是属于人民，属于所有的人。当一条河或一个湖被污染了，它就像在枪口下被偷走一样，从人民手中被偷走了。它已经从你、你的孩子、你孩子的孩子那里被偷走了。

随着克利夫兰被要求收拾烂摊子的压力越来越大，其市长指责州政府没有对其负责监管的行业采取更严厉的措施。当时俄亥俄州的法律赋予了州监管机构在水污染执法方面的至高无上的权力，而且由于沿河的工厂和磨坊已经获得了排放许可，尽管这些工厂和磨坊没有占主导地位，但该市坚称自己无力迫使这些企业改变它们的排放方式。与此同时，该州威胁要对克利夫兰市采取严厉的执法措施，并荒谬地声称，火灾是由城市街道上的油污径流和漏水的下水道引发的。

在火灾发生几天后，联邦环境监管机构的工作人员突然来到河边，他们得出结论说，问题的根源对任何一个有眼睛或鼻孔的人来说都是显而易见的。[11] 美国内政部伊利湖办公室的负责人说："在共和钢铁公司（Republic Steel）、琼斯公司（Jones）、劳克林公司（Laughlin）和美国钢铁公司（U.S. Steel）分布的河流区域，这条河突然变成了石油、垃圾和许多不同的化学物质和固体组成的混合物。"他注意到，这些公司的水管流入的上游水域的颜色是深绿色，而下游是一层带有硫黄和氨味的"巧克力泡沫"。

美国内政部长呼吁在 9 月份举行公开听证会，[12] 这进一步凸显了现有污染法规的不完善。那天，共和国钢铁公司的官员拒绝回答任何问题。美国钢铁公司的一位发言人说，他根本不认为这个问题是他应该回答的。"据我们所知，"他说，"我们的行为完全符合联邦和州所有有关凯霍加河水质的现行法规。"

没有人被罚款。[13]

1972 年，国会推翻了尼克松总统的否决，并批准对现有的一系列联邦水污染条例进行全面修订，即今天的《清洁水法案》。这扭转了局面，并确立了一个原则，即工业没有污染水域的权利，因此必须申请许可证。

为了获得许可证，公司必须同意为其排放的污水安装最好的可使用的废物处理系统。这些许可证必须每 5 年更新一次，其观念是，多年乃至数十年来，更好的处理技术必然会不断发展，企业能够排放的污染总量将不断减少。违反此项规定的人每天要被处以数万美元的罚款，就像威斯康星州简斯维尔市的社论作者在 1969 年那场火灾后的日子里所渴望的那样，主要的违法者可能会被判入狱。

《清洁水法案》的目标是到 1985 年实现不可能达到的零污染排放，并提出了到 1983 年使美国所有水域都能游泳和钓鱼的临时目标。《清洁水法案》没有取得上述这些成绩，但它带来的改善是巨大的。20 世纪 70 年代初，美国 2/3 的湖泊、河流和沿海水域是不安全的，不适于捕鱼或游泳，到 2014 年，这一数字减少了一半。今天，在凯霍加河有大约 60 种鱼类，包括那些对水质敏感的鱼，如虹鳟和白斑狗鱼。

但美国环境保护署在该法案通过一年后留下了一个巨大的漏洞。该法案将豁免范围从军用船只排水扩大到所有在美国水域航行的船只。该机构的动机可能是，如果没有船舶排放豁免规定，监管机构也难以监管数百万艘游船。不管是什么原因，该机构显然并不认为货船压舱水的排放是一种威胁。

"这类排放一般不会造成什么污染，[14]"环境署在发布该豁免规定时解释道，"将船舶废物排除在许可证要求之外将大大减少行政开支。"

但这会使五大湖付出高昂的代价。五大湖斑马贻贝泛滥成灾的事实表明，含有污染生物的压舱水会带来最严重的污染，因为它会堵塞管道或堵住烟囱等。它不会腐烂，也不会消散。这群生物会繁殖。

＊　＊　＊

1988 年夏天，桑塔维只发现了一只贻贝。每个人都知道这类生物的数量肯定更多。但他们不知道具体还有多少。汤姆·纳莱帕（Tom Nalepa）当时是美国国家海洋和大气管理局（National Oceanic and Atmospheric Administration, NOAA）的生态学家。他记得，1989 年 3 月，为了和其他 11 位科学家讨论这一最新的五大湖入侵者，他从密歇根州安阿伯的办公室驱车 3 个小时来到安大略省伦敦市。这是迄今为止我们所知道的第一次国际水生入侵物种会议，它几乎每年都会举办一次，吸引了来自世界各地的数百名研究人员。但是在那个寒冷的日子里，第一次会议并没有那么隆重，甚至都不算是一次正式的会议。只有十几个聪明但困惑不解的美国和加拿大科学家试图分享他们所知道的关于一种生物的一切知识，这种生物的传播速度比科学家认知它的速度还快。

事实上，那天在房间里的研究人员甚至无法决定称它为蛤蜊还是贻贝。[15]加拿大安大略省自然资源部的会议主持人罗恩·格里菲斯（Ron Griffiths）采用了加拿大式的取名方式，称它为"斑马贻贝"。但问题是北美几乎没有关于斑马贻贝生命周期的文献，因为在那之前，北美还没有斑马贻贝。科学家们一直在搜集用俄语、波兰语和丹麦语撰写的研究论文，只是为了找出这类生物喜欢的栖息地、温度耐受性和繁殖率。

"我读过的很多文献都是用另一种语言来写的，我只能读懂摘要这部分。"圭尔夫大学的贻贝专家格里·麦凯（Gerry Mackie）在会议开始的时候承认。一盘模糊不清的录像带保存了超过 1/4 个世纪的时间。研究人员打开了一个旋转式的幻灯片投影仪，看看自从桑塔维在 10 个月前把铲子伸到圣克莱尔湖底部后，斑马贻贝的分布有多广。每当播放一个新的图像时，房间就会变得很安静。

- 在圣克莱尔湖底部发现了一个发动机机体，它的活塞孔被堵住了，里面塞满了斑马贻贝。
- 一个海岸警卫队的浮标从伊利湖里被拖了出来，上面覆盖着贝壳，已经面目全非。
- 五大湖的海滩上散落着漂来的贻贝壳，像许多小嘴一样张开着。

　　然后，格里菲斯播放了一盘录像带，里面讲述的是伊利湖加拿大一侧被贻贝吞没的渡轮码头。那里有如此多的贝壳，没人能计算出它们覆盖在码头石桩上的密度有多大。就像在一个没有月亮的夜晚，在远洋货船的甲板上数星星一样。生态学家纳莱帕记得，他和同事们围坐在摆满咖啡杯和装满斑马贻贝标本的罐子的桌子旁思考。"天哪，这和我们之前遇到的完全不一样！"[16]

　　那天，有一些人在谈论吃浮游生物的贻贝是如何在食物链的顶端影响当地的渔业的。但科学家们最担心的是软体动物给该地区的工业所带来的影响，因为它们有堵塞管道的能力。与五大湖特有的贻贝不同，斑马贻贝可以通过从足底的腺体中分泌出的斑块固定在坚硬的物体表面。在黏液滴下之后，腺体就会分泌出蛋白质，这些蛋白质会顺着足流下来，与斑块融合，硬化成非常坚韧的纤维。一个成年贻贝可以编织超过 500 个这种"足丝"绳，形成一种水泥状的黏结，其耐用程度不亚于任何一种在五金店货架上找到的环氧树脂。

　　研究人员很快意识到城市和工业用水管道很可能是斑马贻贝的主要栖息地；管子里坚硬的表面提供了斑马贻贝的理想附着场所，不断流动的水使斑马贻贝很容易就获取了漂浮的浮游生物，它们就像一个漂浮的自助餐。这一切已经开始发生了。

　　密歇根电力公司的一名生物学家在另一段录像视频中发现，在伊利湖西岸的门罗电厂的取水管道上，斑马贻贝开始聚集成一团一团的。他预测，如果不加以控制，每天要耗费价值数十万美元的化学药品和工作人员的大量时间来毒杀和清除这些贻贝。

　　会议的主持人格里菲斯告诉与会者，他最大的挑战之一便是向公众传达形势的严重性。"现在，"他说，"任何人都不愿意相信这么小的生物会引发这么严重的问题。"直到第二年的 12 月份，在密歇根州的门罗市及其周边地区，大约有 5 万人从伊利湖取水，但由于贻贝和冰块堵塞了直径接近 3 英尺的取水管道，他们的供水持续中断了两天多。

　　因为在五大湖没有合适的捕食者，北美斑马贻贝的问题变得更糟，在最猖獗的地区，它们很快开始像多瘤珊瑚一样聚集在一起，密度超过每平方米 10 万只。每只成年贻贝的大小通常不超过 5 美分的硬币，它们每天能过滤多达 1 升的水，并将水中所含的所有营养物质封存在

五大湖沙滩上散落着锋利的贻贝壳

坚硬的小壳内。

到 1989 年底，斑马贻贝遍布五大湖，西至德卢斯，南至芝加哥，东至安大略湖下游的圣劳伦斯河。在芝加哥环境卫生和航行运河的源头附近也发现了它的一个栖息地，而这条运河为五大湖流域和密西西比河流域提供了人工连接。这意味着贻贝现在可以越过几乎分割半个美国大陆的分水岭。

但是在 1989 年，最不祥的贻贝事件并没有成为头条新闻。伊利湖的研究人员发现了一种最初看起来与斑马贻贝稍有不同的贻贝。两年后，他们就知道了，那是斑驴贻贝，它以 19 世纪灭绝的斑马亚种命名——非洲大草原上只剩下 7 具原生食草动物的骨骼，其中一具在伦敦大学学院展出。但今天，仅在五大湖，与斑驴贻贝同名的软体动物的数量就达到了千万亿。

斑马贻贝对依赖水的工业和城市来说确实是一种昂贵的麻烦，在过去的 1/4 个世纪里，人们花费了数十亿美元来发明、建造和维持处理系统，使用化学物质、高温和紫外线来保持管道畅通，使水能够通过从核电站到厨房水龙头的所有地方。然而，斑马贻贝造成的生态破坏与它们的近亲——斑驴贻贝相比是微不足道的。斑马贻贝居住的水域深度通常不会超过 60 英尺，但与之不同的是，斑驴贻贝被发现栖息于540 英尺深的水域中。这种对深度的耐受性，再加上不需要坚硬的表面来附着，使得斑驴贻贝可以覆盖大片的湖底，而斑马贻贝无法进入湖底。斑马贻贝也只能在温暖的月份进食，而斑驴贻贝一年四季都可以从水中过滤营养物质。

1992 年，在密歇根湖发现斑驴贻贝的 3 年后，斑马贻贝仍占该湖入侵贻贝数量的 98% 以上。到 2005 年，这种现象已经完全颠倒了，在入侵的贻贝种群中，斑驴贻贝占 97.7%，它们以斑马贻贝无法企及的方式占据了底部湖床。尽管苏必利尔湖的水缺乏斑马贻贝和斑驴贻贝赖以生存的造壳钙，但贻贝对密歇根湖的影响在其他湖泊尤其是休伦湖和安大略湖也同样存在。其所带来的混乱与湖泊在其一万多年的历史中所遭受的一切灾难都不一样，与七鳃鳗造成的灾难也不一样。

*　*　*

公众可以理解一场灾难性的野火所留下的破坏，它点燃了大片的树木，留下烧焦的森林，地面上则散落着野生动物的尸体，把流动的溪流变成泥浆和灰烬。森林又可以长回来。可是斑驴贻贝的破坏是如此的深远，以至于人们难以理解。

"人们看着湖，并不认为它有地理意义。"[17]从表面看，它只是一个平静的水面，看起来和 30 年前差不多，但在水下，一切都变了。"威斯康星大学密尔沃基分校的生态学家哈维·布茨马（Harvey Bootsma）说。

现在软体动物几乎从一个海岸蔓延到另一个海岸。人们可能仍然认为密歇根湖是一个充满鱼类的内陆海。然而更准确地说，应该把它想象成一个横跨数千平方英里的外来贻贝床。据估计，密歇根湖的斑驴贻贝群在最近一年里的数量是其主要鱼类的 7 倍。在某些条件下，以浮游生物为食的贻贝可以在不到两周的时间内"过滤"整个密歇根湖，吞噬作为食物网基础的生命，使其水域成为世界上最清澈的淡水之一。

自从斑驴贻贝"接管"以来，有哪些变化呢？测量水中浮游生物数量的一种简单方法是使用一种叫作"塞基盘"（Secchi disk）的简单设备进行视觉探测。"塞基盘"以 19 世纪一位意大利牧师的名字命名，这位牧师曾被教皇海军选中，前往地中海测量海水的透明度。

这个圆盘通常是一个直径 8 英寸的金属板，上面有 4 个大小相同的黑白交错的楔形，和黄色与黑色的核辐射防护标志几乎一样。它借助绳子进入水体，直到看不见它的深度，这代表的便是水体的透明度。20 世纪 80 年代末，在贻贝覆盖湖底之前，密歇根湖平均断面的透明度是 6 米，约 20 英尺。到 2010 年，平均透明度增加了 2 倍，有些地方的深度开始超过 100 英尺。近似于伏特加一般纯净的水并不是健康湖泊的标志，这是食物链底层正在瓦解的标志。

一项对密歇根湖东南部的研究显示，到 2009 年春季，也就是浮游植物生长的最佳时期，自贻贝占领湖底以来，浮游植物的数量下降了近 90%。湖泊的鱼类数量也同时在下降，这可能不是巧合。

每年的生物拖网调查显示，从 20 世纪 80 年代末到 2014 年，该湖的生物量（或总重量）已经从大约 350 万吨下降到仅 5 000 吨。在 2015 年 9 月一个温暖的日子，联邦渔业调查小组又去进行渔业调查了。

* * *

这是秋天的第一天，太阳在像结冰的池塘一样平静的密歇根湖上升起，当渔船船长的命令在扩音器中噼啪作响时，他的船员正准备从后甲板上扔下一张网："开始干活了。"

绞车司机微笑着答应了，他舔了舔手指尖，用手指在黑色的带子上擦了一下，然后按下杠杆，把渔网放到 400 多英尺深的湖底。他向我解释说，船长认为，如果吐口水能给在鱼钩上缠绕蠕虫的孩子带来好运，那么它也会给在价值 600 万美元的"太古星"号上的 5 名船员带来好运。然而在接下来的 7 个小时里，当这艘大型拖网渔船拖着 40 英尺宽的网来回穿梭时，它带来了不幸的消息。

美国地质调查局的这组人员并不是在捕鱼，他们在寻找线索。自 1973 年以来，该组织每年都会对密歇根湖底部进行为期 3 周的"饵料鱼调查"。这些秋季调查的目的是为了寻找小一点的鱼，如杜父鱼、白鲑和鲱鱼，目的是要检查湖上的气压。这是因为在过去的半个世纪里，主要是休闲渔民在管理五大湖，尤其是密歇根湖。研究人员发现，湖泊中的小鱼越多，就会有越多的捕食者鱼，如鲑鱼和鳟鱼可以用来吞食这些小鱼。整个操作有点像发生在一个超大规模的狩猎保护区中，里面储存着大小的麋鹿和鹿等战利品。

尽管这是一项关于精确捕鱼的练习，但"太古星"号上的团队调查远不能精确地测量在湖中游泳的鲑鱼和鳟鱼的重量。年复一年，密歇根湖的研究人员在卫星的引导下，精确地找到了湖底的 7 个位置。它们从密歇根湖北端的上半岛水域开始，然后顺时针方向沿着湖的东侧向下移动约 300 英里，穿过芝加哥附近的 U 形南端，最后沿着湖的西岸向北移动。每一个调查地点都包括几条路线，深度从 400 英尺到不足 60 英尺不等。每次都将网拉到水面上，以便分析捕捉到的鱼类。

这是将许多湖底刮干净后得到的鱼，但它覆盖的湖泊面积很小：密歇根湖的表面积为 22 000 平方英里以上，在一些地方，它的深度超过了 900 英尺。尽管如此，从数据的角度来说，在生物学家们经过几十年改进的计算机模型的帮助下，他们相信根据这些从湖中捞出的鱼，能够在任何一年里很好地估计出湖中有多少磅的猎物。这就像一位政治民意测验专家在一个拥有 3 亿人口的国家里，仅对 1 000 名可能的选民进行抽样调查，就会对自己拥有成为总统竞选领先者的能力有所估计一样。但是，这些调查不仅仅是针对湖泊中的大量食饵鱼的统计，还特别有助于估计这一年到下一年的猎物物种的相对丰富程度。从这个意义上说，这些调查向生物学家展示了事态的发展方向。最近几年，如果密歇根湖的捕鱼量被绘制在道琼斯工业平均指数（Dow Jones Industrial Average）这样的图表上，这种趋势看起来就有点像 1929 年发生的恐慌（1929 年美国经济危机）。

再说说鲱鱼。[18] 在 20 世纪 70 年代初开始调查时，生物学家们估计，密歇根湖当时有大约 10 万吨的大西洋入侵者（鲱鱼），它们在当时的湖泊占主导地位。作为饵料鱼，鲱鱼也是五大湖区最受欢迎的鱼——鲑鱼最喜欢的鱼。到 2004 年，这个数字降到了 1.4 万吨。到 2014 年，这个数字已经下降到 0.16 万吨。

2015 年秋天，当我登上"太古星"号在密尔沃基以北 30 英里的海域捕鱼时，没有人敢说有 1 000 吨。船员们在他们的年度调查中已经完成了 7 个调查区域中的 5 个，当我问首席研究员事情进展得如何时，他摇了摇头。与其说他是个渔夫，不如说他是个科学家，他说他不想给我一个不精确的数字或画一幅不精确的画。但是他说情况看起来不太好。

那天的第一缕阳光从密歇根湖的湖面上倾泻而出，湖面黑得像油一般，因为湖水像玻璃般平静，既没有波浪，也没有涟漪，因而太阳光照射后没有出现波光粼粼的现象。捕获的鱼被扔进一个桶里，然后被拖进船里，这样每一条鱼都可以被识别、计数、测量和称重。没有多少工作要做。我原以为至少会有几百磅的鱼在翻滚，但整个鱼群的重量还不到 4 磅。我们在较浅的深度再试了一次，一次又一次，一次又一次，渔网里几乎什么都没有。

"天啊！"调查队队长在湖中扫荡了一遍后，捕到了一条只有小拇指那么大的鱼。

"这太尴尬了！"另一名船员说。

那天结束时，"太古星"号向岸边驶去，捕获的鱼可以装在我一年级女儿的书包里。我问调查队队长，他是否认为我们只是运气不好，"我能说什么呢？"他伸出双手，手掌向上，苦笑着大幅度地耸了耸肩，像一个情景喜剧人物。我问他是否看到足够多的证据说明密歇根湖的食肉鱼数量正在暴跌，特别是那些维持鲑鱼生长的鲱鱼。因为类似的事情已经在休伦湖发生了。

"我不会说鲱鱼数量出现暴跌，[19]"他最后说，"但可以这样说，至少鲱鱼正处于暴跌的过程中。"

* * *

不是所有的鱼都处在挣扎的边缘。另一个航道入侵者——圆形虾虎鱼，在贻贝抵达后几年才到达，它也原产于里海和黑海地区。它通过带有磨牙状的牙齿来撕开贻贝坚硬的贝壳，吃贻贝的肉。现在，这种瞪大眼睛、拇指般大小的鱼在五大湖地区蓬勃生长，尤其是在密歇根湖里到处都是它的身影。近年来，拖网调查显示，圆形虾虎鱼是最普通的饲料鱼。这意味着来自大西洋另一端的两个物种现在在海浪下展开的戏剧中扮演着主角，这种现象被称为"五大湖的里海化"。但这不仅仅是一种侵入性鱼取代本地鱼的问题：贻贝的影响现在还会在湖边出现。

"人们真的不知道这里发生了什么。"威斯康星州大学密尔沃基生态学家布茨马向我解释说，在寒冷的 11 月初的一天，他带上一个水肺潜水箱，爬到船尾，并跳入 30 英尺以下的湖底，他距离密尔沃基郊区肖尔伍德一个颇受欢迎的公园的海滩只有约 800 码（约 4 800 米）远。密歇根湖底下的淡水奇观与早期欧洲探险者惊叹不已的充满青鱼、鳟鱼、鲟鱼、鲈鱼和白鱼的湖底几乎没有相似之处。现在湖面下已经成了虾虎鱼的独场秀。它们依赖入侵的贻贝而生，生活在一种被称为刚毛藻属（*Cladophora*）的令人讨厌的海藻状植物中，这种植物需要三要素来成长：阳光、营养和坚硬的表面。

贻贝提供了这 3 种要素。它们对浮游生物的吞噬明显增加了阳光可以穿透水面的深度（贻贝吞下浮游生物使得水体变清澈了）。它们的壳为海藻提供了可以生长的表面，此外，贻贝富含磷的排泄物可以促进植物的生长。其结果是湖底出现了无尽的绿色，像头发一样的藻类在眼前摇动，在岸上任何人都看不到它们，一直到相对少量的脱落物与它附着的贻贝一起被冲上岸，然后腐烂。

臭气熏天的淤泥困扰着一些湖泊最壮观的岸线，包括绵延 35 英里的睡熊沙丘联邦保护区，它在密歇根湖东岸的岸线。在威斯康星州唯一的荒野公园里，湖泊另一边的纽波特州立公园的污泥有小腿那么深。

公园的一名员工在近年来一直保持着拍摄海滩照片的习惯，向游客展示沙滩曾经是多么令人愉快，但与湖底发生的一切相比，现在海滩上的混乱根本算不了什么。

"人们在沙滩上看到的只是冰山一角，"布茨马说，"但在近海，在湖上，有成千上万英亩的土地上也发生着这样的事情。"

布茨马发现这些变化对于从事科学研究的人来说很有趣，但就个人而言却令人很苦恼。他把自己的整个职业生涯都归功于小时候在休伦湖北部乔治亚湾度过的夏日时光，那时他不仅在那里钓鲈鱼，还潜泳到岩石底部捕捉小龙虾。他仍然记得，当他的家人结束了去基尔贝尔省级公园的露营之旅，驱车向南3个小时，回到他们位于安大略省汉密尔顿市的家时，他感到胃里有些难受。

"我们会去那里度假，每天都在阳光下、在水面上，我每次都记得当时的情景。当天回家，我几乎要哭出来了，"布茨马告诉我，"我还记得曾告诉过自己，当我长大后，我会找到一份能够一直在这个湖上的工作。"

在威斯康星大学密尔沃基分校淡水科学学院，布茨马的办公室窗外是谷物升降机和煤堆，它们将这座城市定义为一个内港。那个港口连接着密歇根湖、休伦湖以及乔治亚湾。它们都有着不同的名字，但实际上它们是同一个湖泊，是地球上表面积最大的湖泊。没过多久，布茨马就爱上了这个湖，因为他几乎每周都要去密歇根的湖底研究站，多年来一直如此。

但是直到他旅行时，湖泊的这些变化才真正地触动了他。几年前，他带着自己的孩子回到了乔治亚湾的公园。"在一些和小时候一样的地方嬉闹。我仍然看到一些鲈鱼，这让我很开心，"布茨马说，"但看到这么多贻贝和虾虎鱼真是让人崩溃。"

更让他困扰的是他的孩子们的想法，他们甚至不知道自己错过了什么。生态学家称之为"转变基线现象"（shifting baseline phenomenon）——用一种奇特的方式去说，就是他们被自己的妈妈和爸爸曾喜欢的湖欺骗了。"看到湖泊发生这么巨大的变化，真是太伤心了，"布茨马说，"这不是 25 年前的那个湖了，可能 10 年后也不是现在这个样子了。"

受到这种生物污染影响的不仅仅是本地鱼类和夏季海滩游客。入侵物种的毒性与实验室中合成的最难闻的化学物质相当。教科书上记载过已经杀死成千上万只鸟的肉毒杆菌毒素曾经在密歇根湖、伊利湖和安大略湖暴发。而这是一个活生生的污染速成课，既简单又可怕。

- 侵入的贻贝增加了水的透明度。
- 这导致喜欢阳光的刚毛藻盛开，最终死亡，并在湖底分解时消耗掉大量的氧气。
- 这为能诱发肉毒杆菌中毒的细菌打开了大门，这些细菌在缺氧环境中茁壮成长。
- 许多生物学家认为，入侵的贻贝会吸收这些细菌，进而被虾虎鱼吃掉。
- 中毒的虾虎鱼瘫痪了，很容易成为潜鸟、鸊鷉和海鸥等鸟类的猎物。
- 接着鸟类死亡了。

这种现象并不罕见。生物学家估计，自 1999 年肉毒杆菌病暴发以来，五大湖海滩上已经堆积了超过 10 万只死亡的鸟，其中包括秃鹰、大蓝鹭、鸭子、潜鸟、燕鸥和鸻。

* * *

即使在污染的压舱水被认为是斑马贻贝和斑驴贻贝入侵五大湖的罪魁祸首之后，美国环境保护署仍继续在《清洁水法案》中豁免船舶压舱水的排放。为了解决这个问题，1990 年国会指示美国海岸警卫队开始调整进入五大湖的海外船舶的压舱水排放标准。

当时隶属于美国商务部的海岸警卫队并没有对货轮行业采取强硬措施。从外国港口驶出的船只仅仅被要求用盐水冲洗它们的压载舱，以便驱逐或消灭任何侵入淡水的"偷渡者"。

然而，美国和加拿大政府不能简单地命令海外船只在五大湖航行时停止使用压舱水，那样会让船只面临极大的危险。使用压舱水平衡一艘船或在恶劣天气下稳定船只，不仅仅像汽车上的减震器一样为乘员和乘客提供舒适的环境，它对于船只的安全性与一架客机正常运作时的机翼一样重要。

实际上，不适当的压载管理曾导致五大湖航行历史上最大的灾难，[20]即 1915 年沉没的"伊斯特兰"号（*S.S. Eastland*）——"五大湖的速度女王"。当年 7 月一天的早晨，约有 5 000 名来自西方电气公司的员工及家属聚集在芝加哥克拉克街附近的芝加哥河。他们穿着正式服装，在那里登上了一支租来的船队，航行约 40 英里，穿过密歇根湖南端，前往印第安纳州密歇根市附近的沙丘参加公司野餐。

早上 6 点半，乘客们开始快速地登上"伊斯特兰"号的舷梯，几分钟后，这艘船开始向右舷倾斜。起初，这并不是一个不寻常或令人担忧的现象。这艘船几乎有一个足球场那么长，却仅仅只有 38 英尺宽，它在 1903 年建造时能以 19 英里 / 小时（1 英里 / 小时 =1.609 千米 / 小时）的速度冲出水面，速度非常快。这个速度是有代价的，让"伊斯特兰"号的声名狼藉。

当船向码头倾斜时，"伊斯特兰"号的轮机长命令在左舷加满压舱水，以平衡来自右舷上登船的乘客们的压力，到 6 点 51 分，船稳定下来了。乘客继续以几乎每秒一名的速度涌上这艘船。6 点 53 分，船开始向左舷倾斜。右舷储水池的压载装置已准备就绪，缓慢的摇晃停止了，短暂地停止了。7 点 10 分，这艘船的载客量达到 2 500 人左右，并再次向港口倾斜。左舷的压载舱已被清空，但船像个醉汉一样摇摇晃晃地继续倾斜。然后在 7 点 20 分左右，随着跳板被抬走，船的摇晃加剧。7 点 28 分，从菜肴到柠檬水，从推车到钢琴，所有一切都撞向甲板。数百人在甲板下躲避早晨恶劣的天气，这艘船轻轻地，几乎像鲸鱼一样，向左舷侧翻，半浸在 20 英尺深的淤泥中，停了下来。

在半小时内，那些跳下或被扔进河里或爬上暴露的右舷的幸存者被安全地带上岸。对被困在"伊斯特兰"号里的人的营救工作持续了几个小时。救援人员在离海岸只有几英尺远的地方用割炬在钢船体上进行切割，试图找到在船上发现气袋的幸存者。事实证明，这既是一项救援任务，也是一项复苏任务。

"城市消防员弗雷德·斯威格特（Fred Swigert）[21] 在船舱内抬了 3 个小时的尸体。接着，一个潜水者从一个小女孩的身体上爬了上来，她那单薄的衣服像是一件可怜的裹尸布，"《纽约时报》在第二天的新闻中报道，"斯威格特把小小的身体放在担架上，看着她的面容，然后紧紧抓住她，小女孩气喘吁吁，失去了身体的知觉。这是他自己的女儿。"

据统计，当天共有 844 人溺水身亡，其中包括两名船员。这是五大湖历史上最严重的航海灾难，造成的乘客死亡人数比 3 年前"泰坦尼克"号沉没时还要多，当时"泰坦尼克"号沉没造成数百名船员死亡。

这两起灾难是存在特定相关性的；"伊斯特兰"号窄船身的流体力学危险性变得更加突出。联邦政府要求在船体上配备额外的救生筏，这是"泰坦尼克"号灾难以立法形式留下的遗产。尽管额外的救生艇可能使头重脚轻的"伊斯特兰"号更加摇晃，但是那年夏天晚些时候，一个大陪审团起诉了船员，报告特别指出，他们对压载水的性质和正确使用完全不了解，[22] 这是主要原因。

近 50 年后，随着圣劳伦斯航道的开通，同样的事情又发生了。

* * *

1993 年，美国海岸卫队制定了强制使用大洋中部的海水交换压舱水的规定，但一波又一波新的压舱水不断涌入五大湖。问题是，当时从外国港口抵达五大湖的船只中，约有 90% 满载货物，因此没有装载任何舱水，而新法律免除了这些船只更换压舱水的要求。但仅仅一名船长宣布他的船没有压舱水，并不意味着他的压载舱是空的。大多数水箱还带着大量的污泥（重达 100 000 磅），还有成千上万加仑的剩余压载水水洼，这些水洼无法用船上的水泵排空。

后来的研究显示，这些泥泞的水洼里挤满了数百万种生物，包含着几十种尚未在五大湖中发现的外来物种。此外，一旦一位船长在他第一个停靠的大湖港口卸货，然后在开往下一个大湖港口之前把储水池装满水，潜伏在这片淤泥中的生命就可以很容易地从船的内部逃出来。压舱水和从泥泞底部搅动出来的生物体在跨湖航行期间都可能被释放，当船长在下一个港口换货时就可以"卸货"了。

1990—2008 年，在这些湖泊中发现了 27 种新的外来物种。这一速度在 2005 年左右达到顶峰，当时平均每 8 个月就会检测到一种外来生物。据官方统计，目前至少有 186 种非本土生物在五大湖中游动或潜伏。并非每一种生命形式都可以被定义为"入侵"，因为有些是养殖的，很多人认为鲑鱼和外来鱼种，例如鳟鱼以及其他存在于五大湖中没有带来任何明显的负面环境或经济影响的生物是该地区的一项资产。而有时却需要两个外来生物相互配合，才会带来完全不可预知的麻烦，就像侵入性明显的贻贝和虾虎鱼一起合作，在本土鸟类中引发肉毒杆菌中毒事件一样。这些连锁反应可能需要几年甚至数十年才能出现，并且它们使生物学家无法指出哪些是无害的，哪些将来即使不是灾难性的，也会带来麻烦。

实际上，"入侵物种"这个术语是一个模糊的概念。它本质上是一种已经对湖泊的生态造成破坏的有机物。这包括像鲤鱼一样的鱼（自19 世纪 80 年代以来一直在湖泊里生存）、鲱鱼和七鳃鳗，以及一大堆船舶带来的更小的有机物，包括斑马贻贝、斑驴贻贝、多刺水蚤、鱼钩水蚤和血腥红虾。

这些由压舱水带来的入侵者很多来自黑海和里海的水域，它们共同对湖泊原生物种造成的破坏，足以让这条海路最大的支持者之一在2000 年夏天最终向一群外国托运人展示生物学家们 10 多年来一直在思考的问题。

"来自黑海的压舱水正在摧毁我们伟大的湖泊！[23]"明尼苏达州众议院成员、已故的詹姆斯·奥伯斯塔（James Oberstar）曾在 2005 年6 月的一个闷热的日子，在他位于国会大厦的办公室里回忆起这件事，"事情就这么简单。"

3 年后又有几次压舱水入侵事件发生（包括带来一种致命的鱼类病毒）。2008 年，美国海上运营商开始要求所有在五大湖边的海上船只用大洋的盐水冲洗他们的船舱。

从那以后，在五大湖区域再也没有发现过新的外来生物，这一点正是航运业的拥护者们所吹捧的。虽然大家一致认为，用海洋盐水冲洗船舱是向关闭新的压舱水生物入侵的大门迈出的良好的第一步，但人们也普遍认为，船舶必须使用类似污水处理厂的压载水消毒系统，为五大湖区和美国其他水域提供充分的保护。这是一个数字问题。

即使冲洗压载舱杀死或驱逐了超过 99% 的"搭便车者"，从全球各个港口抵达五大湖的船只仍然存在危险。一项研究表明，一架货船的压载舱可以包含大约 3 亿个原始鞭毛藻的活囊，它们是被科学家们称为"鞭毛细胞"的鞭毛藻，可以产生致命的神经毒素。因此，消除99% 的压载舱携带者的冲洗量仍可能带来 300 万潜在的入侵者。这可以说只是一个压载舱，但也可以说是一个物种。

反对海水冲刷方法的批评者也认为通过换压舱水就能解决这个问题的想法太天真了，因为几年后在五大湖中发现了一个新的入侵者。在它们的数量增长之前，这些隐藏的入侵者可以潜伏数年甚至数十年，直到它们的数量足够吸引生物学家的注意。没有专门的调查组织负责检测新的入侵者，因此五大湖物种的发现通常是偶然的。一个渔夫拖上来一团黏糊糊的奇怪的东西，把他的网给缠住了，联邦调查人员认为他们偶然发现了一群鱼饵，然而仔细看时却意识到它是一种虾，一只在这个大陆上没有人见过的虾。这就像是学生对湖底做的常规调查，偶然发现了他们的教授不认识的东西。桑塔维就是通过这样的方式，在北美大陆上发现了第一只斑马贻贝。

杰克·范德·桑登（Jake Vander Zanden）知道在五大湖地区发现一只虾是多么棘手，而且在相对较小的内陆湖泊更是如此。[24] 威斯康星大学湖沼中心的教授有一个办公室在门多塔湖（Lake Mendota）附近。湖沼学是研究内陆湖泊的，该中心的工作使门多塔湖成为全球研究最详尽的水体之一。对于华盛顿大学的湖泊学家来说，在门多塔湖待上一天就像植物学家探索自家后院一样，通常情况下结果是可以预知的。

2009 年 9 月 11 日，桑登带着一船的大学生在湖上航行了大约 1/4 英里，并在水中撒了一张网以捕捉浮游生物。学生们把网从水中拉了出来，按照要求将捕获物倒入罐中。桑登看到那个瓶子里两次都充满了同一种类型的水生跳蚤，并且它有一个叫作倒钩的尾巴，这使得它们难以被原生的鱼类所吞噬。这是多刺水蚤，又一个由压舱水带来的入侵者。

这些带刺的水蚤很可能是乘坐一艘游船从密歇根湖向东移动 80 英里到达门多塔湖的。没有人知道确切的时间。但是在它们到达的几

个月后，威斯康星大学的研究人员发现多刺水蚤的密度高达每立方米
1 000 个，成为全球水蚤分布最密集的地区。门多塔湖有 5 亿立方米的
水，因此在短短几周内，研究人员就从认为湖中没有多刺水蚤的看法，
转变为认为湖中可能有多达 5 000 亿个多刺水蚤。

多刺水蚤大面积的出现让桑登对这个研究人员关于湖中水蚤的观
点持怀疑态度，因为自那以后，五大湖就没有出现过新物种的记录。
2008 年的那段时间内，没有新的物种入侵过，或者说所有的物种在
2008 年之前到达时都已经被发现。

桑登说："我的担心是入侵物种能够分散到检测不到的水平，然后
在情况有利于它们时迅速地繁衍。"

湖泊越大，繁殖越快。门多塔湖的表面积仅有 15 平方英里，而五
大湖的面积最大时超过 94 000 平方英里。

尽管有用海水冲洗的要求，但是美国环境保护署的一份观察清单
内列出了几十种物种，它们仍然会通过压舱水入侵五大湖。臭名昭著
的绒毛双囊线虫（*Dikerogammarus villosus*）就在这一名单上。这个杀
手般的甲壳类动物因为弄乱生态系统而出名，它通过虎钳般的下颌摧
毁它的猎物，直到猎物死亡，然后离开，通常一口都不会吃。它们数
十年来一直通过运河系统在欧洲传播，有的可以长到 1 英寸以上。研
究表明它们具有耐盐性，耐盐度比在海洋中发现的略低一点，这意味
着如果它们被吸入船上的压载舱，五大湖区也许只有薄薄的保护层来
免受新一轮破坏。

* * *

采取《清洁水法案》规定的优势是允许公民起诉并要求环境保护
署执行法规，所以自然保护主义者在 2001 年将压舱水问题提交给法
院。经过 10 多年的法律争论，美国环境保护署终于在 2011 年同意为
在美国海域排放压舱水的海外船舶安装处理系统。该系统将使用氯气、

臭氧和紫外线等杀虫剂杀死压载舱内的生物体，并且在 2021 年以后会要求所有船只都安装该系统。

然而，即使经过了长达 10 年的逐步实施，美国环境保护署还是决定采取一些处理技术，虽然这些技术开始只会缓解问题。根据规定，对于长达 50 微米或 50 微米以上的生物（报纸版面的厚度约为 70 微米），船只每立方米水中可以排放的活体样本数必须少于 10 个。对于较小的生物体（长度为 10～49 微米），每立方米排放的活体样本数量的限制为 1 000 万。每艘可以驶入五大湖的船只大约需要多达 25 000 立方米的压舱水，这相当于 10 个奥运会规模的游泳池的大小。

尽管这些处理标准肯定会减少从压载舱排入湖中的生物数量，但对这些问题的处理方式就像处理篝火那样。美国环境保护署的处理要求有点像深夜在你点燃的火上浇一桶水。它可能会熄灭火焰，但它会需要再浇几次水来浸泡余烬，以确保火完全熄灭。那么在熄灭这火之前可能需要更多的水浇在上面确保火不会复燃，这样你才可以安然入睡。

鲁迪·斯特里克勒（Rudi Strickler）是瑞士出生的浮游动物专家，[25]他在威斯康星州密尔沃基市说，这里有大量的淡水生物，如果受到盐水、化学物质或紫外线的冲击，它们确实会死亡。但他认为这些物种并不全会这样。

然后他提到了水熊虫（tardigrades）。地球可能充满了难以征服的野兽，他解释说，以水熊虫为例，没有哪个生物，例如北极熊、鳄鱼或是蟒蛇能比得上凶猛的微观水熊虫。它也被称为"水熊"或"苔藓小猪"，水熊虫可以在全球范围内的任何一个地方迅速繁殖，因为它们几乎能在地球上的任何地方，甚至是地球外存活下来。它们可以在烤箱中生存，也可以耐受零下几百摄氏度。它们可以穿过高耸的喜马拉雅山，也能够在海平面以下 2 英里深的峡谷中徘徊。

在显微镜下，这些胖乎乎的 8 条腿的摇摇摆摆的小动物看起来是那么可爱，简直可以把它们当成小孩子的毛绒玩具。在 2007 年，它们超越了科学世界的想象，而当时欧洲研究人员正在竭尽全力地摧毁它们。研究人员在哈萨克斯坦的一枚火箭上放置了一排排沉睡的水熊虫，将它们发射到太空并暴露在宇宙环境中。如果在真空中不受保护，一个人会在几秒钟内死亡；这些水熊虫被放置在一个开放的卫星舱内，在炽热的太空中持续漂流 10 天。"然后研究人员把它们带回来，"斯特里克勒说，"它们醒来后还能四处爬行。"

并非所有的水熊虫都能幸存下来，但那些存活下来的足够强壮，并拥有完美、健康的后代。

世界上大约有 1 000 种不同种类的水熊虫，其中一些非常小，这句话末尾的句号甚至可以容纳下它们。虽然没有任何一种水熊虫对五大湖造成明显的威胁，但其中一些已经在该地区扎根。特里克勒说，当我们尝试着制定压舱水计划来抵御这些特殊的生物时，有必要考虑下它们生存的韧性。

"不要选那些你可以轻易击败的人，"他说，"选择那些知道生活中诀窍的人。"

水熊虫的案例告诉我们，想要设计出一个百分之百保险的压载处理系统是不可能的。我们的目标是尽可能地接近这一点，批评家们说根本没有新的评估处理标准。

美国环境保护署委托一组科学家去评估处理系统，来看看是否可以比美国环境保护署最终采用的标准更严格。该机构得出的答案是否定的。这可能不是完全正确的。该小组的 21 名科学家中，有 8 名采取了不同寻常的步骤，他们写信给美国环境保护署，声称美国环境保护署基于他们的研究得出的结论被误解了，事实上，现有的系统远远超出了该机构对航运业的要求，特别是如果美国环境保护署考虑强迫船只将压载物卸到岸上的处理厂。

因此，在 2013 年宣布新的压舱水条例后，环保组织再次提起诉讼，声称美国环境保护署未能根据《清洁水法案》履行义务，未能按要求提供最佳的压舱水处理方案。诉讼当事人还辩称，美国环境保护署未能确立一个安全的排放标准，以确保实现对本土水域的保护，即使这个保护水平很低，现有技术仍无法在许可证签发时达到这一水平。《清洁水法案》设立的目标是为工业服务，并随着处理技术的发展，每 5 年更新一次许可证。这是环保主义者所纠结的问题：对航运业没有这样的要求。相反，美国环境保护署在 2013 年只用了一句话来描述有关压舱水的规定，压舱水排放"必须根据需要加以控制，以满足接收水体中适用的水质标准"。

这意味着船长只是奉命不要释放任何新的活的物种，但并没有被告知需要做什么来确保这些不会发生，何况是在一艘 700 英尺长的货轮上，当这些有生命的污染物被携带进入港口时，有一些甚至比针孔还要小，船长是无法知道会给港口带来怎样的麻烦的。

环保主义者的观点与美国有关上诉巡回法院一致，他们在 2015 年裁定现有的压舱水排放规则是存在缺陷的。法庭命令美国环境保护署要求航运业采取更严格的处理标准，尽管该机构没有给出强制执行这些标准的最后期限。

解决这个问题远比堵塞喷涌而出的石油管道或设计一种专门针对七鳃鳗等害虫的毒药复杂得多。在制定取代目前已遭否决的压舱水处理标准时，美国环境保护署向该领域的一些国内最优秀的科学家求助，希望他们帮忙确定每立方米的水可以排放多少种安全的微生物，仍能保护五大湖和美国其他水域免受新物种的入侵。科学家们说他们做不到，问题是，除了释放出的生物体数量外，还有许多因素会影响入侵方式，包括他们排放的生物体是否性成熟、是否被释放到水中、能否生存足够长的时间以发育成熟。

专家组唯一认同的是在压载舱中生存的生物越少越好。除此之外，他们说你不能只选一个神奇的数字并称它是安全的。

除非您选择的数字为零。

这是公众在 20 世纪 70 年代初对允许河流引燃的可容忍时间的要求。罗亚尔岛国家公园总监菲莉丝·格林（Phyllis Green）得知，一种对数十种淡水鱼致命的侵入性病毒正向苏必利尔湖中部崎岖不平、树木繁茂的岛屿蔓延，她的目标就是这个数字（零）。格林的焦点立即转向岛边游动着的鳟鱼——这个陷入困境的本土物种在苏必利尔湖上曾经是数百万计的，但现在只有数百条。"如果你只有 500 条鱼，[26] 但却存在可以杀死成吨的鱼的病毒，"她说，"你的工作动力将非常大，特别是如果你的工作是维持和保护湖泊物种的话。"

格林直接找到"游侠三"号的船长，这艘 165 英尺长的轮船停泊在离岛 73 英里的美国密歇根州上半岛的港口。由于担心渡轮可能将迅速传播的病毒吸入压载舱中，船停靠在大陆。格林问是否有方法在压舱水被释放到公园水域之前进行消毒？船长说没有。

"发生了什么？"格林回答说，"如果我和你说，你不能移动这艘船，除非你杀死压载舱里的一切东西呢？"

这时，头脑风暴开始了。格林的目标不是在几年或者几个月内，而是在几天之内试图找出如何让"游侠三"号能够安全航行的方法。她与船长、船舶工程师和密歇根理工大学土木与环境工程系主任戴维·汉德（David Hand）一起坐下来。汉德曾经在国际空间站的水净化系统工作，而这个系统可以将汗水和尿液变成自来水。

汉德对研究压载水问题的团队说："这不是火箭科学。"[27]

两个星期后，罗亚尔岛的客船出现了一个粗糙的压载舱，这个系统使用氯气来杀死能容纳 37 000 加仑水的压载舱内的病毒和其他生物，然后用维生素 C 中和毒药，最终让水无害地排入湖中。格林并没有止步不前。作为罗亚尔岛的保护者，她利用她的权力阻止所有货轮在 4.5 英里范围内排放压舱水，而该岛正好覆盖了往返加拿大的雷湾港的货轮所经过的地区。

园区服务部门已经在"游侠三"号上安装了永久性压载处理装置系统，即采用过滤系统和紫外线，这在五大湖地区是第一次使用。格林称，与五大湖的货机相比，罗亚尔岛船的大小几乎与玩具相当，相对简单的氯处理可以使效果达到最大。作为紧急防线的湖泊上的船只，她的处理比咸水冲洗更为强效。这是湖泊唯一的保护措施，如果所有海外船舶都需要安装压载处理系统，这最早要到 2021 年才会实现。

航道运营商和船主一直承认压舱水有问题，并很快指出，他们支持美国环境保护署对压载物处理系统的规定。然而，航运业在过去的法律斗争中一直站在美国环境保护署一边，即要求《清洁水法案》免除处理压舱水。航运业的倡导者也一直怀疑，该行业能否满足美国环境保护署在 2013 年设定的、要求所有从海外港口驶进的船舶近 10 年内安装压载水处理系统的最后期限。

"我会用'雄心壮志'这个词来形容这个项目，[28]"美国海运公司老板克雷格·米德尔布鲁克（Craig Middlebrook）说，"它是可行的吗？我们拭目以待。"

毫无疑问，物种还有其他入侵五大湖的途径。其他水域的渔民可以把鱼饵倒进水里。水族馆的主人可以扔掉他们的宠物。垂钓者希望改善他们的捕鱼前景，所以有意地养殖来自国外的鱼。但自开航以来，来自海外船只的污染压舱水一直是五大湖生物入侵的主要途径。

受污染的压舱水不仅仅是五大湖地区的问题。20 年前，南美洲暴发霍乱，导致 1 万多人死亡。这就是为什么亚洲大闸蟹和蛤蜊在大规模入侵旧金山湾后，威胁着旧金山湾仅存的本地物种。和哈密瓜一样大小的蜗牛来自亚洲，它叫作红岩皱螺，正在切萨皮克湾

（Chesapeake Bay）的底部蔓延。但是，保护大西洋和太平洋海岸不受这些入侵者的侵犯是一项艰巨的任务，这既是因为太平洋、大西洋和海湾海岸的海外货轮运输量巨大，同时也因为其幅员辽阔。

五大湖本身被大约一万英里的岸线所环绕，每英里的岸线都很容易受到海外船只带来的生物侵害。但与大西洋、波斯湾或太平洋海岸不同，这里有一扇门，所有进入五大湖的船只必须经过蒙特利尔的圣拉伯特船闸。每一艘船都必须挤过这个 80 英尺宽的船闸。"阻止了海外船只，即所谓的'外来物'，你就能阻止它们的压载物入侵，[29]"愤怒的前芝加哥市长理查德·戴利（Richard Daley）曾告诉我，"卸载货物并通过铁路来运送它，这样的做法会永远保护五大湖。这将避免地方和州政府再花费数亿美元。"当然，他并不孤单。

环保人士一致认为，这种针对五大湖的低技术含量的解决方案，可能比安装在每艘船上的压载水处理系统要便宜得多。

"解决办法很简单，[30]"前威斯康星州自然资源部门的水部门负责人，现在为保护组织联盟工作的托德·安布斯（Todd Ambs）说，"你可以迫使这些外来船只在进入湖泊的地方卸载货物，然后由政府为它补偿运费。我不知道为什么我们不能通过对话来看看它是否可行。"

这个入口点，即圣拉伯特船闸，由加拿大所有，该公司已经明确表示不会马上关闭海外货运通道。事实上，加拿大政府强烈抗议纽约州在 2001 年强制通过的压舱水法案，该项法案甚至比美国环境保护署推行的法案更加严格，而纽约州的水域是所有进入五大湖的船只所必须经过的。纽约州最终做出了让步。

航道公司的米德尔布鲁克承认，禁止外来物进入五大湖入口可能会吸引航运业以外的人。那是因为他们不了解问题的复杂性。"我知道这个想法是明确的，也许可以实现一个目标，"他说，"但是我们处在这样一个复杂的相互关联的系统中，面临的挑战是巨大的。"

然而，海路和五大湖的海外航运业可能弄不清楚这个问题的复杂性，或者说是缺乏对这个复杂性的认识。没有人会否认五大湖航运是一项非常重要的大生意。绝大多数货物都是通过五大湖和海上运输的，比如盐、铁矿石、煤炭和水泥，这些货物都是由美国和加拿大的国内货船运送的，这些货船将这些大宗货物从一个加拿大或美国的港口运到另一个港口。每年在五大湖和航道上，如果是正常年份的话，海外的货运量占总量的 5% 或更少。这些船通常将外国钢铁运入并将粮食运出，在 2011 年，这还不到全球粮食出口量的 2%。

这几十年来，五大湖地区每年由进入的外来船只运载的货物总吨位一直在减少。目前，这一数字大致相当于一辆每日往返东海岸的火车的载客量。如果那列火车带来了像外来船只一样的生态破坏，公众不太可能允许它继续运营。来自美国国家海洋和大气管理局的生态学专家加里·法恩斯蒂尔（Gary Fahnenstiel）退休了，他职业生涯的大部分时间都在研究由贻贝引起的五大湖食物链底部的坍塌，他也认同航运对五大湖造成的影响。

法恩斯蒂尔说：“航运业可能不会这样看待，但我向你保证，那些热爱五大湖的人绝对认为它是一个合理的选择。”[31]

但这要花多少钱呢？

2005 年，两位密歇根州的物流专家率先将航道上的海外货物以其他的手段引入美国市场。他们提出的数字是每年 5 500 万美元。这就是外来船只的货物转运费用，包括沿海港口到卡车、铁路或区域船只。这项研究的同行评审说，如果有什么不同的话，那就是 5 500 万美元的资金数被高估了。此外，这个数字是在假定每年有 1 200 多万吨海外货物在海上漂浮的时候得出的，这几乎是近年来吨位的两倍。

账簿的另一面呢？航道入侵的经济成本呢？在过去的 1/4 世纪里，市政和电力公司清除贻贝的总花费高达 15 亿美元。“这个数字是‘保守的'，并没有展示出问题的全部，"康奈尔大学国家有害水生生物物种交流机构（National Aquatic Nuisance Species Clearinghouse）主任查克·奥尼尔（Chuck O'Neill）告诉我。在 2008 年的统计中，这个 15 亿美元的数字肯定低于实际花费。奥尼尔说，因为它不包括对工厂的影响，而这些工厂通常因担心影响股价而拒绝参与。

就渔业和其他娱乐活动所带来的损失而言，由压舱水所带来的湖泊生态崩溃所造成的经济损失每年为 2 亿美元，即每 10 年 20 亿美元。在 2008 年的一项圣母大学的研究中显示，作者预测的这个数字会随着新的入侵物种的发现而增长。

现在的问题是：公众将如何回应下一个问题，即新入侵者出现了吗？克利夫兰因为工业生产污染了凯霍加河，使得河流在整个 19 世纪和 20 世纪间一遍又一遍地燃烧起来。直到 20 世纪 50 年代，人们仍然认为油水表面的火焰是正常的。但公众最终受够了，而且当河流在 1969 年被点燃时，它使一个国家的人民变得愤怒，最终使得《清洁水法案》被通过。

罗亚尔岛的格林预测，当下一个压载舱携带的入侵者出现时，针对航运业也会出现同样的愤怒。她告诉我："这个行业有一段寻找解决方案的宽限期。"

在 2014 年的一个阴雨绵绵的日子，格林在离苏必利尔湖岸线不远的公园总部把这些事告诉了我，而我的笔记记得一团糟。我无法从我的涂鸦中知道她说的是"如果"还是"何时"发生新的入侵。所以我在几周后给她回电确认，她沮丧地笑了起来。

她告诉我："不，我说的是'什么时候'，'当然是什么时候'。"

第二部分

后门

第 5 章

大陆分水岭
——亚洲鲤鱼与芝加哥环境卫生和航行运河

"大陆分水岭"这个词让人联想起这样一幅画面：一座云雾缭绕的山峰像脊柱一样横贯北美中部，迫使降水和融化的雪水以这样或那样的方式沿着西部斜坡流向太平洋或者从另一侧汇入大西洋。但是，同样重要的大陆分水岭正好穿过芝加哥市中心的西部边缘，这条分水岭将密西西比河流域与五大湖水域分隔开来。

密西西比河流域覆盖了美国大陆约 40% 的地区，从蒙大拿州到纽约州再到得克萨斯州。这意味着，这片 120 万平方英里（相当于印度国土面积）的小溪和河流，会向下流入密西西比河，然后流入墨西哥湾。五大湖盆地横跨美国和加拿大边境，面积近 30 万平方英里。汇入到这个盆地内的水最终会由圣劳伦斯河流入北大西洋。

当然，这些大陆分水岭并不是由山脉隔开的。从明尼苏达州东部到纽约州西部，这条分水岭绵延约 1 500 英里，在大多数地方都是一些缓坡。在一些地方，它只是地形中难以觉察的隆起物。在历史上，芝加哥只不过是一片沼泽地带，为两条流向相反的河流提供水源。芝加哥分水岭的西侧流入密西西比河沿岸的德斯普兰斯河。而它的东侧流入很小的芝加哥河，这条河最终涌入了密歇根湖。

至少以前是这样的。

1673 年，第一批欧洲探险者在分水岭上发现了这个洼地，当时他们从密西西比河下游探险回来的时候一定很震惊。这些探险者中的雅克·马凯特（Jacques Marquette）神父和路易斯·若利耶（Louis Joliet）神父计划沿着他们的出境路线返回他们位于密歇根湖北端附近的基地，这条路线需要越过现在威斯康星州中部的盆地分水岭。这是一项艰苦的搬运工作，但他们在回程中遇到的美洲原住民把他们带到了密歇根湖南端的这条捷径。在这里，探险者只需要拖着他们的独木舟穿过不足 2 英里宽的沼泽地。马凯特和若利耶立即意识到，这个分水岭上的软肋（沼泽地）是这块大陆最具战略意义的地方之一：如果有一天它被一条运河攻破，就可以开通一条直达伊利湖和墨西哥湾的通航走廊，这就意味着为大陆中部地区的贸易和供应打开了大门。

这个过程花费了近 200 年的时间，但在 19 世纪中期芝加哥分水岭最终被一个设计相对较为粗糙的航道摧毁了。这条运河切断了大陆航运网络中的最后一个关口，最终允许货物和人员能够从东海岸穿过五大湖，然后沿密西西比河顺流而下，进入墨西哥湾。

这条 6 英尺深的沟渠对芝加哥的发展有多重要呢？ 1840 年，当时正值运河开凿，芝加哥的人口不足 5 000 人。1848 年运河开凿仅 10 多年后，这座城市的人口激增至 10 万，在接下来的 10 年里，人口又增长了近 2 倍。由骡子拉着的驳船满载着大量的货物——谷物、木材、牲畜以及水果、糖、盐、糖蜜和威士忌等食品来来往往，到 1869 年，芝加哥，这个曾经位于大陆中部的沼泽地已经成为美国最繁忙的港口。

一条耗资 650 万美元兴建的运河所带来的经济效益令人震惊，但芝加哥摧毁其大陆分水岭的真正成本，也就是重新铺设美国大陆一半的管道所付出的代价，要再过 150 年才会为人所知。20 世纪的圣劳伦斯航道和早期连接五大湖区和东海岸的运河就是个例子，这些运河打开了五大湖通向墨西哥湾水域的"后门"，带来的不仅是预期的贸易往来。1836 年 7 月 4 日，当第一铲土从分水岭中铲出的时候，没有人意识到它最终也释放了一股意想不到的生态灾难的洪流。

正如希腊神话一样，问题始于打开的潘多拉魔盒，装满鱼的盒子。

* * *

1963 年 11 月，一个晴朗的日子，一辆旅行车停在阿肯色州东部的有棕色砖墙的联邦研究实验室前，车上装满了一种全新的除草剂。在 1962 年秋天，雷切尔·卡森（Rachel Carson）的《寂静的春天》（*Silent Spring*）出版之后，越来越多的人意识到所有的除草剂和杀虫剂都有潜在的危险，它们流经我们的河流，穿过农田和果园，穿过杂货店的过道，走上我们的餐桌，进入我们的血液。当时，为了除掉讨厌的鱼而在河流中投毒的做法特别流行，包括加利福尼亚北部的俄罗斯河谷和犹他州的格林里弗，越来越多的人呼吁采取更理智、更温和的方法来对付讨厌的动物和植被。因此，位于阿肯色州鲶鱼养殖中心的美国内政部室内养鱼实验室的研究人员正在接收他们所希望的新一代无毒水生除草剂。

客货两用车的后挡板掉了下来，3 个纸箱被拖进了实验室的大门，[1] 每个纸箱上都有 2 个朝上的白色箭头。来自马来西亚的包装盒上的标签告诉处理人员，这不仅仅是实验室里产生的另一种有毒化合物。纸盒子里有几十条幼年草鱼，这是一种原产于亚洲的物种，以消灭藻类而闻名，它的战斗力就像蝗虫啃食农作物一样强。实验室研究人员的想法是将这些鱼而不是化学品放置在南方，以清理池塘以及长满杂草的河流和灌溉沟渠。

联邦研究实验室刚退休的生物学家安德鲁·米切尔（Andrew Mitchell）说："他们这样做了，这是对的，是应该做的事情，我们应该做的就是把化学物质隔离在环境之外。"[2]

这辆旅行车所载满的货物是第一批有记载的运往美国的鱼,统称为亚洲鲤鱼。在草鱼到来的 10 年内,阿肯色州的一位养鱼户在寻找适合自己的一批外来食草鱼时,[3]不小心引进了另外 3 种亚洲鲤鱼*:黑鱼、鳙鱼和鲢鱼。他不知道如何处理这些亚洲鲤鱼,因为它们不擅长啃食杂草。鲢鱼和鳙鱼是滤食性鱼类,它们会将浮游生物和其他漂浮在水中的营养物质剥离出来。而黑鱼则以捕食软体动物为生。

这位养鱼专业户做了他认为正确的事情。他把他自己从国外带来的珍奇鱼赠予政府。这个州的渔业工作者本可以销毁这些鱼。相反,他们决定尝试让这群新的幼崽繁殖,显然只是为了好玩。

"我们达成了一个小小的协议,[4]如果我们学会如何让亚洲鲤鱼繁衍,那么它就可以有相应的库存了,"前阿肯色州渔猎委员会(Arkansas Game and Fish Commission)总监斯科特·亨德森(Scott Henderson)告诉我,"这激发了所有人的热情。我们有兴趣做一些研究,看看它们是什么,我当时想让它们走进公众的视线。"

这位养鱼专业户把 22 条成年鲢鱼、20 条成年黑鱼和 18 条成年鳙鱼交给亨德森的部门,[5]就像穴居人试图放火一样,该州孵化场的工作人员也在狂热地尝试让他们的这群外来鱼类繁殖后代。他们的运气不太好,因为事实证明,在孵化场养殖亚洲鲤鱼是一个非常复杂的过程,需要对养殖时间和养殖水域做精确的控制,还需要注射碎鱼脑垂体和从孕妇尿液中提取的人类激素。

孵化场的工人们在繁殖出一条鱼之前就杀死了所有的黑鱼,而鳙鱼和鲢鱼的运气则不错。当时他们开始向台湾大学的林教授求助,[6]这位教授曾移居华盛顿特区,在联合国粮农组织任职。早在 20 世纪 70

---

　　* 亚洲鲤鱼是鲤鱼、草鱼、青鱼、鲢鱼、鳙鱼等鲤形目鲤科鱼类的通称。

年代初，他在阿肯色州待了 3 个星期，期间，他捕获了两条 12 磅重的鲢鱼，并生产了近 100 万条睫毛大小的鱼苗。林教授用一条 15 磅重的鳙鱼培育出 2 万条鳙鱼幼苗。

阿肯色州的鱼类生物学家们点燃了工人们的激情。

在他们解决了繁殖问题后不久，阿肯色州渔猎委员会同意将部分鱼类送到其他水产研究机构，包括奥本大学。他们还与美国环境保护署签了一份合同，即利用鲤鱼进行污水处理实验。迈克·弗里兹（Mike Freeze）曾是前阿肯色州渔猎委员会董事长，后来成为一名渔民。他一路沿着堤坝开着皮卡车，载着那些蹦蹦跳跳的鲢鱼。弗里兹向我解释了这个匪夷所思的实验背后的基本原理，他说在 20 世纪 70 年代，阿肯色州的水道和这个国家其他地方的水道一样脏得离谱，部分原因是社区没有足够的污水处理系统。

于是阿肯色州采用滤食性鲤鱼，这是一种优雅的，甚至有些令人反感的水域清理计划。第一阶段是在实验污水池中养殖鲢鱼和鳙鱼，并让它们将腐烂的人类排泄物转化为鱼肉。第二阶段是将这些鱼作为食品出售，为小城市的污水处理工程提供资金。这些鱼，特别是鳙鱼，在亚洲因其鲜嫩的肉而备受青睐。

弗里兹说："我记得我们把从污水池里取来的鱼样本一个接一个地送到贝勒大学，[7] 以确保它们没有携带任何病毒或类似病毒的东西。"当时他在该州的孵化场做小时工，进行的就是鲤鱼实验。没过多久，阿肯色州将粪便转化成肉类的商业计划（"粪肉交易"）就传开了，联邦食品和药物管理局（Food and Drug Administration）很快就介入了。"他们有一个坚定的立场，"弗里兹说，"把这些鱼从污水池里拿出来卖给人类食用是不合法的。"

当联邦资金用尽时，实验也就停止了。有些鱼被毁了，剩下的则被放生了。弗里兹还记得围挡被摇摇晃晃地打开时，门被抬起来，把孵化池中的水和住在那里的鱼儿们一起排入了阿肯色州的沟渠和溪流中。这一切在当时似乎是无害的，因为即使是在精确的孵化条件下，鱼类也难以繁殖，没有人认为鲤鱼可能在野外独自繁殖。然而，这是最严重的错误。不久，幼鳙鱼和鲢鱼就开始出现在南方的河流和小溪中，从那时起，成群结队的鲤鱼开始向北方迁徙。

问题是鳙鱼和鲢鱼不仅仅会打破生态系统，甚至还会占领整个生态系统。它们不会吞噬竞争对手，它们通过吞噬掉所有其他鱼类直接或间接依赖的浮游生物来使其他鱼类灭绝。鳙鱼可以长到100磅以上，每天消耗高达20磅的浮游生物。鳙鱼和鲢鱼如此排挤本土物种，以至于密西西比河流域里一些河流中的亚洲鲤鱼的生物量被认为已超过90%，这与密歇根州密歇根湖在20世纪60年代的悲惨遭遇如出一辙。

在亚洲鲤鱼占领的地方，受害的不仅仅是本地鱼类。鲢鱼比鳙鱼略小，由于它们喜欢像鱼弹一样在船马达的轰鸣声中冲出水面，因此已经在YouTube上引起轰动。其中一个视频是《星球大战》式的开场，字幕在一个在太空中旋转的地球仪前滚动，一条红色的弧线展示了入侵的鱼种从亚洲跨越太平洋到伊利诺伊湖皮奥里亚的旅程。接下来的4分钟展示的是年轻男子滑水的画面，他们挥舞着剑，佩戴着布满大钉子的橄榄球头盔，护腿上有鱼刺。一名滑水运动员用一个倒挂式金属垃圾桶保护着自己的身体。水上运动员不停地拍打着数百只像爆米花一样从水中蹦出来的鱼，劈啪作响。

除了开玩笑和危险至极的特技表演，滑水运动和快艇在一些地方已经变得不可能了，尤其是在伊利诺伊河上，那里的情况非常糟糕，以至于巴斯镇每年都要举办一次"农夫钓鱼大赛"。[8] 每年的这个时候，在这个伊利诺伊州南部的小村庄里，你会发现河面上挤满了摩托艇。这些垂钓者大口喝着啤酒，戴着头盔，在河面上驾驶着摩托艇，他们试图在3个小时内钓到尽可能多的鲢鱼，他们不是用鱼钩和鱼线，

一艘装满了鳙鱼的渔船

而是在空中挥舞渔网。

　　在我参加比赛的那一年，我看到有几个人在被跳出的鱼猛烈地击打并引发流血后离开水面的景象。我看到一个不够敏捷的人戴着头盔，牙齿被打掉了。比赛日共有 78 艘船登记，当天共钓到 1 840 条鱼，所有鱼都被挖土机埋在了河岸上。主办赛事的酒吧老板向我保证，大规模的捕捞行动并不会影响河流中的生物量，她坚称这不是比赛的目的。她举办这一活动是为了给当地人带来一些夏末的乐趣，更重要的是，她说这是对全国各地的人们发出的一个警告，告诉他们自己的湖泊和河流可能会受到什么影响。她对于湖泊有自己的见解。

她告诉我："如果这些东西进入五大湖，那麻烦就大了。"[9]

迄今为止，这些成功占领湖泊的超大型鱼会在五大湖不可避免地推动它们的"殖民统治"，而五大湖则是它们希望找到的最大的湖泊居住地，其实"麻烦"这个词并没有真正捕捉到环境和经济上的利害关系，这仍然维持着价值数十亿美元的商业和休闲渔业。

虽然鲢鱼因为它们的跳跃能力而登上头条，但是鳙鱼却在很大程度上隐藏在公众的视野之外。商业渔民奥赖恩·布赖尼（Orion Briney）发现了这个商机，10多年前，他想出了如何在伊利诺伊河上捕捉鳙鱼并将它们出售给批发商的办法，而批发商们将鱼清理、冰冻、装箱后，用冷藏集装箱将它们运到中国。

布赖尼用渔网可以捕捉到 15 000 磅的鳙鱼。[10]这不是在一天之内，而是在 25 分钟之内。以下是对这一数字的一点说明：过去几年，威斯康星州在密歇根湖所有水域进行的商业捕捞配额约为 2 万磅。这不是按天来算的，而是整整一年的时间。

在一个潮湿的夏日，我和布赖尼一起出去了，由于入侵者在几年前涌入河中，因此河水里满是银色的鲢鱼。布赖尼穿着一身牛仔风格的钓鱼装备，用他的船来驱赶猎物。"看到那个巨型的波浪了吗？"他说道。我们在黎明时顺流而下。我只能看到一片暗潮汹涌的黑水。"我敢打赌，那里的鱼有 40 万～50 万磅重！"他将他的小船飞快地驶向鱼群，然后在它们背后突然袭击，把那一堆惊慌失措的鱼群赶入他的渔网。布赖尼对在船周围跳动的鲢鱼毫无兴趣。他用前臂巧妙地保护了自己的头部。他只对鳙鱼感兴趣，这种鱼的味道还行，鱼刺也比较少，但是在美国的市场很小，由于鳙鱼通常生活在亚洲，所以它在美国的吸引力有限。

不到半个小时，布赖尼就捕到了 13 000 磅以上的鱼，他又花了 3 个半小时从 800 码长的网中一个接一个地把这些大腹便便的家伙捞出来。最大的鱼重达 40 磅，这样的怪物潜伏在黑暗的水面下，它们很少被浮桥船上的人和休闲垂钓者看到，所以这些钓鱼者仍然敢在河上冒险。近距离看到这样的景象会使一个人感到不安。鱼的嘴巴大得足以吞下整个垒球，它们的眼睛如此的低，以至于它们看起来像是在倒挂着游泳。

"大多数人甚至不知道这些鱼在这里，"布赖尼一边说一边在甲板上将这些扭动的鳙鱼堆在船底，"他们只看到跳跃的鲢鱼。"那么鲤鱼在隔壁的五大湖流域找到未来了吗？"它们会茁壮成长。那里有很多食物，"他说，"它们会喜欢的。"然后布赖尼问我："这些湖有 23 英尺深吗？"我说："不是的。五大湖有几百英尺深。"

"我的天啊！"布赖尼呻吟道，"等到大家知道这些鱼有问题时，就太晚了。"

生物学家仍然对鳙鱼和鲢鱼能否在五大湖的开阔水域中迅速繁衍表示怀疑，因为与密西西比河流域的淡水河流相比，那些水域相对贫瘠。但对于湖泊中藻类丰富的海湾和港口，以及供养它们的河流来说，这可能完全是另一回事了，而那些地方恰好也是大多数人乘船、滑水和钓鱼的地方。与湖泊相连的内陆水域也同样受到威胁。仅那些地区的受灾对财务造成的影响就可能会令人吃惊。仅五大湖的 8 个州就拥有约 400 万艘游船，约占美国游船总数的 1/3。

阿肯色州的弗里兹知道这些数字，他在另一个地方为鳙鱼和鲢鱼不可阻挡地向北迁徙而感到悲哀。他告诉我，他相信，在船员把鱼放生之后，也相继会有一些鳙鱼和鲢鱼从研究机构和养鱼场逃脱（圈养的鳙鱼最终成为养鱼户中常见的养殖对象，尽管现在跨州运输它们是违法的）。弗里兹向我提供的文件还显示，联邦政府后来帮助养鱼户重新进口黑鱼，以控制养殖池塘里讨厌的蜗牛。毫无疑问，黑鱼现在也在南方的河里自由自在地游动。

但弗里兹承认，在他的监管下，逃脱的鳙鱼和鲢鱼几乎是第一批进入野外的。他并不为自己在这场价值数十亿美元的错误中所扮演的角色而感到骄傲。他没有逃避这个责任。"我年纪已经大了，[11]"他说，"生活中有很多事情需要我重新去改变。"

如果芝加哥只是第一个因为大陆分水岭被打破而陷入困境的城市，那么只需要一辆装满沙砾的自卸卡车就能阻止这些鲤鱼进入五大湖。但是就像之前那些把五大湖开凿到大西洋海岸的运河一样，再大的运河从未来的角度来看也不够长。

* * *

1916 年，诗人卡尔·桑德伯格（Carl Sandburg）在他的《芝加哥颂》（*Ode To Chicago*）的第一节中开玩笑地提到"大肩膀之城"（Big Shoulders），说它是全世界的生猪屠宰者，也是铁路的参与者。它还可能被称作"废物传送带"，因为不到 20 年前，芝加哥本质上已经成为这个州的"厕所"，将密歇根湖变成世界上最大的"厕所水箱"，并将墨西哥湾变成了"抽水马桶"。对于一个迅速发展的城市来说，将污水排入密歇根湖是生死攸关的大事，因为密歇根湖也是城市的饮用水来源。

在 19 世纪 90 年代，为了保护饮用水，工程师们开始修建芝加哥环境卫生和航行运河（Chicago Sanitary and Ship Canal）。这座城市修建这条河的动机从它的名字中就可以看出来；当它在 1900 年开放时，它的主要工作是将城市的废物从大陆分水岭冲进密西西比河流域。同时，这条运河也扩大了原先连接密歇根湖和墨西哥湾的驳船运河的规模。

这条笔直的、25 英尺深的、和足球场一样宽的运河做了一件非常了不起的事情。它逆转了这条与芝加哥同名的河流（芝加哥河）的流向，而这条河流原本是一条浅而缓慢流动的水流，最终注入密歇根湖。

它的源头在沼泽地马凯特市中心以西数英里以外,由若利耶在 17 世纪晚期首次发现。比密歇根湖水位还低的芝加哥环境卫生和航行运河连接着这条河。这使得原来的湖边河流向相反方向流动。这也使得原先被湖泊环绕的河流向后流动。这条河不再汇入密歇根湖,而密歇根湖水流入这条河。运河流经大陆分水岭并进入德斯普兰斯河,然后流入伊利诺伊河,最后汇入与海湾相连的密西西比河。

这条运河完全符合芝加哥人的期待:它保证了他们的饮用水来源。这也给像圣路易斯这样的以密西西比河水为饮用水的城市带来了巨大的争议,这些城市不喜欢喝芝加哥的污水,即使它被芝加哥 357 英里的路程冲淡了。

1900 年 1 月初,就在运河建设接近完工之际,密苏里州请求美国最高法院阻止开放运河与德斯普兰斯河的连接。这促使芝加哥领导人在 1 月 17 日凌晨乘火车出城,在法庭阻止他们之前打开下游运河的闸门。《纽约时报》(New York Times) 形容这场仪式"有失体面、仓促",没有什么盛大的场面。[12] 仪式结束时,一股淡绿色的密歇根湖湖水汇入密西西比盆地。芝加哥未经处理的污水也不甘落后,没过多久,市中心积累的排泄物就被穿过污染市中心的河流给冲走了,这被称为给城市"灌肠"。芝加哥河上的水现在看起来像某种液体,[13] 在密歇根湖水首次进入运河上游几天后,《纽约时报》就不在头版头条发声了。从那时起,密西西比河流域和五大湖就被一条比洛杉矶高速公路还宽的运河自然地连接在一起。

密苏里州在向最高法院提起诉讼时报告说,在运河开通后的 4 年里,圣路易斯每年发生的伤寒病例数量比前 4 年几乎翻了一番。即便如此,密苏里州还是很难让最高法院的法官们相信来自芝加哥的污水才是问题所在。那是 20 世纪初,微生物学还处于起步阶段。原告辩称,伤寒杆菌可以在密歇根湖的水流入圣路易斯的 8～18 天内存活下来。辩方辩称不可能。法官们对一种无形的威胁所带来的危险持怀疑态度。

奥利弗·温德尔·霍姆斯法官（Oliver Wendell Holmes Jr.）在 1906 年提交的法庭多数意见书中写道："没有任何东西可以被单独的感官探测到，[14] 如果它是无色无味的。"相反，事实证明密歇根湖的大量纯净水在开始时与污水混合在一起，在这些方面显著改善了伊利诺伊河的水质。这条河以前流速缓慢且气味难闻，而现在清澈多了。

今天，很显然，危险甚至是致命的微生物也可能潜藏在最纯净的水中。但在 100 多年前，情况完全不同。霍姆斯总结道："原告的证据取决于对未知事物的推断。"这并不是联邦政府最后一次对潜伏在运河中的隐形杀手视而不见。

圣路易斯的伤寒问题在随后的几十年中随着水处理技术的进步而消失，伊利诺伊州的邻州早就学会与面积略微缩小的密歇根湖共处，因为运河修建后，每天可以抽取高达 60 亿加仑的湖水。（在 20 世纪 20 年代，威斯康星州的另一个最高法院案件也没能结束芝加哥对五大湖湖水的掠夺。）但到了 20 世纪后期，对一个大陆的水文进行修修补补的更大的、不可预见的成本问题已成为人们关注的焦点，而这些成本与密歇根湖的水位下降或腹泻病例无关。很明显，芝加哥无意间为五大湖入侵物种修建了一条横跨北美洲的高速公路。

正如我们所看到的，自五大湖开放半个多世纪以来，航行于圣劳伦斯河航道的船舶已将数十种外来生物带到五大湖中。芝加哥运河系统则将这一区域问题变成了一个不断扩大的全国性问题，因为入侵物种随着水流从五大湖的水域进入与之连接的 31 个州的流域。

科学家们已经确定了 39 个入侵物种，它们准备从芝加哥运河进出五大湖，其中包括今天在密歇根湖的一种可以杀死鱼类的病毒，这种病毒可能会摧毁南部的鲶鱼养殖业以及包括七鳃鳗在内的 5 种让人讨厌的鱼种。除了亚洲鲤鱼之外，另一个方面的威胁来自牙齿锋利的黑鱼，这种鱼可以呼吸空气并在陆地上短距离滑行，现在它们正在密西西比河流域惬意地游荡。

这个问题在近 20 年前达成了共识，当时国会提出了一个想法，即来自五大湖的入侵者可能会离开湖泊而进入密西西比河流域，因此批准在距芝加哥密歇根湖海岸线约 35 英里的运河上建造实验性电子屏障。

在西部的溪流和灌溉渠上，用来阻挡洄游鱼类的水下电屏障已经取得了成功，但却从未在像芝加哥运河那样大的水道上运行过，也从来没有在每年有成千上万艘驳船的主要航行通道上使用过。经过 6 年的设计、建造和调试后，美国陆军部队最终在 2002 年启用了这套价值 150 万美元的装置。那个时候，科学家们曾担心五大湖入侵鱼类会利用运河逃到密西西比流域，但这些鱼类已经做到了这一点。因此，这道屏障被重新设计成一种装置，用来阻止亚洲鲤鱼从另一个方向进入湖泊。

一直以来，这个屏障只是一种权宜之计，直到可以设计出更长久的解决方案。但是在它被激活后不久，国会开始相信这是一个值得投资的巨型工程，它可以持续使用数十年，运行速度是最初版本的 4 倍。工程于 2004 年动工，2006 年竣工。但是政府在开始时却拒绝使用它，主要是因为美国海岸警卫队担心其电流会导致火花在运河驳船之间飞溅，因为其中一些驳船携带着石油和其他易燃材料。毕竟，海岸警卫队的主要任务是保护在运河上漂浮的驳船工人和游船。不必担心五大湖里游的是哪种鱼，即使有些人担心这种鱼会彻底颠覆世界上最大的淡水系统。正如协助美国和加拿大管理五大湖的委员会前主席所说的那样：如果阻止巨型鱼类在湖中定居的努力失败了，那么我们最终建成一个鲤鱼池塘只是时间问题。[15]

* * *

屏障安全测试一直拖到 2008 年初，当时陆军总司令约翰·皮博迪
（John Peabody）抵达现场负责与鲤鱼的搏斗。皮博迪 1980 年毕业于西
点军校，他曾在太平洋、巴拿马、索马里和中东游历，在 2003 年美军
袭击巴格达期间，他曾带领 3 000 名工程师进入伊拉克。在皮博迪 30
多年的军旅生涯中，他从哈佛大学获得公共管理专业的研究生学位，
并以奥姆斯特德学者的身份在墨西哥城学习，此外还获得了跳伞员徽
章，他还获得了铜星勋章和紫心勋章。由于他的髋关节是金属做的，
他走起路来一瘸一拐的，他喜欢引用战争电影中的对白，他走进任何
一个房间，都带着一种近乎粗鲁的严肃态度。

他曾经是一个小男孩，在俄亥俄州休伦湖的伊利湖镍板公园海滩
度过了炎热的夏日。"前一天晚上，我们会在旅行车里装上野餐篮、沙
滩球和其他东西，[16] 这是 20 世纪 60 年代……我和我的兄弟们都会兴
奋起来：'爸爸，爸爸！妈妈带我们去湖边！'"在位于密西西比州维克
斯堡市中心的办公室，皮博迪将军一边喝着咖啡，一边对我说，"我愤
世嫉俗的父亲会说：'你妈妈会带你去俄亥俄州北部最大的污水池。'"

皮博迪还清楚地记得，当他还是个孩子的时候，腐烂的鲱鱼尸体
乱七八糟地散落在沙滩上，臭气熏天。五大湖成了这位固执的将军心
中的一块软肋，正是这块软肋激发他与鲤鱼战斗的决心。"我们有机会
阻止一件非常糟糕的事情发生，可以称它为一场灾难、一场危机，不
管你想用什么词来形容它。"

在皮博迪上任后的几个月里，他打开了海岸警卫队一直封存的新
电闸。为了与他的兄弟机构达成安全妥协，皮博迪下令设计每英寸电
压高达 4 伏的新屏障，且只能在与附近示范屏障相同的电压，即每英
寸 1 伏特下运行。1 伏特的电压不足以使幼鱼停止游动，因为幼鱼体型
较大，对电脉冲更具有免疫力。但是 1 伏特的电压是驳船行业能够承

受的水平，而且当时在屏障附近并没有发现亚洲鲤鱼。

皮博迪告诉我说："如果鱼离得不够近，不足以构成威胁，那么在当时提高操作参数的举动似乎并不明智。"这是个很大的假设，将军也知道这一点。追踪亚洲鲤鱼在密西西比河和伊利诺斯河上游迁徙速度的生物学家认为，到 2008 年，亚洲鲤鱼应该早就开始探索这一屏障了，尽管工作人员使用渔网和电击装置，仍然没有在该地区发现任何鱼类的踪迹。所有参与其中的人都知道，要在入侵的前沿找到最初的几条鱼是极其困难的，因为这些鱼有一种不可思议的躲避渔网的能力。电击水能使鱼昏迷，这样它们就能浮到水面上，但这也不管用，因为亚洲鲤鱼常常潜伏得太深而不会被捕捉到。

尽管用来在屏障附近捕捉鲤鱼的网是空的，皮博迪还是嗅到了运河里的危险。他告诉我："我们的信息如此匮乏。我觉得必须尽我们所能，尽可能快地应用它来获取更多的信息。"

圣母大学的戴维·洛奇（David Lodge）找到了他自己想要的东西。

洛奇是美国研究入侵物种的一流专家，以不满足于看到自己的研究成果落在图书馆书架上而闻名。这位 60 多岁的老人戴着眼镜，有一头浓密的黑发，带着一点他在亚拉巴马州童年时的南方口音。然而，他以一种如此精确的方式表达自己的观点，很容易让人把他想象成他孩提时代的那个初出茅庐的博物学家。

圣母大学创新公园是一个崭新的建筑，扫描指纹就可以把门打开，洛奇在那里的办公室接受采访时说："我是那种从一开始就对大自然着迷的孩子。[17]我把所有的空闲时间都花在翻动小溪中的岩石上，游泳，浮潜，钓鱼，抓青蛙、蛇和海龟以及我可以捕捉到的其他任何东西……我花费了所有空闲时间来阅读野外指南。这不是我那个年龄段的小孩应有的活动，但我觉得那比打棒球更开心。"

洛奇在上大学的时候想过要学习历史，"但最后我觉得其他人都很清楚，尽管我并不总是很清楚，我只喜欢生物。"这种爱使他以罗德学者（Rhodes Scholar）的身份进入牛津大学。他后来担任比尔·克林顿（Bill Clinton）总统的入侵物种咨询委员会主席，并创建了圣母大学环境变化倡议小组，这是一个由大学研究人员组成的团队，旨在为入侵物种和气候变化等热点环境问题的公共决策提供信息。从纯粹的学术研究跨越到公共政策领域并不是一件轻松的事情，因为在洛奇职业生涯的初期，这甚至被认为是不可接受的。

洛奇说："当你撰写研究提案来支持你的工作时，你并没有具体说明你将在世界上解决哪些问题。你只是用精神上的兴奋和新想法来表达它们。"但近年来，这条界线已经模糊了，如今洛奇的工作常常成为五大湖地区一些棘手的生态和政治辩论的焦点。他做了一项研究，预测如果允许船只继续排放受污染的压载水，哪些物种最有可能入侵五大湖；他帮助制定了入侵五大湖物种的年度成本（估计为 2 亿美元）；他完成了一项工作，即预测哪些淡水鱼物种最有可能因气候变化而灭绝。

对洛奇来说，跨越政治和科学的世界从来都不是一件令人舒服的事情。毕竟，送信人有时会因为传递坏消息而受到诋毁。但洛奇逐渐意识到，在媒体和决策者面前公开为自己的工作辩护所承受的压力，正是从事重要科学研究的代价。到 2009 年夏天，随着亚洲鲤鱼向五大湖洄游，联邦官员迫切地想找到一个人，能准确地向他们展示这些鱼向密歇根湖游了多远，因为这点太重要了。

作为一名生态学家，洛奇的技能和兴趣涉足一些棘手的问题，这让他和他的同事在几年前便有了一个合理的选择。当时由五大湖附近州赞助的一个智库给了洛奇的实验室一笔拨款，用于开发一种基于基因的测试，以识别那些在海上货轮压舱水中搭便车进入湖中的入侵物种。20 多年来，研究调查人员一直在使用 DNA 分析手段将犯罪分子绳之以法。这些基因指纹几乎可以从任何人体的皮肤、唾液、精液、头发中获得。从这些材料中，科学家可以分离并鉴定出个人的 DNA 分子，即著名的双螺旋模型。每一个微小的扭曲阶梯都是由 4 种叫作核苷酸的化学物质构成的数十亿级阶梯组成的。DNA 是如此强大的法医工具，因为由 2 个互锁的核苷酸组成的数十亿链的顺序对每个人来说都是独一无二的。科学家们对人类 DNA 片段上相对较短的核苷酸序列进行了研究，以确定从犯罪现场提取的遗传物质是否与从嫌疑人身上提取的 DNA 相匹配。

这种基因指纹识别过程也适用于物种层面。例如，所有的鲢鱼在 DNA 的不同位置都有相同的核苷酸序列。对于圣母大学的研究团队来说，意识到 DNA 检测可以用来在运河中发现鲤鱼的证据并不是一个很大的飞跃。一名意大利研究人员已经在较小的规模上进行了这种分析，他利用 DNA 的痕迹在欧洲池塘中发现了美洲牛蛙。这是因为鱼类和其他水生生物不断在黏液、尿液和粪便中脱落细胞，这些细胞倾向于悬浮在水中，这意味着每条鱼都会留下遗传痕迹。这种痕迹可以通过过滤所有不同物种的 DNA 来追踪，这些物种在水样中留下了自己的痕迹。

一旦这些 DNA 被分离出来，实验室技术人员就会将其放入试管中，加入一些被称为引物的精确工程基因标记，这些引物被设计成只与目标物种的 DNA 相连。在混合物中加入含有游离核苷酸的混合物，然后加热样品。高温条件可以将从原始水样中过滤出来的所有物种的 DNA 双螺旋结构分解。如果有任何一个目标物种的 DNA 存在，当样本冷却时，引物就会聚集在每个分离的螺旋上。这就开始了一个类似拉链的反应，在这种反应中，一种添加到试管中的酶会将自由漂浮的核苷酸与原始 DNA 的每条链结合起来。突然，1 个 DNA 片段变成了 2 个。这个过程重复了一遍又一遍，因此即使是 1 个 DNA 片段也可以被复制 10 亿次以上，以至于当添加另一种化学物质时，目标 DNA 实际上可以被看作是紫外光下的荧光。1 个 DNA 片段不足以在样本中识别出 1 个物种，10 万个也不行。但一旦数目达到 10 亿或更多，就会出现可见的光芒。

现在，一条以前看不见的鱼出现了。

* * *

在圣母大学的实验室里，这一切都运行得很好，但是洛奇的团队知道，从水族馆中分离漂浮的 DNA 和从一条自由流动的河流中筛选 DNA 是完全不同的。到 2009 年初，洛奇的工作人员已准备好去尝试。同年 1 月，洛奇的一名助手在芝加哥市中心与指导美国陆军电子鱼屏障运作的研究人员开会时，把一名美国陆军生物学家拉到了一个安静的角落。洛奇的助手告诉她，他相信他们已经破解了从开阔水域过滤和鉴定亚洲鲤鱼 DNA 的难题，他认为这一技术可以应用于芝加哥运河。这位生物学家把这个想法告诉了她在芝加哥陆军地区办公室的上司，并得到了批准。当时，皮博迪不知道他的工作人员和圣母大学的科学家们在做什么。

当时在洛奇实验室工作的生态学家兼遗传学家安迪·马洪（Andy Mahon）在几个月后回忆起那个悲惨的早晨，当时他和一位同事在泥泞的、春季河水上涨的伊利诺斯河上使用他们的新型捕鱼工具。他们认为，如果 DNA 没有出现在这样一个以盛产亚洲鲤鱼而闻名的地方，那么在可能只有少量鲤鱼的地方试图检测它就没有意义了。两个人整个上午都冻僵了，双手不停地往两升的塑料瓶里倒东西。就在几周前，他们还在实验室里兴奋地工作着。两个人花费了一个早上用冰凉的双手过滤了两瓶水，他们怎么可能在这些浑浊的水中找到纯粹的鱼类 DNA 呢？马洪回到南本德时，他的热情已经像他的手指骨头一样冰凉了。几天后，他独自在实验室里对样品进行测试，结果发现了发光现象。他冲出走廊去寻找洛奇和其他人。

他们集体的反应是震惊。[18]

研究小组决定将测试缓慢地向上游鲤鱼数量较少的地区推进。洛奇说："我们已经开发了这种工具，并在实验室和实地进行了初步的测试。但为了建立我们自己和其他人的信心，我们想从所有人都认为有鱼的地方开始测试。所以我们的总体战略是从南方开始，然后向北（朝着屏障）推进，因为我们的总体战略是确定入侵前线的前沿阵地在哪里。"

当皮博迪最终得知圣母大学的科学家们在做什么时，他要求进行一次面对面的会谈。2009 年夏天，皮博迪将军和他的员工出现在罗西的家庭餐馆，就在芝加哥西南部郊区的一个工业角落的电子屏障附近。皮博迪和他的工作人员像往常一样，穿着迷彩战斗服，把裤子塞进高筒靴里，他们向洛奇的一位同事询问圣母大学的研究小组正在做什么。

皮博迪坐在桌子上的一端，旁边是圣母大学的科学家（当天洛奇不在那儿，他有课要上）。将军的工作人员分散开来，有的站着，有的坐在桌旁。一张地图展开了。糖纸被用来代表鱼、屏障和船只。皮博迪的要求非常明确，这就是崇尚"是或否"（YES OR NO）的军人和生活在人类知识边缘的模糊地带的科学家之间所处的一个非常尴尬的状态。

洛奇的研究人员知道他正在涉入一片未知的水域。一方面，在河流中寻找亚洲鲤鱼的具体技术迄今尚未在科学杂志上发表，这意味着这项技术尚未得到其他科学家的独立验证。更重要的是，这种类型的 DNA 分析并不能准确地反映出鱼的数量、它们的确切位置（因为 DNA 是流动的）以及遗传物质在河中停留了多长时间，甚至它们是如何到达那里的。但是皮博迪决心要弄清楚这些鱼是否在向新的屏障靠近。如果将军能证明这条巨大的鲤鱼（甚至它们的后代）确实到达了屏障，就可以证明提高电压是合理的。这一天，皮博迪听到了足够多的消息，他确信 DNA 是找到鱼的最好的工具，他允许洛奇的团队继续前进。

圣母大学的研究小组继续向北进行测试，并不断发现这种鱼存在的证据。2009 年 9 月，该机构报告称，亚洲鲤鱼的 DNA 在上游 10 英里远的地方，比以前所见过的鲤鱼还要远。如果 DNA 证据是正确的，亚洲鲤鱼已经通过了电子屏障之前的最后一个通航船闸。对于一群试图在新水域定居的鱼来说，船闸是一个相对棘手的障碍，因为一旦船被提起，船闸被打开，鱼就必须随着船进入船闸室并随船离开。想象一只蟑螂利用电梯在办公楼的各个楼层间移动。这可能最终会发生，但需要一定的运气。然后，为了建立一个繁殖种群，其他物种也必须进行同样的迁徙。然后，它们必须找到彼此。

最新的情报显示，至少有一条鱼已经突破了电闸前的最后一道闸门，皮博迪将军可能对此并不满意。但至少这种新的 DNA 工具似乎在按照他所希望的方式工作。这个工具就像一副夜视镜，它照亮了一个以前看不见的敌人，这给了将军一个反击的机会。皮博迪将屏障电压的强度提高了一倍。

圣母大学的研究小组紧随其后进行采样。洛奇并没有打算停下来，直到他所采样的区域都没有显示 DNA 的痕迹。他说："问题的关键是，我们得到的都是零，当然，每个人，包括我们，都希望所有的零都发生在屏障之下。"

2009 年 11 月 18 日上午 7:48，来自屏障之外的水样显示所有事情都发生了变化。当时洛奇给陆军军官们发了一封电子邮件，通知他们说屏障外的亚洲鲤鱼的 DNA 检测结果为阳性。这不是洛奇想写的备忘录。他说："当到了按发送按钮的时候，我感觉有点不舒服。"

洛奇估计，屏障上方的样本呈阳性，意味着至少有一些亚洲鲤鱼以某种方式通过了屏障。像其他事物一样，DNA 不能逆流而上。来自五大湖周边各州的环保团体和政治家们，对五大湖抵御亚洲鲤鱼入侵的最后一道防线显然已经失败的消息进行了猛烈抨击。他们要求陆军部队停止使用芝加哥市区附近的两个水闸。他们的想法是用这些水闸作为临时大坝，阻止鲤鱼最终进入密歇根湖。问题是，关闭闸门不仅会阻止鱼类的进入，还会阻碍运河上货物的自由流动。伊利诺伊州的驳船运营商称，此举会给他们的企业、他们所服务的行业以及芝加哥市中心的休闲游览船队带来灾难性的后果。但是，正如关闭圣劳伦斯海路是否会对国际经济造成毁灭性的影响是值得怀疑的一样，这种关闭船闸所带来的财政影响很可能被驳船行业夸大了。（它的影响甚至达不到每天通过芝加哥地区运输的货物总量的 1%。）

尽管如此，皮博迪并不打算建议关闭船闸，他认为这种做法不一定有效，因为船闸的结构已经老化而且漏水，不管在什么情况下，鱼都可能通过。如果暴雨来袭，这些水闸也必须打开，因为当水位异常高时芝加哥运河流动方向会出现逆转，芝加哥河会暂时流回密歇根湖。如果不打开水闸，则河水可能会淹没芝加哥市中心。

无论如何，皮博迪明显感觉到自己已经做得足够多了。就在他得知亚洲鲤鱼的 DNA 在屏障之外被发现的几天前，他的机构支持了一个异常激进的计划，即从根本上阻止任何迁徙的鱼类死亡。

* * *

在 2009 年 12 月 3 日那个灰暗的早晨，芝加哥环境卫生和航行运河看起来就像一个犯罪现场。黄色警戒线将河堤包围。通往河边的道路被冻得瑟瑟发抖的警察挡住了，他们无法向路人准确地解释这里发生了什么。在路障的后面，一台发电机在一个巨大的政府帐篷外轰隆作响，帐篷里有电脑工作站和咖啡，供 400 名联邦、州和加拿大渔业工人使用。这些工人从遥远的魁北克来到芝加哥的这个工业角落。就在帐篷外，行动负责人把一群新闻记者聚集在水边，讲述他们的故事。他们解释说，正是它们打破了运河的宁静。他们在和亚洲鲤鱼打仗，所以给它们下了毒。

当鱼开始漂浮在水面时，这条河将死的第一个迹象出现了，它们白色的腹部在黎明的曙光中闪闪发光。它们一个接一个地出现在视野中，就像星星在黄昏时出现一样。当它们漂浮在茶色的河流中时，有些鱼只能鼓动它们的鳃，而其他的鱼则剧烈挣扎。当冬日的太阳从地平线上落下时，它们都将成为成千上万的尸体。

美国鱼类和野生动物管理局的约翰·罗格纳（John Rogner）说："我可以用这几个字来总结我的观点：是时候设置屏障了。[19] 近 10 年来，我们已经目睹了 2 种引进的亚洲鲤鱼——鳙鱼和鲢鱼沿着密西西比河和伊利诺伊河逆流而上，现在它们来到了这里。它们正在通往五大湖的大门口，在未来的几天内，我们要采取一系列的行动来阻止它们进入五大湖。"

之所以下令捕杀，是因为新的屏障需要暂时关闭以进行维护。事实上，我们并没有在距离密歇根湖大约 50 英里的地方发现一条真正的亚洲鲤鱼，但是 DNA 检测结果告诉生物学家，鱼在离密歇根湖更近的运河里。尽管最初较小的电子屏障会在新屏障关闭期间继续运行，但皮博迪和其他参加鲤鱼大战的人还是希望清理运河，以防万一。

"我把这个行动比作化疗，[20]"贝拉克·奥巴马（Barack Obama）总统精心挑选的"大湖沙皇"卡梅伦·戴维斯（Cameron Davis）在政府扼杀运河的前几天哀叹道，"没有人愿意接受化疗，但你这样做是为了保护好细胞免受坏细胞的影响。就是这个原因。"

到鱼类中毒当天上午 10 点左右，罗格纳向记者保证，鱼的死亡完全按照计划进行。但有一个问题。在所有浮于水面的死鲈鱼、旗鱼、鲶鱼等鱼类中，没有人发现一条亚洲鲤鱼。洛奇的 DNA 样本可能告诉皮博迪，这种鲤鱼确实出现在运河"投毒"的河段，但浮在水面上的鱼却讲述了一个不同的故事。

　　夜幕降临。在所有运往垃圾填埋场的有毒鱼桶中，最终将产生约54 000磅的鱼肉，但是却连一条亚洲鲤鱼也没有。

　　最终，罗格纳在下午7点时再次召集记者前往运河边。他们找到了想要的东西——一条22英寸长的鳙鱼。虽然这对五大湖来说是个令人不安的消息，但亚洲鲤鱼确实到达了屏障下方的水域，当消息传到圣母大学的研究团队时，洛奇松了一口气。看到那条鱼，他想，这至少证明DNA检测是一种捕鱼方法。但并不是所有人都相信。

　　"毒杀"事件发生后不到2周，一组联邦科学家抵达南本德检查洛奇的实验室。他们仔细检查了水样是如何储存、如何过滤以及采取了什么措施来确保亚洲鲤鱼的DNA没有以某种方式污染设备，这可能会导致假阳性结果。圣母大学的研究小组觉得，这有点像他们的配偶雇了一名私家侦探来抓住他们的欺骗行为。调查人员没有发现这样的证据。事实上，他们留下了深刻的印象，在他们的官方报告中写道，洛奇的流程"在报告检测模式方面足够稳固和可靠，在管理上应该被认为是可执行的"。

　　圣母大学的研究小组认为这意味着，如果你采集到DNA样本，你就会得到强有力的证据证明鱼在那里，你就可以通过检测来判断是否要在运河上采取行动以阻止其他鱼类入侵。尽管如此，皮博迪还是不愿意相信，在运河边的湖上筑起的一道屏障里的DNA样本呈阳性，就意味着这些鱼可以自由地游进密歇根湖。将军担心DNA可能会以其他方式到达那里。也许来自密西西比河流域、在亚洲鲤鱼出没区的一艘驳船以某种方式携带了亚洲鲤鱼的黏液或粪便。或者，也许DNA来自一只正在去往密歇根湖途中吃亚洲鲤鱼的迁徙鸟的粪便。或者，也许一只亚洲鲤鱼跳到了屏障下方的一艘驳船的甲板上，当驳船通过时又跳了下来。

　　皮博迪知道他正在采取一种新颖的、未经测试的技术来进行高风险的战斗，但他意识到必须找出鱼的位置，以便能够就屏障电压有多高做出最正确的决定。这就是他想从洛奇的 DNA 样本中得到的一切。他从未想过 DNA 会在屏障之外浮出水面，但当它浮出水面时引起的轰动让他大吃一惊。

皮博迪对我说："我们在障碍上方被撞了几下，某些人因此惊慌失措。"

但不只是"某些人"。2010 年初，来自五大湖区的司法部长向联邦法院提起诉讼，要求陆军部队和伊利诺伊州通过关闭船闸来做最后的努力，以阻止鲤鱼前进。在短短几周的时间里，一条巨大的跳跃的鲤鱼向北缓慢迁徙到五大湖，这一长达 10 年的传奇故事，已经从一条奇特的河流上的离奇情景，变成了关于鲤鱼如何"分裂"一个地区的全国性新闻。

"每个人都希望我们在屏障上方的检测不是呈阳性的，[21]"林赛·查德顿（Lindsay Chadderton）说，他是来自自然保护协会的专家，曾帮助洛奇团队研发和利用 DNA 检测实验。"现实情况是，如果我们只在电子屏障下面找到阳性结果，这个争议就不会发生。当我们开始在障碍之上发现阳性结果时，那就是指责游戏开始的时候。就在那个时候，诉讼开始了，船闸被关上了，事情也开始变得棘手起来。"

关于仅仅是漂浮在水中的分子应该承受多少重量的争论，成为远至《纽约时报》这样大的媒体的头条新闻，据报道，奥巴马总统的白宫幕僚长拉姆·伊曼纽尔（Rahm Emanuel）在 2010 年回到芝加哥竞选市长时，他手下的工作人员给他送来了一条死的亚洲鲤鱼。[22]

* * *

大多数生物学家承认，少量的鱼越过屏障，并不意味着足够多的能够自我维持的亚洲鲤鱼已经来到五大湖，也许这在将来肯定是会发生的。对于一次成功的入侵，首先鱼必须性成熟，它们必须找到适当的产卵区，然后它们必须找到彼此，此外，它们的后代必须弄清楚如何在新的环境中活到成年并找到它们自己的伴侣。下一代也必须取得类似的成功。以此类推。

对皮博迪来说，这意味着现在不是撤退的时候，也不是把战斗转移到密歇根湖海岸线附近船闸的时候；该是他在电子屏障前站稳脚跟的时候了。与此同时，洛奇的团队在整个 2010 年春季继续对屏障之外的水域进行测试，并不断获得更多的呈阳性的 DNA 样本。然而在同样的海域，使用渔网和电击器捕鱼的探险队仍然没有发现亚洲鲤鱼。在 2010 年 5 月下旬，即第一次毒杀行动的 6 个月后，联邦政府和伊利诺伊州不顾一切地想在屏障上方找到一条真正的鱼，而不仅仅是它的基因指纹，于是他们在距离密歇根湖海岸线仅 6 英里的水域进行了第二起河流毒杀试验。该水域位于屏障上方，曾多次检测出呈阳性的亚洲鲤鱼 DNA。

这次毒杀还造成了重达 10 万磅的约 40 种鱼类的死亡，然而没有发现一条亚洲鲤鱼。在第二次毒杀后，皮博迪和其他参与了与鲤鱼搏斗的联邦小组成员离开了现场，他们更加确信这个屏障阻挡了鲤鱼的去路，而对洛奇的 DNA 样本是否意味着该地区有鱼则没有多大信心。

皮博迪和他在美国鱼类和野生动物管理局的同事们想要的是一条真正的鱼，而不仅仅是一份实验报告，这样他们才会确信正在发生一场真正的入侵。这比你想象的要难多了。美国地质调查局（United States Geological Survey）的生物学家杜安·查普曼（Duane Chapman）曾花两天的时间组织 4 艘船在密苏里河支流上使用电击装置和商业捕鱼网追捕 3 条带有无线电信号的亚洲鲤鱼。无线电标签发出了一个信号，告诉船员这条鱼的确切位置。这条鱼被困在两张网之间，网的宽度和深度贯穿了整条河。但是水太深了，电击器无法迫使鱼浮出水面，事实证明，鲤鱼非常谨慎，没有被网缠住。

"它们知道渔网是什么，"查普曼说，"它们会躲避渔网。"[23]

最后，在 2010 年 6 月 23 日，第二次河流毒杀事件发生一个月后，也就是美国陆军第一次请求圣母大学帮助其找到入侵的前沿阵地的大约一年后，伊利诺伊州自然资源部宣布，一条 20 磅重的成年鳙鱼确实是在屏障外的渔网中——离密歇根湖岸线只有 6 英里的地方被捕获的。美国鱼类和野生动物服务机构的罗格纳在一份新闻稿中宣称："我们启动了实地调查，找到了我们一直在寻找的东西。"

洛奇又一次感受到了残酷的争论，伊利诺伊州的邻州强烈要求关闭船闸，并争辩说这条鱼是电子屏障泄露亚洲鲤鱼的确凿证据。几周之后，罗格纳又发布了另一篇新闻稿，声称这条鱼可能是由于人为的原因被带到屏障附近的，实验室分析的结果表明，它已经在屏障下度过了很长一段时间。

他的这一理论是基于实验室对鲤鱼耳骨的分析而得出的，因为不同的水体会在鱼的耳骨上留下不同的化学特征，因此有时研究人员可以通过分析鲤鱼耳骨，得知它们曾经生活在哪里。但在这个案例中，一位独立的实验室分析评论家警告说，对于这种特殊的鳙鱼生活史，还没有得出明确的结论。即便如此，新闻稿声称，骨骼分析"确实表明了这条鱼……可能是被人类放在这里的，可能是作为一种放生仪式被释放，也可能是鱼饵桶带来的"。

问题是，除了同行的审核员警告不要使用这种鱼的耳骨来推断它的生命历史之外，耳骨并不包含任何关于鱼如何从一个水体游到另一个水体的信息：它无法揭示一条鱼是附着在小货车后面的水箱中移动的，还是自己游过来的。

* * *

洛奇和皮博迪停止了交流，两人最终于 2010 年 9 月初相见于芝加哥市中心的一个联邦法院公堂。除了封锁运河外，各州还提起诉讼，要求陆军部队加快进行一项国会下令开展的研究，以确定永久性重建五大湖和密西西比河流域之间的天然屏障所需的资金。芝加哥运河摧毁了五大湖和密西西比河流域之间的天然屏障。当皮博迪走上证人席时，他显得有些激动。他后来告诉我："在我最可怕的噩梦或最疯狂的想象中，我从未想过一条鱼会如此支配我的时间和注意力，因为你不会想到工程师们会这么做，你会认为我们应该去管理水资源基础设施、建设设施、抗击洪水等。"

皮博迪在法庭上讲话时谈到他对 DNA 样本呈阳性是否意味着存在活鱼的怀疑，他的一位鱼类专家盟友、美国鱼类和野生动物服务局副局长查理·伍利（Charlie Wooley）也在法庭上。伍利在证词中说，联邦政府和伊利诺伊州政府已经竭尽全力对阳性 DNA 样本进行追踪并提供鱼类实际存在的证据。他们用渔网、电击设备和毒药桶来捕捉鱼类。他们所要做的就是找到屏障附近的鳙鱼——这条鱼在 2009 年 12 月的毒杀中死亡。

伍利证实，传统的方法使我们能够在相对较短的时间里以及在很大范围内非常有效地进行大面积取样，而这些数据是真实可靠的。

洛奇在证人席上反驳说，在芝加哥运河那么大的一条河上，那些传统的鱼类采样工具只能捕获 1% 的鱼类。这意味着，如果数以万计的鱼类中潜藏着少量的亚洲鲤鱼，它们很可能永远不会出现在网中，也不会在受到电击时浮到水面上。与其他许多鱼类不同，亚洲鲤鱼在中毒时有下沉的倾向。洛奇一直认为，正是这一切使得 DNA 监控如此强大，但它的力量只取决于你对它的信任。

洛奇在接受采访时说："继续尝试使用传统工具来检测罕见或非常稀少的物种的存在，就像是在说：'你知道吗，尽管我们有核磁共振成像仪（MRI），我还是要尝试通过身体检查来检测你的癌症；我真的不明白这台 MRI 机器在做什么，所以我不会相信它。我会用手指按压你身体的部分位置，并确定你是否患有癌症'。"

洛奇在作证后吃了一袋 M&M 牌的巧克力豆，他浑身发抖，看起来好像是一个受审的人。法官站在陆军一边，拒绝发出关闭闸门的紧急命令。

2014 年初，美国陆军部队终于发布了一份长达 10 000 页的计划，要永久封堵运河，重新分隔开分水岭两侧。该计划将需要对大规模的污水处理系统进行升级，因为芝加哥处理的大部分废水将再次流入密歇根湖。该机构表示，此项目将包括一个转运驳船货物的中转站，建设时间长达数十年，造价高达 180 亿美元，批评人士认为该项目的价格过于夸张。事实上，由一个五大湖政府资助的工程小组得出的结论是，这项工程只需 42.5 亿美元就能完成，而且只需要几年就可以建成，而不是几十年。

该项目截至 2016 年仍处于搁置状态，其反对者相信它永远不会实现。伊利诺伊州化学工业委员会（Chemical industry Council of Illinois）执行董事马克·比尔（Mark Biel）表示："25 年来，我一直在代表工业界进行游说。我很擅长取消账单并否定人们提出的想法，[24] 而这一个项目包含了你需要的所有元素。"然后，比尔列出了这些要素：完成该项目所需的时间和成本，法律、监管和政治上的障碍，这些都与将芝加哥至少部分处理过的废水送回密歇根湖有关。"这一事件在我有生之年是不可能发生了，"这位 51 岁的人说，"我也不打算很快死去。"

前《新闻周刊》（Newsweek）记者兼作家彼得·安宁（Peter Annin）曾在圣母大学与洛奇合作过，他有更长远的目光。他预计，每当发现新的入侵物种向这条运河游去，无论是游向五大湖，还是游出五大湖，再游到大陆的其他地方，填补这两个盆地之间缺口的压力都会激增。"这与亚洲鲤鱼无关，[25]"安宁说，"这是关于两个人工连接的分水岭的问题，许多人认为这两个流域根本不应该连接在一起。"

* * *

近年来，越来越多的 DNA 证据表明亚洲鲤鱼正在向密歇根湖游去。2013 年，它在芝加哥以北约 200 英里的威斯康星州门半岛水域出现。它于 2014 年又出现在密歇根州的一条内河中，这条内河流入密歇湖。2014 年末，它还出现在芝加哥河，离湖岸只有一个街区。但是这些微小的斑点，这种"基因烟雾"，是自 2010 年唯一的亚洲鲤鱼从屏障之上的水域中捕捞以来，研究人员所发现的全部。对于洛奇的同事查德顿来说，发没发现鱼并不重要，他把基因信息比作谋杀现场的证据。

"如果凶器上只有一个指纹，而且是在犯罪发生的房子里，你可能会问：'嗯，也许这不是犯罪者的指纹？'但事实是，我们在犯罪现场发现到处都有指纹。"查德顿说，"它们在身体上，在刀上……它们被弄得到处都是，甚至在房门的把手上。就像挑衅一样，拜托，伙计们……事实上，有证据表明我们正在与活鱼打交道！"

然而就目前而言，电子屏障是亚洲鲤鱼泛滥的密西西比河流域与密歇根湖岸线之间唯一的防御措施，这应该不会让任何人感到舒服。2014 年初，我从美国鱼类和野生动物服务处获得了一段几个月前由水下摄影机在屏障上拍摄的视频。在一段只有 3 分钟的视频中，几十条小鱼在电气化的海水中逆流而上。在一个比例模型上进行的实验室测试表明，在屏障工作的电压条件下，这种现象是不可能发生的，但之前从未有人愿意把一个类似声呐的摄像头扔到水里去查看运河里到底有什么。

陆军军官们仍然困惑不解。

2014 年初，皮博迪的接替者玛格丽特·伯彻姆（Margaret Burcham）准将在一个可以俯瞰芝加哥市中心河的会议室里告诉我："那些不是鲤鱼。"[26]迁移过来的鲤鱼会穿过这条河进入上游一英里处的密歇根湖。伯彻姆准将不是鱼类专家，她拥有计算机科学的研究生学位。真正的渔业专家对伯彻姆声称看到的，或者更具体地说，对她声称没有看到的东西几乎没有信心。

"你可以认出它们是鱼。[27] 你可以看到它们正在移动，"美国鱼类和野生动物的副渔业区域主管阿龙·沃尔特（Aaron Woldt）告诉我说，"但你不能分辨出它属于哪一个物种。"

当一位陆军总司令确信亚洲鲤鱼正在入侵五大湖时，当鱼类开始在电子屏障上方的渔网中定期出现时，做任何事情都可能为时已晚。

密苏里州的一个小型私人鱼池让人看到了五大湖可能面临的困境。老板在他的私人钓鱼洞里放了鲶鱼、鲈鱼和蓝鳍鱼。他在里面放满鱼食，但鱼似乎仍很饿。所以在 2010 年初，他请来了一位池塘顾问。

美国地质调查局的查普曼说他们拿出电动装置，抓到一些鱼，并对它进行研究。鱼很瘦，他不知道为什么。他说："这有点不对劲。我们需要重新开始。"于是他们引进了鱼藤酮（rotenone，一种药物），彻底毁掉了池塘中的生物。

在接下来的一周内，大约 300 条腐烂的鳙鱼尸体浮出水面。最小的重达 20 磅。最大的有一条边境牧羊犬那么大，约 35 磅重。查普曼及时赶到现场，看到最后一批尸体浮出水面。他说："它们看起来就像潜水艇浮出水面一样。是它们带来了破坏！"

查普曼解释说，中毒的亚洲鲤鱼与许多鱼类不同，它们通常不会漂浮在水面上，除非水温足以使其腐化尸体中的气体积聚在它们的腹部，这一过程可能需要一周的时间。也就是说，如果中毒发生在寒冷的天气，这一现象永远不会发生，就像 2009 年 12 月芝加哥运河毒杀事件一样。

查普曼解释说，事实证明，10 年前，前任财产所有者在这个小池塘里放了一群鳙鱼，它们最后在新主人的照顾下兴旺起来，这个主人虽然觉得有麻烦——但他没搞清楚具体是什么麻烦。

第 6 章

征服大陆

——西方贻贝泛滥成灾

　　圣劳伦斯航道带来的物种入侵问题并不仅仅限于五大湖，这个问题甚至扩散到整个北美大陆。威斯康星大学生态学家桑登说："五大湖只是它们入侵的第一站，[1] 22 世纪将会在全国范围内发生入侵。这仅仅是个开始。"

　　最大的原因是五大湖的后门：芝加哥环境卫生和航行运河。

　　斑马贻贝和斑驴贻贝在内陆传播的故事完美地阐述了这个问题。1988 年，当第一只斑马贻贝在北美出现时，生物学家知道这个来自里海和黑海流域的能快速繁殖的软体动物会传播，只是不知道它们传播得有多快或有多远。一年后，一群进行实地调查的加拿大大学生偶然在圣克莱尔湖中发现了第一个入侵的贻贝标本。在连接休伦湖和伊利湖的水系中有一个小湖，这个来自国外的软体动物，搭载着圣劳伦斯海航行的货船进入，当它们被发现时，在靠近芝加哥密歇根州南部的密歇根湖底部，其密度已超过每平方米 4 000 个。[2]

　　贻贝范围的扩大几乎和其飞越大西洋一样令人震惊。刚孵化出来的贻贝称为面盘幼体（veligers），当微小的幼体随海流漂移时，就像风中的花粉一样，确实有一个短暂的、快速移动的阶段。但是，小贻贝不能在水中游动，就像小卵石不能仰泳一样，流经圣克莱尔湖的水流会把顺流而下的贻贝推至伊利湖。然而，它们在另一个方向上实现了600英里的飞越，唯一合理的解释是，贻贝再一次搭上了一艘货船。

也许这些出现在芝加哥的贻贝与最初来自圣克莱尔的种群无关，而是由另一艘航行在圣劳伦斯航道上的远洋船只从欧洲直接运送到密歇根湖南端的。或许它们是被1 000英尺长的"莱克"号船运往西部的，这艘船太大了，无法挤过韦兰运河的水闸，也无法在尼亚加拉瀑布下航行。尽管从国外港口引进的外来物种不能归咎于这些五大湖的货轮，但它们的压舱水容量大约是海运货轮的两倍。仅仅一艘这样的货轮就可以轻易地带走圣克莱尔湖新滋生的数百万的面盘幼体，然后把它们留在芝加哥水域。这次旅行所需要花费的时间不到两天。

如果芝加哥贻贝找到了1673年探险家马凯特和若利耶发现的密歇根湖，那它们可能已经陷入了死胡同。在那个时候，即使是密歇根湖最南端的水也在缓慢地向北流动，最终向东流经休伦湖、伊利湖和安大略湖，然后流向大西洋。但是1989年在芝加哥出现的贻贝并没有在密歇根湖南端停留；它们发现芝加哥环境卫生与航行运河将五大湖与密西西比河流域连接起来，而密西西比河流域覆盖了美国大陆40%的地区。

1989年春天，芝加哥污水区的一名生物学家[3]在位于市中心西南部的运河进行常规调查时，从沉积物（淤泥）中挖出三四个豌豆大小的壳。他把这些壳寄给了一位加拿大贻贝鉴定专家，这位专家去年曾在圣克莱尔湖发现了第一批斑马贻贝，他现在得到了同样的答案。接下来的几年里，一场突如其来的贻贝风暴沿着运河向密西西比河支流袭来，这是谁也无法预料的。20世纪90年代初，生物学家计算出微小的贻贝以每秒 7 000 万只的速度[4]从密西西比河沿岸的伊利诺伊河上袭来。与之密切相关的入侵性斑驴贻贝也紧随其后。

不过，如果水流是这些贻贝向内陆扩散的唯一途径，由于重力的作用，它们只能沿着密歇根湖的排污渠流向墨西哥湾，进入德斯普兰斯河，然后进入伊利诺伊河，最后进入密西西比河，而伊利诺伊河就在圣路易斯城外与密西西比河汇合。从圣路易斯逆流而上的密西西比河以及密西西比河其他的所有支流本可以免受入侵，因为贻贝不能逆流而上。但事实证明，斑马贻贝和斑驴贻贝不需要水流，甚至不需要游泳池大小的压载舱来搭便车。它们分泌出的天然强力胶可以附着在坚硬的表面上，使它们能够附着在内陆驳船和其他船体上，像乘坐电梯一样在密西西比河以及所有与之相连的可通航河流和运河上来回穿梭。

到 1992 年，入侵的贻贝在俄亥俄河上游 800 英里处被发现，而俄亥俄河正是从那里流入密西西比河的。到 1993 年，它们在佛蒙特州的尚普兰湖（Lake Champlain）被发现。尚普兰湖通过运河与五大湖和哈得孙河相连。研究人员估计，当时已经有超过 5 000 亿只入侵贻贝生活在这里。到 1994 年，入侵的软体动物已经在南至路易斯安那州、西至俄克拉荷马州、北至明尼阿波利斯的地方出现了。

它们也很快出现在几十个与密西西比河或五大湖没有直接联系的内陆湖泊中。怎么会这样呢？

* * *

几年前的一个 7 月 4 日的周末，坎迪·戴利（Candy Dailey）和孙子孙女们在威斯康星州北部的一个小湖边玩水时，突然感到一阵剧痛。她不需要低头就知道她的脚已被斑马贻贝的壳划伤了。"我是一名护士，[5]所以我知道要让污血流走，然后把它洗掉，"戴利告诉我，"我把它擦干，贴上创可贴。"

自从 2001 年 7 月入侵的贻贝神秘地从密歇根湖进入内陆 100 英里处以来，在这个湖上的游泳者就经常被贻贝割伤，这种薄如纸的割伤在第一滴血被发现之前通常是看不见的。

戴利直到半夜醒来时才意识到自己的脚抽动着，并肿胀起来。到了早晨，她的腿上出现了一条明显的红色条纹。第二天晚上，她开始服用广谱抗生素。戴利从感染中康复了，但她的假期结束了。当然，这不是那种值得在当地报纸上简短提及的故事。这只是一个人在湖里游泳时遭受的一次细菌感染。问题是，仅威斯康星州就有超过 15 000 个内陆湖泊，每个人都有责任阻止下一艘受污染的船只驶向航道。

几年前，圣母大学的生物学家和入侵物种专家洛奇站在威斯康星州格林湾市中心一群大约 400 名内陆湖业主的面前，脸色黯淡地做了一个简短而令人毛骨悚然的演讲，内容是沿着圣劳伦斯河航行的受生物污染的船只如何威胁到即便是最孤立的内陆湖。

"如果你想知道接下来会发生什么，[6]"洛奇告诉与会者，"看看已经出现在五大湖的物种。"他展示了一张幻灯片，显示五大湖通过现有的航线与世界上 12% 的港口直接相连。这意味着在比利时安特卫普等地发现的贻贝、鱼类甚至是病毒，可能会在几天内抵达洛奇所在的会议中心门外的格林湾码头。但是直到洛奇点开他的第二张幻灯片，人群中的窃窃私语才开始，这张幻灯片显示，世界上 99% 的港口距离格林湾港或五大湖任何其他商业码头都不到两站。洛奇解释说，这不仅仅是五大湖的问题，因为很少有海路入侵者会被困在大湖里。侵入性鱼类可以游入湖泊的支流，外来微生物可以感染鱼饵种群，然后它们被送到内陆的钓具和鱼饵商店。接下来就是斑马贻贝和斑驴贻贝了。

比贻贝的繁殖速度和与船壳结合的能力更麻烦的，是它们具有像病毒一样的传播能力，而这种传播方式是生物学家未曾预料到的。事实证明，这个来自里海的入侵者在离开水的情况下仍具有非凡的生存能力。如果空气的温度和湿度适宜，一个标本可以在从水中拖出的船上存活几天。它们能潜伏在鱼饵桶里、蜂窝状的湿海绵泡沫里，甚至在潮湿的救生衣背带上，悄无声息地活得很久。把一只受感染的船放在拖车上，一只本来不能动弹的贻贝就能以闪电般的速度滚动。几乎可以肯定的是，贻贝就是这样在戴利家旁边的湖中定居下来的，这也是为什么现在有 28 个州的水域报告中显示出现了贻贝。事实上，受感染的湖泊的死亡速度如此之快，以至于联邦政府现在每天都会发布受影响湖泊的最新情况。

　　然而，在贻贝进入北美的前 20 年里，有一个地理上的屏障是它们无法逾越的：落基山脉。

＊　　＊　　＊

　　2007 年 1 月，内华达州的高地沙漠上刮着大风，奇寒无比。当时，一组戴着水肺设备的维修人员来到米德湖的湖底，准备在大量船只驶入湖泊前对浮在水上的拉斯维加斯船港和米德湖码头的缆绳和锚栓进行检查。

　　米德湖是美国最大的水库，它的蓄水量足以淹没如康涅狄格州大小的一个地区，并使其淹没在 10 英尺深的水下。这个湖直到 20 世纪 30 年代才出现，当时一支由大约 5 000 名工人组成的军队在美国复垦局（U.S. Bureau of Reclamation）的指挥下完成了胡佛大坝的建造工程。胡佛水坝是当今科罗拉多河庞大水管工程的核心。在自然状态下，科罗拉多河的源头是大陆分水岭西侧的怀俄明州、犹他州和科罗拉多州山脉上的冰雪融水，这些水流一旦聚集在主要的河道，就会带着所有雨滴和融化面积达法国大小的积雪水流过西部的科罗拉多州，然后冲进大峡谷，朝着加利福尼亚州的墨西哥湾流去。

　　虽然圣劳伦斯河背后的建设理念是开拓出一个连接大陆内部的新海岸，但是联邦政府在 20 世纪初为科罗拉多河设计出的规划更加大胆，这个想法不仅仅是要加深和拓宽航道来开拓内陆的航运。它将充分利用一条河流，首先利用它来旋转水力发电涡轮机，为数百万人供电，然后把河流的每一滴水都吸干。今天，科罗拉多河及其支流上有超过 53 座水坝，其结果是，现在大多数时间，这条河在流入海洋之前就消失在沙漠中。它会渗入隧道、高架渠、沟渠和管道中，这些管道将其输送到约 2 500 万人的水龙头。这条被驯服的河流将尘土飞扬的沙漠前哨变成了菲尼克斯、拉斯维加斯、图森、阿尔伯克基、盐湖城、圣迭戈和洛杉矶。但即使是现在，从科罗拉多河抽取的大部分水仍然是由灌溉龙头喷出的水雾和水滴。这些灌溉龙头浇灌了大约 200 万英亩的农田，使其获得生机，而这些农田以前因过于干燥，只能种植山艾树。

我们现在知道，如果人们不知道如何将科罗拉多河的水通过阀门、屏风、格栅和闸门在需要时准确地输送到他们想要的地方，西南地区就不会存在。贻贝现在威胁着整个管道系统，而这一切都始于一些看起来像葵花籽一样无害的奇怪的壳。

"我们没有想太多，[7]"游艇码头总经理鲍勃·格里彭托格（Bob Gripentog）说，"而且，只有一两个标本而已。"但格里彭托格把这些标本转交给美国国家公园管理局（National Park Service）的工作人员，他们一直担心五大湖的贻贝灾难有一天会在大陆分水岭的西侧暴发。他们将标本连夜送到软体动物鉴定专家那里，两天后就得到了他们不想要的答案。

没有人确切地知道是谁将斑驴贻贝带入了米德湖，但可以肯定的是，这些贻贝要么附着在船壳上，要么潜伏在一艘中西部游船的舱底水里，游船驶过大平原，越过落基山脉，沿着湖上几十条船坡道之一顺流而下。这些独特的先驱贻贝不可能落在别的地方。米德湖每年接待超过 700 万人次的游客，这几乎相当于黄石国家公园和约塞米蒂国家公园的游客总量。但与其他两个国家的旅游景点不同的是，米德湖最吸引人的地方是划船，在繁忙的周末，米德湖会挤满多达 5 000 艘游艇，这些游艇的主人来自美国西部各州。如果你要画一张图表来展示生物入侵是如何像轮子一样扩散的，那么米德湖将是这幅画的中心，这些船相当于轮子上的成千上万的辐条。

在五大湖中花了数年时间才显现出来的东西，在米德湖几个月时间里就开始显现出来了。在这个温暖的水域，斑驴贻贝每年可以繁殖六七次，而在五大湖区每年只能繁殖一两次。

在潜水者发现后的不到 24 个月，米德湖曾经深褐色的峡谷壁就变成了带贻贝壳的炭黑色。潜水员在湖底发现令人震惊的一幕，从啤酒罐到一架二战后坠毁的 B-29 轰炸机，这架飞机在为一项机密计划——开发一种太阳制导洲际弹道导弹制导系统而采集大气读数时坠毁。1948 年 7 月 21 日，[8] 飞行员的任务是把轰炸机从 3 万英尺的高空俯冲到米德湖的水面。据报道，湖面玻璃般的倒影模糊了飞行员对高度的感知，他的飞机腹部以每小时 230 英里的速度坠入水中，然后弹回空中，最后再次坠入水中。这一次，在飞机沉到近 200 英尺深的水库底部之前，机组人员的逃生动作足够轻柔。在 2001 年被潜水员发现之前，飞机一直与外界失去联系。8 年后，它又因为贻贝的覆盖而消失。

但贻贝不只是在人造湖床及峡谷墙壁上蔓延。入侵初期，美国垦务局的研究员伦纳德·威利特（Leonard Willett）被迫来到胡佛水坝底部的一间没有窗户的办公室，试图找出如何用化学物质、热能甚至细菌击退聚集在大坝水厂内的斑状软体动物。贻贝将这座 726 英尺高的混凝土大坝的表面完全覆盖，更严重的是，它们甚至能破坏大坝为 150 万人供电的涡轮发电机的冷却系统。

"你不会想到一只指甲大小的软体动物[9]就可以影响如此巨大的水坝的建设，但是当你看到这些小动物可以做到的时候，你就会觉得这太可怕了，"威利特在参观水坝内部时透过我的耳塞喊道，"即使是最大的基础设施，它们也可以迅速使之关闭。"

当天晚些时候，南内华达水系主任在他的电脑屏幕上播放了一段最近由潜水员拍摄的视频，该视频显示贻贝堵塞了两条巨大的管道，而这些巨大的管道将米德湖的水供给在拉斯维加斯谷地的 200 万人。一年前的冬天，那些栅栏上一个贻贝也没有。不到一年的时间，这里就有了数百万甚至数十亿的贻贝，如果不派潜水员去清理这些贻贝壳，拉斯维加斯的公共供水系统将崩溃。

就像在芝加哥污水渠一样，西部贻贝也迅速地利用水流将它们的活动范围扩大到下游的科罗拉多河水库、水坝以及亚利桑那州和加利福尼亚州的抽水设施。在两年内，斑驴贻贝在内华达州、亚利桑那州、加利福尼亚州、科罗拉多州和犹他州开拓了近 30 个新的水域。到 2014 年初，横跨胡佛大坝下游，亚利桑那州和内华达州边界的戴维斯大坝（Davis Dam）底部已经变成了一个超大规模的实验室，为一些西方地区的领导人开始称之为"海洋性病"（STD of the Sea）的疾病开发新药。

复垦局的威利特已经被重新分配到戴维斯水坝，这样他就有更多的空间来进行他的反贻贝实验，其中包括铜离子处理系统，其设计用来杀死贻贝的金属剂量是 10^{-10} mg/L。他对一种产品进行了测试，这种产品利用贻贝急切地吞食微生物中的死细胞这一特性。然后，这些细胞通过破坏贻贝的消化道而将其杀死。他还试验了类似饮用水净化的紫外线系统以及高科技过滤器和使贻贝难以附着在表面的涂料。在斑驴贻贝跃过大陆分水岭之后 7 年多的时间里，威利特表示，他相信这些设备的组合将使西部人能够保持水的流动，但在未来几十年里，这将耗资惊人。

"有很多机会在管道中控制它们，[10]"威利特说，"但是我不知道如何根除它们，也无法在公共水域中控制它们。"

要给国家最终所遭受的损失贴上一个准确的价格标签是不可能的，它已经在向数亿美元迈进了。在米德湖发现第一只斑马贻贝的 7 年后，仅南加州的大都会水务局（Metropolitan Water District of Southern California）就报告说，他们已经花费了近 5 000 万美元来对付这种虫害。该公司的经理们甚至拆除了价值 20 亿美元的钻石谷水库（Diamond Valley Lake Reservoir），该水库于 1999 年建成，用于为南加利福尼亚州的科罗拉多运河系统提供备用水。水资源管理者现在正在用管道从加州北部未受斑驴贻贝污染的水源运水，但如果这个水库也遭受贻贝的干扰，那么管理者预计每年将花费约 200 万美元来维持水的流动。

贻贝尚未进入太平洋西北部的哥伦比亚河流域，该流域的面积比科罗拉多河流域还大。贻贝对西北地区的经济威胁更大，因为哥伦比亚河

米德湖畔的标志

图中英文意为：请务必在发动前清理并晾干你的船只，不要携带一只贻贝。

和蛇河沿岸有庞大的水电大坝网络，该地区还投入了数十亿美元，试图通过水电大坝改造、栖息地修复项目和孵化场项目，来恢复陷入困境的鲑鱼群。太平洋西北地区的政治家和他们来自加拿大西部地区的同行们认为，贻贝的一次入侵可能使该地区每年总计损失高达 5 亿美元。

这对五大湖附近的居民来说并不意外，贻贝入侵造成的损失已经攀升到数十亿美元。然而在许多方面，中西部人已经学会了忍受灾难。他们已经习惯了高昂的水电费以及在游泳时穿鞋。他们在杂货店和餐馆购买外来农场养殖的罗非鱼和鲑鱼，而不是当地的湖鱼。他们堵住鼻子，耸耸肩，离开被贻贝引发的腐烂海藻污染的海滩。大多数人从来不会去想这一切的原因，如果他们真的这么做了，那么他们所付出的代价还是有价值的。

如今，西部地区也面临着类似的威胁，他们不愿认为把贻贝运到新水域只是偶然事件或是做生意的不幸代价。

他们认为这是重罪。

* * *

亚利桑那州南部犹他州鲍威尔湖附近的机场有一个巨大的黄色标志，让与枪支、易燃液体和牙膏凝胶有关的所有安全警示都相形见绌。候机楼外的海报上写着："不要携带贻贝，现在这是法律。"

随着各州立法机构对通过携带生物造成污染的航运公司采取更严厉的措施，这一信息在西部各地的广告牌上反复出现。如果在五大湖地区实施这一措施，可能会导致海外航运业务破产。像怀俄明州、犹他州、亚利桑那州和加利福尼亚州都有明确的法律规定禁止非法拥有斑马贻贝或斑驴贻贝，执法人员对任何意外将它们运送到州外的人几乎没有同情之心，因为这被认为是犯罪活动。

任何地方抵抗贻贝的战斗都没有鲍威尔湖凶猛，尽管地处偏远，但鲍威尔湖每年吸引约 300 万的游客。米德湖是一个更大的水库，比鲍威尔湖吸引了更多的游客，但这主要是因为它靠近拉斯维加斯。鲍威尔湖距离拉斯维加斯有将近 5 个小时的车程，离凤凰城（菲尼克斯）还有 4 个多小时的车程，但它是美国最受欢迎的划船目的地之一，因为它有着超凡脱俗的红色岩石峡谷和充满鱼的水域。

生物学家甚至在贻贝入侵下游 370 英里的米德湖之前就已经知道，鲍威尔湖在全国范围内受到船夫和垂钓者的欢迎，这使得它特别容易遭受入侵。1999 年，美国国家公园管理局的工作人员对湖中一个码头停车场的拖船进行了调查，发现有 70 多辆车来自己知贻贝出没的州。

"这表明存在相当大的风险。[11]"鲍威尔湖国家公园管理局的水生生态学家马克·安德森（Mark Anderson）告诉我。第二年，公园管理人员开始询问游客，他们的船在过去 30 天内是否出没于贻贝泛滥的州。如果是这样，他们则会对渔船做进一步检查，必要时，用温度为 60℃的贻贝烹饪法对其进行高压清洗，以消除污染。

然而管理人员担心一些船只可能借助船只自愿检查计划蒙混过关。2002 年，当安德森向码头工人介绍来自俄亥俄州、密歇根州和威斯康星州的船只所带来的危险时，这些担忧变成了恐慌。

"嘿，"其中一位码头工作人员大声说，"我们刚刚处理了来自威斯康星州的一艘船。"安德森停止了讲课，并与学生一起登上码头，他把这个时刻变成了一个需要亲自动手诊断的好机会，以便学习如何在船体上搜寻贻贝，在这期间他感觉到水线以下有明显的波动。

他接到电话，很快就联系上了位于密尔沃基密歇根湖沿岸约 30 英里处的蓝白相间的克里斯工艺（Chris-Craft）船只的船主，这条船被命名为"维吉尼亚"（*The Virginian*），原来停靠在威斯康星州的拉辛港。结果发现，这艘最近被科罗拉多居民购买的船，在鲍威尔湖下水之前已经出海 9 个月了。这种滞后意味着，在这艘船抵达鲍威尔湖之前，附着在船底的葵花籽大小的贝壳早就死了，但公园管理局的官员们还

鲍威尔湖是一座人造水库和热门的划船目的地，目前正处于对抗"海洋性病"——入侵贻贝的前线

是认真对待了这一生死攸关的时刻。

第二年，鲍威尔湖的船只自愿检查计划成为强制性要求。检查站设置在船用斜坡道附近，要求用热水对被认为是高风险的船只进行消毒。就在亚利桑那州、内华达州和加利福尼亚州附近的水库因贻贝泛滥成灾时，在鲍威尔湖定期采集的水样中，DNA 痕迹和微小贻贝后代的痕迹依然清晰可见。这可能不仅仅是运气的问题；2010 年，公园管理局的工作人员检查了 1.5 万艘船只，并下令对其中 5 000 艘进行消毒。他们还发现，在这些船只能够在鲍威尔湖下水之前，已经有 14 艘船布满了贻贝。

到 2012 年，这一数字已跃升至逾 2 万次检查和 6 000 次船舶消毒，根据船只的大小，这一过程可能需要 6 个多小时。同年，威斯康星州的船夫德怀特·雷格尔曼（Dwight Regelman）在亚利桑那州佩奇镇的鲍威尔湖镇行驶时，把车停在了犹他州境内。雷格尔曼受雇驾驶一艘 70 英尺长的"嘉年华女王"号（Fiesta Queen）游轮，从内华达州的劳克林镇胡佛大坝下驶向萨斯喀彻温省的萨斯卡通，当时他正在等待犹他州骑警的护送和其他犹他州的交通许可，这时一群野生动物保护官员出现了。他们登上了"嘉年华女王"号，找到了他们想要的东西——几十只斑驴贻贝。他们问雷格尔曼是否知道他正在非法将斑驴贻贝运到犹他州。雷格尔曼说，他从来没有听说过斑驴贻贝，而且当他在劳克林把这艘船从水里拉出来的时候，他已经对此进行了消毒。一名军官邀请雷格尔曼到他的车里"参观"，然后告诉他，他首先需要给他读一些卡片上的内容。

"我之所以要这么做，[12] 是因为你还没有离开的自由，所以我需要给你读一下来自米兰达的警告，我敢肯定你已经听过 1 000 遍了。"这名警官用一种蹩脚的语调说，从他那天的录音中可以清楚地听出来。

雷格尔曼在后来的一次采访中告诉我，他认为在他从威斯康星州将船拉出来之前，已经完成了法律所要求的所有事情。他给他要经过的所有州打了电话，以了解他们的贻贝法规，尽管他发现这些零零碎碎的法律让人摸不着头脑，但他只剩下一样东西可带：在贻贝横行的水域中停泊了多年的"嘉年华女王"号游轮，且必须在它进入航道之前进行彻底的清洗。

他向亚利桑那州布尔黑德市的一家专门从事汽车、卡车和房车的清洁工作的公司支付了 125 美元，为"嘉年华女王"号游轮提供了一次彻底的洗刷。然后他前往加拿大。雷格尔曼说："我们被告知必须对其进行压力清洗，这就是我们所做的。我们搜集了尽可能多的信息，然后离开了。"

犹他州野生动物管理局的官员在路边对其进行了审讯，但并没有给他留下很深的印象。"当你们把游轮拉出来时，你有看到贻贝吗？"一名官员问雷格尔曼。

"哦，是的，上面有一些。"雷格尔曼回答。

"然后你们对贻贝进行了消毒，"该官员说，"在那之后你看到了什么？"

"嗯，"雷格尔曼答道，"我们四处寻找，发现了一些，因为在那之后还有一些。不是很多，但是……还有一些。"

犹他州的法律禁止在该州运输斑驴贻贝，不论它是死的还是活的。违规者将面临数千美元的罚款和监禁。这位军官要求雷格尔曼和他一起绕着"嘉年华女王"号游轮检查。轮船上到处都是贻贝，这一点对雷格尔曼来说并不感到吃惊，特别是对于这样一艘大船来说，从抽水马桶到发动机冷却再到空调，所有的一切都需要河水。

雷格尔曼告诉军官："如果你要确保里面没有任何东西，那么你基本上不得不放弃船只或者彻底拆解它。"

这位官员没有表示异议。最好的办法是让雷格尔曼回到威斯康星州，而犹他州的野生动物官员将"嘉年华女王"号游轮"关入监狱"——在高地沙漠隔离区隔离 30 天。大约一个月后，雷格尔曼回到犹他州，继续向北航行，将这艘经过净化的船交给萨斯喀彻温省的新船主，在那里它被重新命名为"草原玫瑰"号（*Prairie Rose*）。雷格尔曼回到威斯康星州，他说直到第二年，犹他州的律师们开始打电话问他是否需要法律代表时，他才开始考虑这件事。原来已经发出了对他的逮捕令。"我们被指控运送非法物种。罚款 5 000 美元，"他说，"还被判一年监禁。"

他被要求认罪，并支付 5 557.34 美元作为对渔船进行净化和隔离的赔偿。和解协议要求不判处监禁。雷格尔曼认为这是不合理的。

他真的把问题最小化了，肯特·伯格拉夫（Kent Burggraaf）曾为犹他州凯恩县提起诉讼。他在自己狭窄的办公室里翻阅法庭文件时告诉我，他的办公室位于犹他州沙漠小镇卡纳布，距离鲍威尔湖以西约50英里（约合48千米）。"他认为这没什么大不了的。嗯，犹他州的立法机关通过了一项法律，这是一件大事。"

雷格尔曼最终同意认罪并支付4 500美元的赔偿金。该案在2014年初得到解决，伯格拉夫表示，如果雷格尔曼在犹他州一年内不惹麻烦的话，那么惩罚将被撤销。雷格尔曼表示，他的实际损失包括惩罚期间所消耗的时间、工作人员、设备的费用以及所有旅行的时间，总计约3万美元。他说，他能够理解阻止入侵物种扩散的法律，但他说，这些法律必须是合理的。

伯格拉夫和其他西部执法官员认为，不合理的是容忍哪怕是一个新的水体受到污染。伯格拉夫表示，他同样会起诉其他任何将斑驴贻贝——不论是死亡还是活着的，带入他所在州的人。他对我说："这项法律仍在制定之中，在它实施之前，人们需要净化环境。我们正试图阻止贻贝蔓延。"

当他告诉我这件事的时候，我突然意识到，就在我去西部旅行的前一天，一位渔业生物学家送给我两个死贻贝标本作为纪念品。前一天晚上，我把它们放在我的老花镜盒里，直到在伯格拉夫办公室的那一刻，我才再次想起这件事。

毫无疑问，如果我把放在他书桌旁边的背包里的东西告诉了他，我自己也有被逮捕的危险。

* * *

为了防止贻贝在西部进一步扩散，人们展开了激烈的斗争。然而，内华达州的米德湖，而不是五大湖，最让西方政客愤怒。

一些人希望国家公园管理局的米德湖"零号病人"（Patient Zero）的运营者们通过对每艘离开米德湖的船只进行净化来减缓这场灾难。

然而，在一个繁忙的周末早晨，所有横跨 550 英里海岸线的湖船都要等上 3 个小时。穆尔（Moore）说，想象一下，如果数千艘返回坡道的船只都被要求用超高温高压清洗消毒，那么离开湖泊的队伍可能会持续数周。也就是说，这几乎肯定会失败。

穆尔回忆说，米德湖的一位清理贻贝的志愿者专家曾教过一节课，内容是如何对船只进行适当的热清洗。志愿者们在船上花费了几个小时，然后在干燥的陆地上过夜。第二天，有两只贻贝显然是用它们的一只脚从裂缝里爬了出来，而且是在光天化日之下，就在前一天宣布没有贻贝的船壳上。

"你不能把每只贻贝都清理掉，[13]"穆尔对这一荒谬的做法摇了摇头，好像他被要求背诵前一年每个米德湖游客的名字一样，"你就是做不到。"

其他人则建议在允许他们离开之前先将船只隔离一个月，包括湖上常见的巨型游艇。"这不像你可以说'我们要扣押这条船，30 天后返还'那样，"穆尔说，"你必须把所有东西都列在清单上，包括刀、杯子和叉子，因为你总是有可能把船还回去，而有人会说：'嘿，我的音响不见了'。"

穆尔说，其他人建议公园管理局将湖水排干，但摩尔说他的机构无权这么做，更不用说它可能让数百万人没有饮用水喝的事实。该计划还忽略了这样一个事实，即贻贝仍然会聚集在大坝的下游和所有下游水库的一侧，并且可能仅仅因为启动一艘受污染的船只就会使得湖泊再次受到污染。还有一项建议，是应派遣志愿潜水员将贻贝从湖中找出来。

但也许最疯狂的想法来自经营胡佛大坝的垦务局的领导。2009 年初，时任水利局区域主任的洛里·格雷（Lorri Gray）为大坝下游灌溉用水受到威胁的农民感到不安。"他们最不需要的，"她说，"就是另一项运营和维护成本或负担。"[14]

这让她有了更多的想法。她认为引进一些以贻贝为生的黑鱼是一个好主意，这种鱼是目前在密西西比河流域发现的 4 种入侵的亚洲鲤鱼之一，这些鲤鱼是通过芝加哥环境卫生和航行运河进入五大湖的。"这可能是好事，也可能是坏事，"她告诉我，"但这是我们愿意探索的东西。"

这个想法没有任何结果，但贻贝的情况却并非如此。

在接下来的几年中，试图保护鲍威尔湖上游的官员写了 1 200 多篇引文。即使是当地居民，每个人都知道他们只在鲍威尔湖上划船，罚款 2 500 美元也很常见。鲍威尔湖的生物学家安德森说，每艘船都得到了相同的待遇，无论是价值 100 万美元的漂浮豪宅还是私人游艇。他记得在强制检查开始后不久，他坐在家里听停车服务电台（Park Station），听到一名员工说她要送一个家庭去消毒站，因为他们有几艘需要冲洗的小型船只。真的很小。"他们送来了捕获的贻贝，"安德森告诉我。他露出像排长一样的骄傲神情，仿佛在谈论他的一位年轻士兵在战斗中的表现，"我想：'是的。现在他们明白了。'"

2012 年，公园工作人员已经对 38 艘船进行了隔离，但不知为何，在这条线路的某个地方，当时有证据显示，尽管进行了所有的检查、净化、法庭诉讼和罚款，但至少有一艘船溜了进来，污染了湖水。

生物学家没有拿到贻贝壳来证实这一点，但水样显示存在微小的面盘幼体，能够检测出贻贝 DNA 痕迹的遗传取样结果也呈阳性。然而，尽管这些实验结果令人担忧，但科学家们从未发现成年贻贝的聚居地。2013 年 3 月，一名当地商人在一艘刚从鲍威尔湖打捞上来的船上工作，他打电话给国家公园管理局，报告说船体上附着了 4 颗可疑"炮弹"。这些可疑的贻贝已经潜入，并且它们总是伪装成别的东西——一种不同类型的本地贻贝、一只蜗牛或一些不可识别的贝壳碎片。"我原以为它是众多贻贝中的一种，"安德森说，"但是，毫无疑问，它们是斑驴贻贝。"

美国国家公园管理局在贻贝闪电战中召集了 36 名潜水员，对这艘船进行了彻底搜查，并将船舶停放在受感染的船只区域。4 天后，潜水员带回来的贻贝数量只有 235 个，小到指甲大小，大到镍币大小。但是在接下来的几个月里，随着安德森的船员观察得越多，他们发现得就越多。他们清点了每一个样本，直到 2014 年春季最终以失败告终，当时他们在一艘从水中打捞上来的船的底部发现了上千只贻贝。

"我们很失望，"几天后安德森告诉我，"真的，心烦意乱。"

那时安德森才刚刚开始理解，一旦在大陆另一边的预防物种入侵措施失败，无数代人将会陷入怎样的困境。

"如果一桶 55 加仑的石油泄漏到湖里，人们会想，这是多么可怕啊——但你必须记住，你只有 55 加仑。事情就是这样，"安德森说，"但是，如果你拿出 2 个贻贝并把它们放在一起，那么到处都会布满贻贝。"

美国犹他州鲍威尔野生动物部（Utah Division of Wildlife）的生物学家韦恩·古斯塔韦森（Wayne Gustaveson）也放弃了在 2014 年春季与贻贝的斗争。他继续努力，想弄清楚贻贝在湖中扩散了多远。当他意识到贻贝喜欢聚集在阴影笼罩的砂岩上时，他开始到处寻找贻贝。

古斯塔韦森带我乘船从阻挡鲍威尔湖的格伦峡谷大坝逆流而上，他指着一片露出水面的地方说那里看起来像是贻贝主要的栖息地。（果然，几十只入侵者在一块红色的岩石下攀爬，岩石悬在前一年还在水下的一段峡谷壁上。）

它们已经死了，完全风化了，但古斯塔韦森认为沿着绵延数百英尺的峡谷壁，在吃水线的正下方，即使没有数千只，也有数百只活的贻贝。他对该湖渔业的预测并不乐观；他估计大概还有 15 年的时间，渔业就会面临五大湖式崩溃的风险。古斯塔韦森解释说，湖泊的食物链非常简单——浮游生物被鲱鱼食用，然后被引进的条纹鲈鱼食用，其中鲍威尔湖每年捕获 200 万条条纹鲈鱼。一旦贻贝消耗了足够多的浮游生物来降低鲱鱼的数量，这些条纹鲈鱼就会陷入困境。古斯塔韦森已经在考虑要设计一个新的生态系统了。他希望找到一种能够吃贻贝的鱼，并且可以成为条纹鲈鱼的食物来源，或者其他对垂钓者更有吸引力的物种。

古斯塔韦森说：“当贻贝占领湖面时，我会尽我所能恢复食物链的完整。”[15] 他闷闷不乐地从峡谷壁上拣起贻贝，好像它们是毯子上的毛刺一样，而毯子一直延伸到地平线。

＊　＊　＊

2014 年，在拯救鲍威尔湖免受斑驴贻贝侵扰的斗争中，公园管理局输掉了比赛。之后，公园管理局曾短暂地考虑过要求离开水库的船只进行去污染处理，以防止它成为另一个入侵其他湖泊和水库的基地。但是就像米德湖一样，考虑到鲍威尔湖每年要接待数百万的游客，这是一项不可能完成的任务。相反，公园管理局的工作人员要求游客在离开湖泊后自行去污，这是一个昂贵而耗时的过程，至少有些人肯定会在没有人关注时溜掉。

现在在内华达州、亚利桑那州、加利福尼亚州和犹他州建立的贻贝前线已经向北推进。2014 年初，华盛顿州执法人员正准备对两名拖着布满贻贝的船只越过州界线的人提起重罪诉讼。2013 年，爱达荷州的监管机构在州高速公路上拦截了 43 778 艘船只，所有被拦截船只的行动都是为了抓住那 12 艘实际上载有贻贝的船只。这意味着超过 99.99% 的拖车船对爱达荷州来说并不是问题。

这是一个类似航道运营商夸耀的数字，它要求海外货轮在压载水进入五大湖之前用大洋中央的盐水冲洗它们的压载舱。航运业认为，要求冲洗压载舱使得每加仑压载水减少 98%～99% 或更多的活生物体是成功的；爱达荷州的监管机构对其 99.99% 的数据持不同看法。他们的原则是，即使有一艘船未接受检查，也足以输掉这场战斗。这就是为什么爱达荷州的检查人员在第二年春天又回到了高速公路检查点，这也是为什么到2015年，他们已经拦截并检查了26万艘船只的原因。这是一项昂贵的事业。总的来说，西部各州每年大约花费2000万美元来阻止水生入侵物种的传播。

然而，防止贻贝侵袭哥伦比亚河流域的斗争是注定要失败的，在任何一年，都有成千上万的船只沿着成千上万英里的道路驶向数不清的无人看守的船坡道。试图找出每一艘受感染的船只，就像试图从一个被感染的地区徒手抓苍蝇一样困难。当然，关键是首先不要让那些苍蝇飞进门来，这就又把我们带回了圣劳伦斯航道。

尽管五大湖的海岸线长达1万多英里——比美国的太平洋和大西洋海岸线加起来还要长——该地区处于阻止生物入侵的独特位置，这是基于一个令人难以置信的地理事实：每一艘从东海岸驶入湖区的海外货船都必须经过一个狭窄的通道，即圣劳伦斯航道的第一个船闸，它有80英尺宽。这比一些繁忙的城市街道要宽一些，比本垒和一垒 *之间的距离要窄一些。米德湖的船坡道更宽一点。

在这扇门上安装一个屏幕，下一个航行问题就解决了，这对五大湖、对整个大陆来说都是如此。然而，在海上长达9个月的航运季节里，这扇门基本上每天都向海外货船敞开，天知道它们的压载舱里装的是什么。

虽然每一艘海上船只都会被拦截，但西部野生动物官员和海上检查员的区别在于，海上检查员实际上并不是在寻找入侵物种，他们只是在测试一艘船的压载舱的盐度，以确保船长遵循要求用海洋中的盐水冲洗压载舱以驱逐或杀死尚未入侵湖泊的外来物种，联邦生物学家

---

* 棒球比赛中的防守据点。——译者注

已经确认仍可能会存在数十个物种入侵的现象。

　　海路管理人员和航运业倡导者认为，这些盐度测试与新法规相配合，最终要求所有进入美国海域的海外船只安装压载水消毒系统，这些措施足以阻止新的入侵者。然而，考虑到开发和安装这些设备所需的时间和费用，在所有驶入美国海域的船只都需要使用该处理系统之前，可能还需要 10 年的时间。因此，在可预见的未来，对湖泊以及整个北美来说，盐度检查仍然是最后一道防线。

　　但是，现在有其他工具可以确定一船的麻烦是否正在通过海道船闸。例如，一些特定的基因标记已经被开发出来，用来识别一些研究人员认为是入侵美洲大陆的主要候选生物，这意味着压载舱可以被筛选出来以抵御这些入侵者。

　　目前，在进入海道的船只上使用这种 "eDNA" 采样技术，但与圣母大学研究小组用来追踪亚洲鲤鱼扩散的技术同样存在问题。水样的处理可能需要数周的时间，而一个呈阳性的结果并不能揭示那些丢失其遗传物质的物种是否还活着。尽管还处于研究中，但它可以让海上作业人员更好地了解压载舱潜在的问题。

　　但这条海路的美国航海人员对定期检查抵达船只的 DNA 不感兴趣。

　　"我认为 eDNA 采样技术正在兴起。[16]据我所知，研究人员正在取得进展，"副海事管理员克雷格·米德尔布鲁克（Craig Middlebrook）说，"但是这意味着明天我们就会去实施它吗？我们现在还没有这个打算。"

　　航道管理处不会利用 DNA 开展测试，这对船夫雷格尔曼来说毫无意义。"见鬼，他们给我的嘴进行了 DNA 检测，"他告诉我，并解释说，他在犹他州认罪协议中被要求用口腔拭子（一种基因检测的采样工具）进行犯罪背景调查，"我相信你可以登上其中任何一艘船，找到入侵物种——任何一艘船。"

特别是在 2013 年进入航道的 371 艘海外船舶中，有 47 艘船的测试结果显示压载舱或其他水箱不符合所要求的盐度标准。那些船只的船长不得不承诺，在五大湖区期间不会从这些压载舱排放任何水。然后他们将压载舱密封起来，以便检查人员登上驶离湖泊的货船时，他们已确保履行了相应的承诺。但对于一个违背承诺的船舶经营人来说，到底付出了怎样的代价呢？海路官员在 2014 年报告称，自相关规定实施以来，这种情况只发生过几次，最高刑罚是民事罚款 36 625 美元，不过在 2011 年，唯一一次非法排放被罚款 3 000 美元。2010 年，一名从墨西哥航行而来的船长违反了承诺，被处以同样数额的罚款。2014 年，海路官员告诉我，这是首次违规的典型罚款。

3 000 美元。

当我告诉鲍威尔湖生态学家安德森这一点时，就在他和他的工作人员最终放弃了为阻止斑驴贻贝进入鲍威尔湖而进行的长达 14 年、耗资 750 万美元的斗争的几天后，他对我眨了眨眼。他不明白，那些能够排放数百万加仑潜在污染水的船只，怎么可能被处的罚款比当地湖边一个检查站附近的水上摩托艇还要少。他的眼神又一次看起来像排长——他知道自己刚刚派遣的"部队"执行的战斗任务是毫无意义的。

3 000 美元吗？

"为了这个，我们正冒着这些贻贝到处蔓延的风险？"他张大嘴巴问道。

"哇！"他边说边慢慢地摇了摇头。

两年后，水管设计人员已经开始担心斑驴贻贝也将会破坏建造一条 140 英里长的新饮水管道的计划，从而加剧犹他州南部圣乔治的人口激增问题。而生物学家古斯塔韦森想知道他湖中的条纹鲈鱼种群能否在这 10 年中存活下来。这正是在五大湖区发现的三波确切的入侵，接着是供水问题，然后是迫在眉睫的生态混乱。

第 7 章

北美的"死"海

——毒藻对托雷多供水的威胁

有湖泊，才有五大湖；有沼泽，才有大黑沼泽（Great Black Swamp）。[1] 19 世纪初，虽然阿巴拉契亚山脉以西的移民点横贯整个大陆中部，但在 1803 年俄亥俄获得州地位后的几十年里，伊利湖西端的一片沼泽即使可以通行，也在很大程度上仍处于不稳定状态。静水下面是一层流沙似的黑泥，上面是不透水的黏土床。在这片冰封的沼泽深处，长出了一片片茂密的白蜡树、梧桐树和榆树，这些树木又高又密，足以遮挡夏天的阳光。枫树、山胡桃树和橡树在干燥的地区拔地而起，树冠上的落叶纷纷散去，一片片草缠成一团，紧紧地交织在一起，足以挡住一支军队的去路。

大黑沼泽曾被称为美国"最荒凉、最不适宜居住"的小块土地（patch）。但是"patch"这个词可能用错了，它的面积几乎有康涅狄格州那么大——是大沼泽地国家公园（Everglades National Park）的两倍大。

沼泽的形状和大小随着季节、降水模式和伊利湖水位的变化而不断变化，从湖泊向西延伸到印第安纳州东部。在地图上，它的边界呈现出让人担忧的锯齿状。地面上的情况更加可怕，俄亥俄州的沼泽地充满了大猫、熊、狼、狼獾、老鼠和毒蛇。空气十分潮湿，水面上漂浮着成群的大得像大黄蜂一样的苍蝇和携带疟疾的蚊子。在 19 世纪最初的几十年里，这些蚊子经常给生活在沼泽边缘的为数不多的人带来致命的一击。幸存者们用这首悲伤的小曲来安慰自己："每天都有一次葬礼，[2] 没有灵车或者棺革；幸存者用裤子、外套和其他的东西把尸体存放在地面上。"

大黑沼泽是地理上的一个谜，以至于 18 世纪末期与美国交战的美洲原住民将它作为一个堡垒，因为他们相信，追赶他们的那些软弱无力的士兵没有兴趣也没有能力闯进去，更不用说出去了。疯狂的安东尼·韦恩（Anthony Wayne）将军（印第安纳州韦恩堡就是以他的名字命名的）带领他的军队攻城略地。这算不上什么胜利；第二年，韦恩在 1795 年签订的《格林维尔条约》（*Treaty of Greenville*）中将这片沼泽归还给了昔日的敌人。

沼泽并不是殖民者可以与自然和谐相处的地方，所以它注定是一个他们要么留给自然，要么从自然中拿走的地方（他们把它割让给了美洲原住民）。如果不是因为这片沼泽位于移民从东部流向密歇根州肥沃的土壤和茂密的森林的移民路线的中间，那它很可能会留给自然。建于 1820 年的第一条公路很快被废弃了，变成一堆无用的泥巴。后来，一条用圆木搭成格子结构的公路仍然泥泞不堪，以至于在克利夫兰和底特律之间的陆路旅行只有在冬天结冰时才能进行。即使在那个时候，沼泽旅行者也不能保证他们能到达对岸。这是 1838 年一个人关于他穿越泥泞深渊的经历的描述：

　　我们刚动身，马车就离开了原来的轨道，[3] 冲破了冰和泥，我们的前轮完全在路面以下行驶。这是一个警告，我们从这个泥洞里爬出来以后，就避开了其他的泥洞（这个是沼泽里的淤泥），我们自己也躲避了事故，尽管我们在路上的每一步都被迫目睹了它带来的麻烦和它的标志景象。每隔几根杆子，就能看到有人撬出一辆马车或其他车辆的残骸。在这条路上，许多马被杀，一些人受了重伤。当霜冻出来的时候，特别是在春季和秋季，这是一个完整的泥洞……直径大约有 30 英里。

即使是这样一条穿越沼泽的短暂通道，也需要在道路两边挖一条大沟来疏通积水。不久，居住在沼泽边缘社区的居民就意识到，他们中间的大片荒地也可以用更大的沟渠来排水，这样就可以把水引向附近的河流，包括流经今天托莱多市中心的莫米河。农民觉察到这是便宜而肥沃的土地，于是他们很快就用铁锹和锄头把沼泽填满，建造了一个由沟渠和地下黏土管道组成的庞大网络，称为排水沟，这些管道最终会让沼泽干涸，成为田地。

这项工程始于 19 世纪中叶，到了 19 世纪 80 年代，随着当地发明的牵引挖沟机的出现，工程的进度加快了。这是一种由蒸汽驱动的奇妙装置，它砰砰地穿过沼泽地，以惊人的速度在沟渠里挖地沟，最终有 1.5 万英里长的人造水道将这些旧沼泽地填满。"这里的人们把黑沼泽地视为敌人，[4]"在 20 世纪 80 年代初期来考察的一位历史学家说，"他们征服了它。"

20 世纪初，这片沼泽被征服后，留下的是美洲大陆上最肥沃的土壤之一，因为在数千年的生命、死亡和腐烂过程中积累起来的营养物质从来没有机会流失。今天，莫米河流域是全球耕地最密集的地区之一。该流域占地 400 多万英亩，其中约 300 万英亩是农田。如果你今天驾车穿过这些古老的沼泽地，这里曾经是鲟鱼洄游、蛇爬行、昆虫嗡嗡叫的地方，你将会看到绵延数英里、笔直如拉链般排列的玉米，如今它们已深深扎根于伊利湖盆地的经济、文化和景观之中，甚至许多当地人都懒得去想它们曾经是什么样子。

问题在于，挖掘沟渠打破了它原始的面貌。在某种程度上，它也破坏了伊利湖。从生态角度来说，大黑沼泽的淤泥和静水根本不是荒地。这是伊利湖的肾脏，一个巨大的过滤系统，当它们到达伊利湖时，把从土地上冲刷下来的浑浊的雨水变成了纯净水。取而代之的是一个排水器官，它的功能正好相反，由管道和沟渠组成的巨大网格将大量的垃圾直接排入湖中。

在整个 19 世纪末和 20 世纪，伊利湖遭受了巨大的损失，成为人类工业和农业废弃物的容器。但是，今天的情况更加糟糕，数百万英亩被破坏的湿地、农业肥料的过量使用、春季洪水的泛滥以及湖底被入侵的贻贝淹没，都促成了大规模的季节性有毒藻类的暴发，使得伊利湖的水变成了一种规模如此之大的海洋中似乎不可能出现的东西：毒药。

* * *

1831 年，在第一条排水沟建成后不久，法国历史学家和作家亚历克西斯·德托克维尔（Alexis de Tocqueville）乘船穿越伊利湖，越过沼泽的森林，沿着底特律河进入休伦湖。在那里，他竭力想用言语来表达这一切的庄严："岸边还没有显示出人类走过的任何痕迹，[5]这片永恒的森林就在它的边缘；我向你保证，所有这些不仅仅体现在诗歌的描述中；这是我一生中看到的最不寻常的景象，"26 岁的他写信给他的父亲，"这些地区虽然只是一片广阔的荒野，但将成为世界上最富有和最强大的国家之一……什么也不缺，除了文明人，而这些文明人已在门口等候。"

他真幸运，这次旅行不虚此行！[6]仅仅 3 年后，克利夫兰就开设了第一家注册制造工厂——凯霍加蒸汽炉有限公司（Cuyahoga Steam Furnace Co.），该公司雇用了大约 100 名工人，到 1850 年，该地区的人口将接近 5 万人。19 世纪 60 年代，在德托克维尔第一次驶过伊利湖之后不到 40 年，克利夫兰的凯霍加河的污染变得严重，已经很容易燃烧，到了 20 世纪中叶，伊利湖呈现出另外一种不同的风景。

瑟斯（Seuss）博士亲自揭露了 20 世纪下半叶所有五大湖区中最小和最脆弱的地区所遭受的全国普遍存在的尴尬。在洛拉克斯，有一个神秘的地方，人们哀叹着污染如此之严重，以至于"鱼用鳍走路，为了寻找一些不那么脏的水，它们感到非常疲倦"。

"我听说过，"瑟斯博士在他 1971 年的经典著作中写道，"伊利湖的情况和这里一样糟糕。"

瑟斯并没有为污染的凯霍加河哀悼。当时伊利湖的问题远比消化人类和工业产生的污染要严重得多。这个湖有 240 多英里长，约 60 英里宽，由于湖泊足够大，足以使凯霍加的毒浪在很大程度上呈现一种局部现象。想想布朗克斯区的一个长期受污染的城市沙滩，再想想长岛湾几英里外价值 1 500 万美元的海滨住宅，或者想想印第安纳沙丘国家湖岸，这是一条长达 15 英里的美丽的密歇根湖游泳海滩，每年吸引 200 万游客，它位于印第安纳州工业重地加里以东 15 英里处。

瑟斯谈论的是一场规模更大的环境灾难，并不是生物污染开始从排放污染压载水的海船流向湖泊；大约 20 年后，入侵的贻贝才开始在湖中扎根。

不，瑟斯当时哀叹的，是一个湖泊中含有过量的营养物质，而这些营养物质对生命来说就像阳光一样重要。在伊利湖水域处于原始状态时，已经准备好维持丰富的藻类，而藻类正是伊利湖食物链的基础。它是五大湖以南最温暖、最浅、最遥远的地方，自然承载着生命的基石，其中包括碳、氧、氢、氮、锌、铜、钙和硅，这就是为什么伊利湖仅占五大湖总水量的 2%，却拥有五大湖 50% 的鱼类。

但是这种生物的丰富性使得伊利湖特别容易受到被称为"人为富营养化"的疾病的困扰，这是一种由于人类活动过量施用农业、污水、草坪肥料等导致池塘或湖泊中的营养物质过剩，从而导致藻类激增、其他水生生物窒息的现象。这种情况最终会毁掉一个湖泊。随着时间的积累，一片水体可以被所有死亡的植物和动物所包围，最终它会变成一片沼泽，被它赋予生命的所有东西所杀死。这种从池塘到沼泽自然发生的过程被称为富营养化；人为富营养化不可估量地加速了这一进程，就像往火上扔汽油一样。在伊利湖这样么大的湖泊上，人们对富营养化最直接的担忧，是营养过量使得藻类过度繁衍，以至于不可避免地腐烂，这会消耗很多氧气，最终几乎没有任何物质能够生存。

从历史上看，伊利湖藻类生长与消耗藻类的大型生物保持平衡的原因是湖水中自然流出的少量但稳定的磷。伊利湖和其他五大湖中的磷是生物学家所说的植物生长的"限制因素"；增加磷的含量，可以将藻类的产量提高到如此大的程度，以至于其消耗氧气的过程会产生巨大的"死亡区域"，覆盖数百甚至数千平方英里。

这就是 20 世纪 60 年代后期发生的事情，当时人们开始把伊利湖称为"北美死海"，而不是"大湖"。

* * *

自然界中并没有游离态的磷存在，它广泛分布在岩石中，随着时间的推移，会渗透到像氧气一样渴望它的生物世界中。每个活细胞都需要磷，用于诸如能源生产和储存、DNA 复制和组织生长。它在像单细胞藻类这样简单的生物体中循环，也在像人体一样复杂的生物体中循环。人体是由数万亿细胞组成的，它们共同携带着近 2 磅的磷，大部分存在于骨骼、牙齿、大脑、肝脏和肌肉中，小部分存在于肾脏、肺和皮肤中。但是，人类通过饮食摄取的磷比身体实际需要的要多，因此会不断地将它排出体外，主要是通过尿液。1669 年，汉堡一位名叫亨尼格·布兰德（Hennig Brand）的炼金术士首次从尿液中分离出元素周期表上的 15 号元素。

布兰德通过煮沸一桶桶的尿液，直到只剩下一种结痂的残留物，才发现了这个现象。然后，他把火焰放在一个盛有浓缩尿液的玻璃器皿的下面，直到玻璃器皿里充满了发光的烟雾。从那个容器里滴出一种液体，当它接触到空气时就会燃烧起来。

另一件玻璃器皿中也捕捉到了这种火辣辣的液体，带有浓重的大蒜味。火焰平息下来，液体凝结成一个白色的蜡状物，在它的表面上，凉爽的、淡绿色的火焰似乎连续跳了好几天。

布兰德以前是一位军人，几乎没有接受过正规的医疗[7]或科学训练，但他的自我意识非常强烈，坚持要别人称呼他为博士先生（Herr Doktor），称他的发现为"磷"，而"磷"在希腊语中大致的意思是"带来光明的人"。

他确信他的玻璃器皿里装的是"哲人之石"，炼金术士认为这是一种可以将轻金属转化为金银的神秘物质。事实证明，他的发现并不能使铅发光。因此，他那闪闪发光的金块带来的只是一种激发戏迷们好奇心的道具，令他们惊叹不已，并激起炼金术士同行们的嫉妒，他们不明白对手是如何获得这种神奇的物质的。

竞争对手的实验人员最终学会了如何生产自己的磷，并且在一个世纪之内，这种元素变成了人类和动物的骨骼和牙齿的原料。后来，富含磷酸盐（一种含磷的盐）的岩石被开采和加工，医生们开始相信磷酸盐可以治愈从痉挛到结核病、抑郁症、酗酒、癫痫、霍乱以及牙痛等所有疾病——事实上这些都是不能的。

但是随着时间的推移，事实证明，磷确实成了一种致命的老鼠毒药，一种惊人的可燃性火柴，一种拙劣的战场毒气，并且在历史和命运的不可思议的转折中，一种邪恶的燃烧弹在第二次世界大战中被盟国投在了汉堡，杀死了成千上万的德国人，而汉堡却是磷的故乡。

对伊利湖来说，不幸的是，这种矿物的混合物也有一些和平的用途。

科学家们估计，大约在 1800 年前后，也就是运河建造者将伊利湖建成人类暴发地的 25 年前，每年大约有 3 000 吨磷被排入湖中。它从岩石、土壤、腐烂的植物和动物身上渗出来。它还以雨滴的形式从天而降，通过捕获了空气中微小的磷粒子。到 20 世纪 30 年代，该湖的年磷流入已攀升至 1 万吨。到 20 世纪 60 年代末，每年约有 2.4 万吨磷流入湖中。

有些来自贫穷或者没有污水处理设施的地区——一个成年人每年排泄大约 1 磅磷。

其中一些来自牲畜粪便，农民们大多在这片曾经是大黑沼泽的土地上劳作，这些粪便被用来补充农田土壤中微量的自然磷，这些土壤在几十年的农业耕作过程中耗尽了营养。后来，这些肥料的应用得到了扩大，在许多情况下，取而代之的是由富含磷的岩石制成的肥料，这些岩石由卡车和火车运入伊利湖盆地。

还有一些来自含磷洗衣皂。在第二次世界大战之前，美国的洗手盆里最常用的清洁剂是简单的肥皂，它只含有很少的磷。但在 20 世纪 40 年代末和 50 年代初，随着战争机器的装配线开始推出家用电器，渴望进入蓬勃发展的洗衣机市场的肥皂制造商开始在产品中添加磷，它有一种不可思议的能力，能把油脂和污垢从衣服上清除掉，而普通肥皂却做不到这一点。这种新配方非常成功，如果你在 20 世纪 60 年代买了一盒洗衣粉，那么你基本上就相当于买了一盒磷。汰渍（Tide）的含磷量为 12.6%，碧浪（Bold）为 11.8%，Gain 牌含量为 10%，而 Cheer 牌则少一点。到 1967 年，科学家们已经计算出，含有洗衣粉的废水每年导致约 12 500 吨磷流入伊利湖，约占整个伊利湖年流入量的一半，是伊利湖移民时代从地表流出的磷的 4 倍多。

将工作衬衫上的污渍去除花费了高昂的生物代价。过量的磷加速了伊利湖的富营养化，以至于 20 世纪 70 年代早期的科学家们估计，在过去 50 年里，这个有着 1 万年历史的湖泊又"老化"了 1.5 万年。他们计算出，从 1920 年到 20 世纪 60 年代中期，湖中漂浮的藻类数量增加了 6 倍，这一现象启发了 1969 年获得"皮博迪奖"（Peabody Award）的 NBC 纪录片《谁杀了伊利湖？每个人都做了，但每个人都否认这一点》（*Who Killed Lake Erie? Everybody did it. But everybody denies it.*）。两年之后，当瑟斯非常生气时，他坐下来写出了后来被描述为他最喜欢的书——《老雷斯的故事》（*The Lorax*）。[8]* 他在 10 年后说："我的目的是攻击我认为是邪恶的东西，任其自生自灭。"

在《老雷斯的故事》出版后的一年，美国和加拿大同意共同努力，控制排入湖中的磷。生物学家计算了每年从污水处理厂、工业和农业向湖中排放的磷量，然后计算出必须从这些废物流中去除多少磷才能使藻类恢复健康水平。研究这个问题的科学家们有信心解决这个问题，因为伊利湖每两年半就会排空并重新充满水，也就是所谓的水停留时间（water retention time）。（它的大部分水都是从密歇根湖和休伦湖流入的，而水被尼亚加拉河下游的湖水冲入瀑布或流入大海所抵消。）这意味着如果他们停止磷的过量排放，这些含有过量磷的水将在几年内流入海洋。

该协议于 1972 年签署，并在 10 年后得到更新。协议要求伊利湖每年的磷排放量减少一半以上，从平均每年约 2.4 万吨降至 1.1 万吨。

---

* 《老雷斯的故事》（*The Lorax*）描绘了一个叫"老万"（Once-ler）的人为了赚钱如何将一个人间仙境变成了一片荒漠的故事。——译者注

为完成这个任务付出了昂贵的代价，超过 80 亿美元用于污水处理厂升级，拥有该湖所有权的州和省也通过了降低肥皂中磷含量的法律，并花费数百万美元与农民合作，防止富含磷的肥料和粪肥从农田中渗出。

湖泊的复苏工程与 10 年前阿普尔盖特的七鳃鳗控制计划一样令人惊叹。正如预测的那样，随着磷流入量下降到目标水平，湖中的藻类总量减少了约 50%，并且在不到 20 年的时间里，该湖的名声从"北美死海"（North America's Dead Sea）转变为"玻璃梭鲈之都"（Walleye Capital of the World）。

实际上，这个湖的转变非常戏剧化，1985 年末，俄亥俄州立大学的两位研究生给西奥多·S·盖泽尔（Theodor S. Geisel）（又名瑟斯博士）写了一封信，请求他从《老雷斯的故事》中删除对伊利湖的令人痛苦的评价，并邀请瑟斯从他在圣迭戈的家到克利夫兰旅行，亲眼看见湖泊的复兴。

在 2014 年夏天，我联系了俄亥俄州立大学环境传播专业的名誉教授罗桑妮·福特纳（Rosanne Fortner），询问该校是否有这封信的记录。她告诉我，当时给瑟斯发的请帖显然已经不见了，但她确实给我寄了瑟斯 1986 年对请帖的回复，他在回复中表达了自己的歉意。1971 年，他在伊利湖拍摄了一张照片，他用一种明显的俄式男高音承认这张照片已经不在了。"您一定认为我非常无礼，因为我并没有回复您 12 月 6 日那封令人感到非常愉快的信。然而，错不在我。它是今天早上才到的，从纽约通过托尼快递（Tony Express）转寄过来的。这一切并不是特别的顺利，"瑟斯在纸上写道。

"尽管我不能接受你盛情的邀请前往克利夫兰，但我同意你的观点，即我 1971 年在《老雷斯的故事》中关于伊利湖状况的声明需要做一些修改。我现在不应该再对这湖水做任何负面的评价，经过公民和科学家的努力，这里显然已经成了可以让鱼类畅游的快乐家园。

"我可以向你保证，修改我文本的过程即将开始。不幸的是，这个过程就像净化湖泊一样，不可能一蹴而就。不受欢迎的语句将在以后的版本中删除。但是，现有的图书库存可能需要一年多的时间才能被书店消化。"

*　*　*

瑟斯履行了自己的承诺，于 1991 年去世。如果他今天还活着，他可能会气得把电话挂断。事实证明，伊利湖实际上并没有真正治愈它的藻类疾病。它们只是进入了缓解期。直到今天，湖泊的磷含量仍然达到了生物学家在 20 世纪 70 年代设定的目标，但是在 20 世纪 90 年代中期，大量的藻类开始神秘地出现，并且由此产生的死亡区域最终返回到与 20 世纪 60 年代和 70 年代初湖泊黑暗时期类似的水平。

像伊利湖这样的淡水水体中有许多种类的藻类，在合理的水平上，大多数藻类对湖泊生物是必不可少的。它们将阳光转化为碳水化合物，这些碳水化合物会被轮虫（轮虫的体型可小至 10^{-3} 毫米）等微小动物捕食，变成了能长到半英寸长的水蚤。然后浮游动物被小鱼吃掉，小鱼又被大鱼吃掉，最后浮游动物就进入了食物网。

但也有多种藻类，通常被称为蓝藻，它们并不是真正的藻类，而是一种原始形式的细菌，具有藻类一样的能力，通过光合作用吸收营养，并可能充满毒素，其中一些毒素对人类构成威胁。20 世纪磷流入量开始增加时，伊利湖上生长着一种特别讨厌的蓝藻——微囊藻。它含有剧毒，只要在它潜伏的海滩上游泳就会诱发呕吐、腹泻并使口周起泡。如果摄入足够的量，会引发肝功能衰竭。在美国还没有人因此死亡，但在 1996 年，巴西一家透析中心的公共供水系统因出现微囊藻而暴发的一场疾病导致约 50 人丧生。随着 20 世纪 70 年代和 80 年代磷的减少，伊利湖的磷含量急剧下降，但近年来它又卷土重来。2011 年的一次蓝藻暴发规模如此之大，以至于需要一颗卫星来追踪这个有毒的斑点，从太空看，它就像明亮的绿色的迷幻漩涡，映衬在深蓝色的湖面上。在高峰期，浮藻覆盖了伊利湖西部 1/5 的区域，约 2 000 平方英里的开阔水域，是之前记录的藻华面积的 3 倍多。它不仅仅浮在湖的表面，有些地方的海藻有 4 英寸深，黏糊糊的，以至于试图通过它的船只的马达都会受到影响。

两年后的夏天，伊利湖的湖水因微囊藻毒素变得非常糟糕，导致托莱多以东一个 2 000 人社区的供水中断，这一事件并没有引起媒体的注意，但当时被公共卫生官员认为是五大湖区的一个不祥时刻，这是第一次微囊藻暴发导致一个公共水处理厂被淹没。

这不会是最后一次。

近年来，伊利湖的微囊藻就像蒲公英的花和秋天的树叶一样变得可以预测，并与季节的节奏保持一致，于是我决定在 2014 年夏天去托莱多亲眼看看大黑沼泽以及曾经被保护过的伊利湖水域的情况。在这次为期 5 天的旅行中，我偶然发现了一个诱发自然灾害和公共卫生灾难的起因，这与这个国家在近代所经历的任何灾难都不同。

那个周一早上，我的第一站是托莱多大学淡水生物学家汤姆·布里奇曼（Tom Bridgeman）的实验室，他是研究伊利湖死灰复燃的藻类问题的专家。布里奇曼有一个尖尖的鼻子和一双深蓝色的眼睛，这让我想起了生物学家理查德·德赖弗斯（Richard Dreyfuss）在《大白鲨》中扮演的角色——胡珀（Hooper）。但是对于公众来说，布里奇曼追踪到的水下威胁比一条饥饿的鱼的威胁更大；毕竟大白鲨不会在人们的浴室里威胁孩子的生命。

布里奇曼的办公室位于托莱多以东的莫米湾州立公园西端，他的办公桌距离伊利湖海岸线不到几百码。我们穿过街道，来到一个被厚厚的淤泥所覆盖的海滩。淤泥是如此之厚，以至于从北方卷来的两英尺高的海浪还没来得及冲上海岸就被淹没了。腐烂的藻席并不是潜在致命的微囊藻。这是一种叫作鞘丝藻（*Lyngbya*）的黏稠混合物，自2006 年以来一直困扰着布里奇曼的海岸线。它看起来像腐烂的奶油菠菜，尽管科学家仍然不知道它是入侵物种，还是一个几十年来一直处于休眠状态的本地菌株，但他们都同意，这是湖泊失去平衡的另一种危险症状。

　　布里奇曼向我解释说，在这个闷热、灰暗的日子里，从海岸上看不到更危险的微囊藻。但他说，微囊藻肯定潜伏在湖泊开阔的水域，淹没在水中，等待风平浪静，太阳连续几天出来，把水温升高。一旦这些条件建立起来了，很有可能在 8 月底之前，水下的微囊藻菌落就会浮上水面，暴发成覆盖数百甚至数千平方英里的水华。

　　布里奇曼低头看着海滩，摇了摇头。他的暑假将于下周开始。他童年时曾在伊利湖游泳，他说，如果条件允许，他仍然喜欢在湖里泡一会儿。但是他现在不可能让他的家人在这污泥里游泳。于是，他和妻子只得前往俄亥俄州中部的阿米什山区露营。

　　我们从湖边返回布里奇曼的实验室，在那里他给我看了一张图片，图中的玻璃瓶里装满了绿色的液体，它可以作为一种新时代的保健饮料。这种绿色混合物不应该被称为水，就像一瓶卸甲油不应该被称为水一样。

　　当我问布里奇曼，如果一个愚蠢的人喝了一口这种东西会怎么样时，他说：“你会感到非常不舒服。[9] 我的意思是，喝完一整杯可能足以让你丧命。”

　　布里奇曼早在 2003 年就拍摄了这张照片，因为他从未见过绿色的浮渣将如此广阔的伊利湖淹没的场景，浮渣甚至从托莱多的莫米河河口蜿蜒数英里进入开阔的水域。“这在当时被认为是一件大事，”布里奇曼低声说道，“现在它却非常常见。”

　　这是为什么呢？

伊利湖的年平均磷流入量约为 9 000 吨，远低于 20 世纪 70 年代 11 000 吨的目标，也远低于 20 世纪 60 年代后期普遍设定的 24 000 吨的目标。布里奇曼解释说，当前，有一个主要的问题是伊利湖的磷主要来自伊利湖周围农田中渗出的磷。尽管农民们不再向伊利湖输送比藻类繁盛时期更多的肥料，但藻类的平衡在天空和土壤中已经发生了变化，而且入侵的贻贝已经遍布了整个水域，所有这些都给伊利湖带来了巨大的麻烦。

从农作物的种植方式开始。为了防止水土流失，农民们越来越多地采用免耕种植方式。这意味着他们的土地不会在收获后翻耕，而是几乎像沥青停车场一样平整。这有利于防止被搅碎的土壤在暴雨中被冲走，防止伊利湖及其支流被弄脏。但是，在秋收和春播之间，施用工厂生产的化肥会让土壤板结。如果在肥料有机会被作物吸收之前就下起了雨，那就麻烦了，因为肥料会以很强的溶解状态被冲走。

布里奇曼解释说，颗粒状磷（这种矿物在 20 世纪 60 年代和 70 年代造成很大的麻烦）与这种溶解磷之间的差别就像扔在营火上的一大块煤和飞溅的汽油之间的区别。科学家说，只有不到 30% 的颗粒状磷可以分解成一种可供藻类食用的形式，而溶解态磷的分解比例则超过 90%。利用放射性标记跟踪溶解磷在环境中的路径的研究表明，在磷进入湖泊的 60 秒内，有一半被藻类吸收。在 5 分钟内，大部分磷都用完了。

"溶解的活性磷就像金钱一样，"布里奇曼解释说，"它太有价值了，我们会马上着手处理。"

这个问题随着在大黑沼泽上蔓延的农场规模的扩大而加剧。更大规模的操作以及运行这些操作所需的设备，意味着肥料现在更普遍地在深秋或初冬施用，那时农民们有空闲时间，而且沼泽地的地面曾经坚硬到足以让他们的重型机械滚动。这进一步延长了磷在生长季节前从田地里流失的时间，历史数据显示，近年来伊利湖西端的大规模早春降雨已变得更加普遍。伊利湖是湖泊中一个独特的浅水区，容易发生藻类暴发，被称为"西部盆地"。

由于这些耕作方式的变化，自 20 世纪 90 年代中期以来，流入西部盆地的溶解性强的磷量至少增加了 150%。最终的结果是：流入伊利湖西部主要河流的营养物的量能够促进藻类生长，且现在的量比 20 世纪 70 年代记者撰写伊利湖讣告时的量还高。

当这种营养物质进入伊利湖时，水里还有其他的问题，这些问题在最初起草减少藻类的计划时根本是无法想象的。自 20 世纪 90 年代初以来，入侵的斑驴贻贝和斑马贻贝数量激增，从根本上改变了伊利湖的生态。这种拇指盖大小的软体动物被生物学家称为"生态系统的工程师"。它们不仅生活在入侵的水域，它们实际上还改变了能量流经它们的方式。在这种情况下，贻贝是解决有毒藻类方程式中的一个主要因素，因为没有大脑的滤食动物足够聪明，它们知道哪些是有毒的藻类。

在 YouTube 上很容易找到的一段实验室视频显示，一只斑马贻贝在水族馆里吮吸着漂浮的微囊藻斑点，然后像一个毫无戒心的蹒跚学步的孩子用球芽甘蓝喂养幼苗时一样活力四射。现在，把这个画面放大。伊利湖底部的入侵贻贝，即使不是千万亿只，也有数万亿只，它们每时每刻都在做着同样的事情。随着时间的推移，这种不间断的选择性过滤已经使其他藻类种群数量锐减。因此，与 20 世纪 60 年代的藻类暴发不同，如今伊利湖的藻类暴发越来越多地是由微囊藻引起的，这使得它们变得更加危险。

"今天的伊利湖已经不是 20 世纪 60 年代或 70 年代的湖泊，[10]"密歇根大学教授、前联邦研究员、职业生涯的大部分时间都在研究入侵贻贝的生态学家加里·法恩斯蒂尔（Gary Fahnenstiel）解释道，"它对营养物质的反应不同。"

有毒的水华已经变得如此常见，以至于现在可以提前几个月预测它们的出现，这主要是基于春季的降雨量以及磷被作物吸收之前的降雨量。2014 年 7 月初，国家海洋和大气管理局预测，每年一度的水华将在 8 月底和 9 月显著出现。

当时还是 7 月，我从布里奇曼的实验室开车来到隔壁的莫米湾州立公园，想去泡个澡凉快凉快。直到我看到海滩上的标志：

> 注意！远离这些水体：
> ——看起来像溢出的油漆
> ——表面有浮渣、垫子或薄膜
> ——变色或具有彩色条纹
> ——在表面下浮动着绿色的水球

仿佛用水球、浮渣、薄膜和彩色条纹构成的景象不足以吓跑一个潜在的游泳者，一个钻石形状的橙色标志才预示着真正的杀手：

> 警告
> 检测到高浓度的藻类毒素。
> 对于老人、小孩或那些免疫系统受损的人，不建议游泳和涉水。

我选择不去冒险游泳，显然，整个托莱多都是如此。海滩上空无一人，只有风帆冲浪用品店老板马克·马斯格雷夫（Mark Musgrave）和他的几个伙伴。离岸的海水是棕色的，而不是绿色的，尽管有橙色的警告标志，但他认为总的来说情况还是相当不错的。马斯格雷夫说，有时候湖里排出的东西就像菠菜般的鞘丝腐烂的海藻垫，这些海藻垫太厚了，他不得不用手撕破它们，直到看见湖水。在其他的一些日子，浓稠的微囊藻会使波浪变成绿色。"不是白色的帽子，是绿色的帽子！"马斯格雷夫笑着说，"这太疯狂了。"

即便这种日子也不能阻止他去湖边。马斯格雷夫笑着说："就这样生活吧。"他开玩笑说，即使这会让一些人变得更虚弱，也会觉得恶心。当我问他游泳后是否生病时，他摇了摇头。然后他记起 2011 年恰好是微囊藻感染史上最严重的一年，他不得不服用一些药物。

"我的肝脏在某种程度上被感染了，"他说，"不得不继续服用抗生素。"

马斯格雷夫知道如何治疗这个湖的疾病，但他不认为这种情况很快会发生。

"这就是农业系统。你必须让农民以不同的方式从事农业生产，"他说，"他们必须让政府来介入。"

生物学家布里奇曼对此表示赞同。他并不认为那些种植玉米、苜蓿和大豆的农民排放的磷与入侵的贻贝合谋，引发了藻类问题。他说："它们生活在我们建立的体系中。"

问题在于它们生活在一个独特的浅水体边缘（西部盆地的平均水深不到 25 英尺），这个浅水区曾经受到大黑沼泽天然净水系统的保护。布里奇曼告诉我说，当地传说莫米河曾经非常清澈，你可以看到在磐石底部产卵的鲟鱼。现在，它变成了褐色的泥浆，富含磷，它不仅是湖泊最大的支流，也是复杂的藻类暴发方程式中最大的因素。他告诉我："到目前为止，最重要的是莫米河。如果我们能在那个分水岭上开展工作，就能在很大程度上解决湖泊的问题。"

但环境监管机构也有自己的问题：农场径流和压载水一样，基本上没有受到 1972 年《清洁水法案》的影响。这项法律的目标是追查排入管道的污染者，用监管术语来说就是"点源"。《清洁水法案》充分解决了农场径流问题，将其归为非点源污染。原因基本上是，处理从管道末端出来的东西很容易。考虑到变幻莫测的天气、土壤类型、田间场地变化以及监管机构监测牧场上积水情况的能力，追踪和监管来自农田的污染物变得更加困难。

布里奇曼说，修改法律迫使农业生产中减少化肥使用，这个湖应该能恢复，因为湖水在不到 3 年的时间里就被替换掉了。但是他怀疑农民们不会被迫改变他们的种植方式，除非发生一些特殊的事情来唤醒公众，像 1969 年凯霍加大火这样戏剧性的事件就促使磷的排放减少。他不知道会有什么事来唤醒公众对磷的认识。

他最后叹了口气说："一个大城市可能需要暂停一段时间的供水。"

有大约 1 100 万人的饮用水依赖伊利湖。虽然微囊藻毒素——由微囊藻产生的毒素——可以通过水净化去除，但如果少许无味的微囊藻以某种方式被吸入饮用水的入口，而水处理厂的操作人员却没有意识到这一点，它可能就会进入公共供水系统，并有可能毒害不知情的人群。

这样的非自然灾害发生在 2014 年 7 月下旬，尽管没有人认为它会很快发生。

* * *

在我和布里德曼交谈的两天后，我坐在 61 岁的农民诺里斯·克隆普（Norris Klump）位于托莱多西部农场的起居室里，试图弄清楚他和他的邻居们是如何突然成为公众的罪人的。

他向我解释说，该地区的许多农民都在他们的祖父和曾祖父从沼泽地改造过来的土地上耕作。他说他们认为自己在管理遗产方面一年比一年做得好。为了减少水土流失，他们已经停止在两次播种之间耕作。他们减少了磷的使用量。他们已经接受了农作物的"缓冲器"——沿着农田边缘覆盖着草皮的狭长地带，这是为了在磷被冲到下游之前将其拦截。

克隆普的家人于 19 世纪末定居在密歇根州俄亥俄边界以北 3 英里处的一个农场里。"我们在这里生活、娱乐和工作,"他说,"我真的想做一些会伤害我孩子和孙子的事情吗？当然不是。如果我能做点什么，这一切就会停止，是的，我会去做的。但我认为问题不出在我们身上。"

克隆普说:"我认为人们不明白清理这片土地并把它排干来种粮食需要付出多大的努力。现在人们会问：'你为什么要在这片土地上种植作物？'"

在 25 英里以南的俄亥俄州，农场主史蒂夫·莱夫勒（Steve Loeffler）并没有试图弱化藻类暴发的严重性。"这是一个非常严重的问题。"他说他特别担心，因为他计划在几周后去湖边度假。

为了尽自己的一分力量来遏制这些水华，莱夫勒解释说，他种植的萝卜从来没有收获过，这是政府资助项目的一部分，目的是吸收多余的磷，然后再把这些磷撒回土壤。当没有其他作物生长时，这些覆盖作物也有助于固定土壤。但莱夫勒近 1 000 英亩的农场只有大约 50 英亩的土地在经济作物之间种植着覆盖作物。"政府没有钱做更多的事情，"他补充道，如果他能负担得起的话，他会自己种更多的萝卜。

他笑着说:"当人们赚钱时，可以做更多的事情。"

和克隆普一样，莱夫勒也不认为湖泊的磷超载完全是农民的问题。"每个人都必须尽自己的一分力量，"他说，"不管是农场还是城市。"

尽管从流入伊利湖的河流中测得的磷含量数据清楚地表明，农业径流是导致藻类暴发的主要来源，但农民们对化肥监管的增强感到紧张，这是他们的普遍抱怨。

莱夫勒指出家庭的化粪池系统漏水。但科学家们估计，俄亥俄州的这种系统只产生了该湖每年接收的 9 000 多吨磷中的约 88 吨的份额，还不到总磷量的 1%。他还提到了来自托莱多等城市的污水溢出问题。但是，整个俄亥俄州的污水管道总溢流每年只产生约 90 吨磷，占总磷量的 1%。其他农民认为是草坪化肥的原因，就像早期的洗涤剂一样，尽管科学家说大多数草坪护理产品中的磷已经被去除，它们从来没有成为藻类问题的主要因素。农民和俄亥俄州的政客们也常常把底特律看作问题的根源。

底特律河确实约占伊利湖总磷负荷的 40%。这包括来自底特律市的废水以及密歇根湖、休伦湖和苏必利尔湖排放的磷。但由于底特律河的流量（每天超过 1 210 亿加仑）以及当前从东边过来的流向伊利湖的河流，科学家说，与农业对藻类大量繁殖的贡献相比，这种快速流动、相对稀释的磷流入量相形见绌。夏末时，我在伊利湖上空飞行时亲眼看见了这一现象。从莫米河河口（其磷浓度约为底特律河的 30 倍）延伸出来的微囊藻暴发呈现出的翠绿色旋涡中，切出一条蓝色的水舌，这条水舌从底特律河的河口延伸出来，沿着湖的北岸向东延伸。

几乎莫米河的所有磷都可以追溯到农田径流，我采访过的农民都知道情况必须改变。莱夫勒向我解释说，他最近几年把化肥用量减少了大约一半，并说很多附近的农民也是这么做的。他这样做是因为他关心是什么东西进入湖里，当然钱也是动因之一，因为化肥价格一直在上涨；在 20 世纪 90 年代，磷肥的价格还不到每吨 200 美元，但到了 2014 年，每吨的价格已经涨到了 700 美元左右。

县水土保持项目负责人迈克·利本（Mike Libben）驾驶着他那辆道奇面包车，沿着环绕渥太华乡村农场的沥青公路开了大约 1 个小时后，到达莱夫勒农场的东南角。他指出，农民们现在聘请土壤顾问，将田地分成花园大小的网格，有的甚至不到 1/10 英亩，然后定期对这些微型区域取样，以确定磷和其他肥料的需求。最后，为每个网格区域开出化学剂量的处方，这一过程通常使用 GPS 导航设备，让农民能够像在后院种番茄的人一样精确地照料绵延数百英亩的土地。利本站在位于俄亥俄州橡树港外的一个农民合作公寓的停车场里说，商店经理不得不去拿钥匙开门给我看一堆肥料，来说明这些东西变得多么稀有。

他开玩笑说："你以前不必将肥料锁起来。"

在那把主锁的后面还堆着一堆肥料——也许有几辆皮卡车的重量——这些都是大麻烦。利本抓起一把胡椒粒大小的肥料。该产品被称为"10-46-0"，数字指的是肥料的 3 种化合物——氮、磷和钾的百分比，这意味着这个特殊的堆肥里含有几乎一半的磷——这让人觉得可怕。

利本本人是拥有俄亥俄州立大学农艺学学位的兼职农民，当我们盯着那堆看起来更像猫砂而不是生态系统规模的毒药的小球时，他说："我从来没有想过农民会们会过度施肥，因为它太贵了。"

该地区大多数农民并不认为他们在过度施肥，就像 20 世纪 60 年代负责洗衣的家庭主妇不会承认她们对伊利湖造成了巨大的破坏一样。2013 年俄亥俄州立大学的一项调查清楚地说明了这种"非我之过"现象。莫米河流域的绝大多数农民都承认，耕作方式正在破坏湖水的水质。只是不是他们引起的。报告指出："大多数农民（高达 86.4%）认同营养管理措施改善了水质，而 76.7% 的农民认为自己采取的方法足以保护当地的水质。"

换句话说，超过 3/4 的农民相信他们正在尽自己的一份力，尽管湖泊正在讲述一个不同的故事。

退休的学校管理员理查德·索尔巴恩（Richard Thorbahn）是那些认为自己在尽力的农民之一。我拜访他的那天，他正在安装新的排水砖，今天的排水砖不是黏土管道，而是塑料管。

那是在烈日下做的又热又脏的工作。面色红润的索尔巴恩穿着一件长袖衬衫，并将袖口扣好。他戴着一顶草帽，背后塞着一条手帕，这就是劳伦斯的阿拉伯风格。索尔巴恩告诉我他正在铺设的管道有助于缓解藻类问题，因为它能让水首先通过土壤进入作物。他认为，直接从农田表面流下来的水被排入沟渠，而不是流入下水道的排水砖，更有可能含有过量的肥料。他说，地表径流是指农田化肥流入湖泊的路径。这不是排水砖系统。

科学家不同意。他们说，对农田水流的跟踪研究清楚地表明，这些排水砖实际上是磷进入湖泊的主要渠道，尤其是当雨水打到布满裂缝和虫洞的干旱农田时，会直接进入排水砖。

索尔巴恩和任何人一样，都知道过量的磷进入湖中的后果。他是小型卡罗尔供水和污水管区（Carroll Water and Sewer District）的董事。2013 年秋季，由于微囊藻毒素激增，该区被迫关闭。

就在那一周，水务部门负责人亨利·比格特（Henry Biggert）参观了那家水处理设施，他向我解释说，2013 年事故发生前的几天，他并不是特别担心，因为没有证据表明，在托莱多以东 30 英里、距海岸线约 1 000 英尺的地方，他的饮水口开始出现水藻暴发。比格特说他的净化设备可以在毒素流入 2 000 名顾客的水龙头之前将其清除，但必须接通保护系统才能做到这一点。他寻找的预警信号是进入工厂的浑浊的水。比格特说："通常情况下，当你在处理藻类的时候，你知道的，你能闻到它的味道，而且你一直在清洗设备。"

但当常规实验室测试开始显示他的工厂成品中微囊藻毒素的含量约为 3×10^{-10} mg/L，远高于世界卫生组织（World Health Organization）设定的饮用水建议阈值（1×10^{-10} mg/L）时，并没有出现这样的警告。

比格特说，他们很有可能在一滴受污染的水离开他的处理厂之前就发现了这个问题，但他把这个系统关闭了两天，以便清理这个 26 平方英里地区纵横交错的长达 126 英里的管道。他说："我们无法接受它可能存在于我们的供应系统中。"

对比格特的客户来说，这并不是什么大麻烦，因为他能够转动几个阀门，切换到邻近的水处理系统。即使有了这样的支持，该镇后来还是花了 22.5 万美元购买了新的设备，以便更好地清除有毒藻类。比格特认为，在今后很长一段时间里他将不得不忍受有毒的藻类。

关于卡罗尔镇关闭的两件事情特别令人不安。首先这些危险的水看起来像……纯净水。这种毒素随着微囊藻细胞壁的破裂而释放出来，它是透明的、无味的，而且很明显，它漂浮在伊利湖，但不是由藻类繁殖造成的。第二个令人恐惧的事实是，比格特的顾客可能很快就会被迫依靠瓶装水刷牙、洗食物，甚至洗澡。

当比格特想到如果类似的事情发生在大城市会引发什么情况，尤其是如果不能简单地把一些公共用水的开关转换成紧急水源时，他畏缩了。他还担心近年来有毒的羽状流会变得越来越大、越来越频繁，即使在他知道水中含有微囊藻毒素的情况下，在某个时候他也可能无法对水进行充分的处理。

"湖面可能会变得更糟，"他说，"如果是这样的话，我们和其他许多公共供水系统都会遇到类似的问题。"

托莱多是他唯一想到的城市。

* * *

同一天，我和托尼多柯林斯公园水处理厂的管理员安迪·麦克卢尔（Andy Mcclure）一起坐下来。他正在为高峰期即将到来的藻类暴发做准备。他试图在自己的电脑上调出一张图片，向我展示美国国家海洋和大气管理局的网站。该网站利用卫星图像追踪伊利湖有害藻类的暴发——用监管机构的话来说，这就是"水华"（HABs）。

但每次他输入"HAB"，电脑就会跳转到比格特的联系方式。麦克卢尔轻声笑着说，他们两人一直在交流。

麦克卢尔解释说，托莱多的水源来自离湖岸大约 3 英里的一个取水口。这座钢铁和混凝土结构的建筑在 1941 年开放时被称为"湖上的堡垒"，从远处看就像一艘战舰的船头。这是一座 5 层楼高的圆柱形塔楼，上面坐落着一套公寓，曾经是一位全职招投标人和他的家人居住的地方。这座公寓已经废弃很久了，但这座塔仍然是这座城市的取水口。在它下面是一根直径 9 英尺的管道，每天从湖面下 22 英尺处吸入多达 1.5 亿加仑的水。

在取水的过程中，第一道工序是添加高锰酸钾，它可以去除水中的异味，并开始分解微囊藻毒素（如果有的话），这一过程可能需要 3 个小时。一旦水到达陆地，就会被泵到大约 9 英里外的污水处理厂，在此过程中，还会进一步添加活性炭以去除污染物。添加明矾也有助于沉降任何固体。然后，这些水经过过滤，加入少量消毒氯，最后再进入管道。托莱多地区约 50 万居民的家庭使用这些管道。

麦克卢尔告诉我，他相信只要启动现有的处理系统，就能清理掉他所吸入水源中任何的微囊藻毒素，但他担心，总有一天，水华会严重到让他的设备不堪重负的地步。有一天，当我们坐在他的办公室时，他对我说："事情总是会变得更糟，这就是你必须考虑的。"

3 天后，情况变得更糟。

2014 年 8 月 1 日星期五，NOAA 的科学家们正在监测莫米河河口的微囊藻暴发情况。卫星图像捕捉到的红色像素标志着季节性的布卢姆湖的第一波波浪，而专家们直到月底才预测到。不过，没有人担心。当时还没有出现威胁城市取水管道的大面积浮油。但几小时内，就像飞镖击中靶心一样，风将相对较小的有毒羽流直接吹进了进气口。下午 6 点 30 分，在污水处理厂进行的常规取样结果显示，微囊藻毒素已通过并进入公共供水系统，其含量超过 1×10^{-10} mg/L。

当局下令进行第二轮检测，在晚上 11 点，他们确认毒素确实正流向托莱多的用水。不像卡罗尔镇，托莱多没有与邻近的供水系统相连。托莱多市市长迈克尔·科林斯（Michael Collins）向俄亥俄环境保护局（Ohio Environmental Protection Agency）通报了这场危机，环保局指示他发布禁止喝水令。8 月 2 日星期六凌晨 1 点 20 分，一份新闻稿发布了：

> 不要饮水。饮用水、婴儿配方奶粉、制冰、刷牙、准备食物都应使用矿泉水。
>
> 不要把水烧开。煮沸的水不会破坏毒素，它只会增加毒素的浓度。

凌晨 2 点，柯林斯正在与市政官员开会制定一项计划，以防止 50 万人口的大都市因失去最基本的生活必需品而陷入恐慌。

柯林斯后来说："那天晚上，那个清晨，我最大的恐惧是如何防止恐慌。"[11]因为在问题中加入恐慌并不能解决问题。这只会增加问题的严重性。"

尽管如此，在禁止喝水令下达后的黑暗时刻，恐惧迅速蔓延。"到了早上 6 点，你在任何一家开着的商店里都找不到一瓶水，"柯林斯说，"我的意思是，没有。它不见了。"

那天早晨，柯林斯在电视上告诉人们不要惊慌，但他们的水对人类和动物都是不安全的。他说，国民警卫队的部队正在从全州各个角落带着瓶装水和便携式水处理厂的托盘冲向托莱多。混合婴儿配方奶粉正在从哥伦布（Columbus）（美国的一个城市）运输过来。

托莱多的媒体报道说，风、温度和藻类暴发的时间共同为这场非自然灾难创造了"完美风暴"。这正是比格特在不到一年前卡罗尔镇供水系统瘫痪时所说的话。11 个月内经历了两次完美风暴。

柯林斯市长选择不去责怪天气。他在危机最严重的时候对当地媒体说："我们把系统恢复到安全用水的标准，但这并不会消除伊利湖西部盆地的藻类问题。这也不会消除农业径流。"

最终，在停水两天后，柯林斯出现在电视上，眼睛底下浮肿的蓝色眼袋让他看起来像浣熊一样，他宣布实验室测试结果表明水务局已经将问题控制住了。他在一群电视摄像机前举起城市污水处理厂的一杯水，痛饮了一大口以示庆祝。

"托莱多，为你干杯！"他对着一阵微弱的掌声说道。

将近两个月后，柯林斯前往芝加哥，与五大湖的其他市长们分享他的经验教训。他仍然感到不安，这些市长们都依赖相同的淡水系统，为大约 4 000 万人提供饮用水。

当柯林斯带着他的市长同行们感受他所经历的"噩梦"时，他们都全神贯注地听着。

"矿井中的金丝雀（指对某类事情的警告）[12]，正是 8 月 1 日、2 日、3 日和 4 日托莱多在俄亥俄州所经历的，"他在闷闷不乐的集会上说，"托莱多可能是五大湖区第一个因藻类导致饮用水供应中断的城市，但不会是最后一个。"

柯林斯讲话后，芝加哥市长拉姆·伊曼纽尔（Rahm Emanuel）说："托莱多发生了什么……我们安全饮用水的可靠性和可持续性首次受到威胁。"那一刻改变了这场讨论。

* * *

柯林斯希望在事件后的几周内，他的噩梦能像凯霍加大火一样震撼全国，并要求为一个多年来一直备受争议的问题提出解决方案。事实上，前一年，无党派政府问责办公室（Government Accountability Office）发布了一份报告，指控在凯霍加火灾后通过的《清洁水法案》所取得的惊人进展已经变成了磕磕绊绊的倒退，并且特别指责该法律未能追究农业等非点源污染企业的责任。

"如果不改变该法案对非点源污染的处理方式,"该报告指出,"该法案的目标可能难以实现。"[13]

30 年前,城市和工业对磷的需求大幅减少,导致伊利湖的藻类减少,虽然这只是短暂的,但科学家说他们知道如何控制这些新的有毒物质的暴发。这需要将春季流入莫米河流域的磷量减少 40%。虽然这并不能完全消除疫情,但生态学家预测,疫情将至少减少 90%。

密歇根大学格雷厄姆可持续发展研究所(University of Michigan's Graham Sustainability Institute)所长唐·斯卡维亚(Don Scavia)指出,美国 40% 的玉米产量都用于生产乙醇。他不无讽刺地说:"我们需要停止往油箱里放食物。"而这句话可以直接从瑟斯博士的文章中找到。

尽管解决伊利湖问题的新方案确实存在,但迄今为止,执行该方案的政治意愿尚不存在。在托莱多停水后的几个月里,密歇根州和俄亥俄州以及安大略省一致同意在未来 10 年里将流入伊利湖西部盆地的磷排放量减少到建议的 40%,尽管协议没有要求任何新的法律来强制完成这些削减量。

俄亥俄州立法委员也采取了一些自己的措施,例如禁止在冻土上撒化肥,以防止其被冲入湖中,并要求农民接受相关的培训,以便更安全地使用从商店购买的化肥。

与此同时,柯林斯一直在推动更严格的联邦监管法规的实施,以避免下一次事件发生,其中包括向奥巴马总统施压、要求他颁布行政命令、强制减少径流,但都没有成功。他还出席了美国参议院农业、营养和林业委员会的听证会。他在会上对议员们说,他并不为他所在的城市一直占据新闻头条而感到骄傲。但这位前执法人员意识到他所在的城市存在问题——这是一个类似凯霍加大火的警报。

"作为市长,我很希望忘记那些排队等水的人或者绿藻的照片，"他强调说，"如果我们忘记托莱多发生的事情，[14]那悲剧注定会重演。"

第二年夏天，托莱多伊利湖附近未经处理的湖水中微囊藻毒素的含量达到约为 5×10^{-10} mg/L 的峰值，接近 2014 年迫使水利部关闭时浓度的两倍。但污水处理厂的工作人员已经做好了准备，就像在一座桥上等待河水引燃的消防队员一样，他们在污染的水中加入了化学物质，以免它毒害整座城市。

第三部分

未来

第 8 章

堵塞排水口

——抽取五大湖水带来的无穷无尽的威胁

关于是否修建一条 1 200 英里长的 Keystone XL 输油管道*向美国炼油厂输送阿尔伯塔油砂石油，人们用最严厉的措辞来表述这场争论的利害关系。支持者认为，这条输油管道是美国获得友好石油供应的生命线，并认为奥巴马政府否认这一说法是冒着进一步卷入中东混乱的政治和迅速发展的战争的风险。该管道的反对者称这条直径为 36 英寸的钢管是地球上最大的碳炸弹导火索[1]，每天可输送 3 500 万加仑来自加拿大的丰富而肮脏的原油。

但加拿大驻美国前大使认为这一切只是未来输油管道之战的前奏，他预测未来的管道之战将非常激烈，终有一天会让有关"Keystone XL"管道的争议看起来很愚蠢。[2]他说，原因在于，未来的战争将围绕一种液体展开，而实际上文明离不开这种液体。

---

* Keystone XL 输油管道从阿尔伯塔中部哈迪斯蒂南下到美国，沿途要通过北达科他州、南达科他州、内布拉斯加州、堪萨斯州、俄克拉何马州、得克萨斯州，然后连接密苏里州以及伊利诺斯伊州。

加里·多尔（Gary Doer）在 2014 年说："我认为，5 年后，我们将在外交上花费大量的时间，在水资源问题上做大量的工作。"

"我们五大湖的淡水占全世界的 20%……"他补充道，"我们很幸运有很多水，但我们不能想当然。"

在加拿大和美国拥有的五大湖周围已经划出了一条界线，将那些被允许进入世界上最大的淡水系统的人和那些不能进入的人区分开来。这条界限基于五大湖流域的自然分界线，即分界线内的水汇入五大湖。这个分界线在景观中往往只是一个难以察觉的凸地或山脊，落在这个边界内的水会流向排水沟、污水管和河流，这些河流滋养着湖泊。而刚好落在这条分界线外的水通常会向南流入墨西哥湾，或者向北流入加拿大的哈得孙湾。

流域内的城镇有权使用五大湖区的水灌溉作物，为工业提供燃料，并向居民提供饮用水。但是流域外的居民不能享有这些权利。其基本原理是，大部分从湖泊管道输送但被保留在盆地内的水，最终会以处理过的污水形式返回湖泊。无论输水管道的长度是 1 英里还是 1 000 英里，输送出去的湖泊的水再也不会回流了。如果随着时间的推移，足够多的水被改道，北美超过 80% 的地表淡水供应都将开始减少。

但这条似有似无的线并不严格地与地形相吻合。五大湖地区的 8 个州最近同意将水用管道输送到盆地外，前提是这些水必须被输送到至少部分位于五大湖流域的县内，并由 8 个州的州长一致批准引水。加拿大也有类似的法律。

这条线路的分界线是由五大湖沿岸的各州和各省精心设计的，目的是保护从湖区抽取的大量水资源，同时也安抚那些仍住在五大湖流域以外的人。这些人可能只住在距五大湖湖岸 20 分钟车程的地方，但他们往往居住在五大湖城市的一些较为富裕且政治势力强大的郊区。

直到今天，对大多数人而言，这条界限是眼不见心不烦，就连退休教师汤姆·古斯塔夫森（Tom Gustafson）也不例外。他住在密尔沃基郊区，距离密歇根湖以西 30 英里的一个小区里，这个小区非常新，很多树干还只有手腕粗。古斯塔夫森所在的村庄位于五大湖盆地分界线之外，但它主要位于沃基肖县境内。沃基肖县是一个经济较为发达的县，它的水井正处于危险的干涸状态，但这个县恰好横跨了五大湖盆地的分界线。

然而，古斯塔夫森村的形状像一块楔子，而这样一块楔形地恰好完全位于五大湖流域之外的沃尔沃斯县。因此，根据新规定，如果有一天能找到新的饮用水来源，古斯塔夫森的社区将失去开采这些湖泊的资格。

在一个灰暗的日子里，当我敲开古斯塔夫森家的大门，谈论他住所所在的边界时，他承认，他不知道自己生活的地方几乎是 21 世纪最具争议的分界线之一，这条人造分界线将地球上拥有淡水资源最丰富的人和没有淡水资源的人区分开来。

"也许我应该多注意一点，[3]"他说，"但当你想到城市下水道和供水系统时，你总是知道它就在那里。"

直到它不在那里。

在未来几年里，随着全球变暖、降水模式的变化和城市人口的激增，古斯塔夫森所居住的街区将变得越来越重要。最近几十年来，除了著名的加利福尼亚州干旱之外，水危机在五大湖附近的沃基肖县中心的沃基肖市也出现了，这里曾经丰富的地下水供应已经枯竭，如今又受到自然产生的镭的严重污染。因此，按照联邦政府的命令，这座城市必须为居民找到一个新鲜、安全的水源。水资源短缺问题在纽约市五大湖以东地区突然出现，那里的政客们曾公开将五大湖视为潜在的救星。这些地区出现在佐治亚州亚特兰大市的湖泊以南，不到 10 年前，那里的极度干旱几乎耗尽了公共供水，迫使政客们转向北部寻求紧急救援。

事实上，亚特兰大描绘了一幅严峻的画面：在 21 世纪，大城市的水资源预算是多么捉襟见肘、脆弱不堪，而政客们又愿意走多远去重新划定边界，以获取（一些人可能会说成"窃取"）另一个州的水资源。沃基肖县计划在密歇根湖上铺设一条管道，为其 7 万居民提供淡水。这一计划可能很快就会揭示出政客们围绕五大湖划定的这条界线实际上是多么恰当。

＊　＊　＊

当 1796 年 6 月 1 日田纳西州成为美国的第 16 个州时，[4] 美国国会宣布其与佐治亚州的南部边界为北纬 35 度线。直到 1818 年夏天，这条线还只是一个抽象的地图学概念。两个调查小组——一个来自佐治亚州，一个来自田纳西州，至少以今天的标准来看，他们都不是特别擅长自己的工作。他们在田纳西河的南岸附近汇合，分割当时的西部荒野。

这不是一件容易的工作。那个时代的测量员并不像今天的卫星导航技术人员，他们是艺术家，试图用时钟、指南针和六分仪在地面上画线，根据天体图来确定自己的位置，而这些天体图甚至可以精确地标出恒星的位置。是的，这些 19 世纪早期的测量员们可以利用恒星确定靶心，在它们之间画出直线。这一特别的努力与目标差了 1 英里，具体来说，差了 1.1 英里。

佐治亚大学数学教授、勘测员詹姆斯·卡马克（James Camak），几乎马上就知道自己搞砸了这项工作，但他坚持辩称这不是他的错。他说他要求佐治亚州州长提供最先进的调查工具，但州长拒绝了。他还说有人给了他错误的信息，他在调查几年后写道："我被迫使用天文表，这并不是我所希望的那样。"

以这种方式搞砸一项调查在当时并不罕见，田纳西北部边境地区的界线由另一个调查小组绘制，但同样也被搞砸了，这也是该州北部边境突然向西南方向偏移的原因。如果不是在 1837 年进行的另一项调查，在佐治亚州田纳西线以南 130 英里的地方绘制的佐治亚州界线可能会被载入史册。调查人员没有遗漏任何边境测量数据，但当他们自己犯了错误时，风险却是最高的。调查小组得到了一个简单的指示[5]：在佐治亚州中北部选择一个适合修建铁路枢纽的地点，未来的支线铁路都可以从这里发出穿越佐治亚州。

测量员们找到了适合修建铁路枢纽的位置，把木桩钉在地上，并在地图上把它标为零英里。到了 19 世纪 40 年代初，为了给火车站让路，森林被清理干净，这个地方的名字也被改成了"终点站"。不出所料，商店和住宅开始在铁轨旁出现，1843 年，这个居民点建成了，并有了一个合适的名字：马撒斯维尔（Marthasville）。据说，铁路运营商抱怨这个名字太长，无法印在车票上，所以在 19 世纪 40 年代中期，又给这个地方起了另一个名字，最后被沿用下来：亚特兰大（Atlanta）。

很难确定这个名字的来源。也许它是基于希腊神话人物亚特兰大命名的，婴儿起名书会告诉你这个名字的意思是"不可移动"，这个词很适合描述这个今天拥有 550 万人口的大都市地区。或者它可能是被水吞没的神话城市阿特兰蒂斯（Atlantis）的一个衍生品。但事实证明，对于一个已经成为北美最易受干旱影响的大都市之一的城市来说，"亚特兰大"这个名字再贴切不过了。

对于一个年平均降水量接近 50 英寸（潮湿的西雅图每年降水量不到 40 英寸）的森林覆盖地区来说，这听起来似乎难以想象。但对亚特兰大来说，重要而棘手的事实不是有多少雨水从天而降。这是因为当时的降水很少会沿着小溪和河流流向现在的亚特兰大，而亚特兰大仍然坐落在山脊上，对于一个大城市来说，这是非常糟糕的。毕竟，暴风雨中的屋顶是最干燥的地方，就像山顶一样，在那里，雨滴打在屋顶上，立即朝着一个方向或另一个方向落下，落在屋顶的一侧或另一侧。分水岭的原理也是一样的，如果你住在美国发展最快的大城市之一，也就是每10年就会增加100多万居民的地区，你会希望你的城市不是建在山脊上，而是建在一个水槽附近，那里的水汇聚在一起，并向深处延伸。

亚特兰大离任何一条真正的河流都有几英里远，这并不令人惊讶，因为这座意外之城的缔造者们除了担心进出该地区的铁路是否畅通无阻外，什么都不担心。令人惊讶的是，亚特兰大在过去两个世纪里未能找到如何修复这一地理上的先天缺陷的方法。如今，这个城市的供水系统是一个由管道和水库组成的大杂烩。事实证明，当干旱来袭时，尤其是2007年发生的干旱导致了恐慌时，这些供水系统是不够的。亚特兰大市市长雪莉·富兰克林（Shirley Franklin）警告说，亚特兰大的水资源已经枯竭，这个城市需要到边界之外寻找水源。[6]

市长的不祥公告在以北500英里的地方激起了阵阵涟漪。就在此时，五大湖地区的8个州正在进行激烈的政治斗争，他们要在五大湖区周围划定自己的边界，以阻止亚特兰大或是五大湖分水岭以外的任何一个城市在平面地图上开发取之不尽、用之不竭的五大湖淡水资源。

2008年2月，我前往亚特兰大，试图弄清楚这样一个潮湿的地方怎么会有干涸的危险。我的第一站是位于纳什维尔以南约110英里的田纳西州奥尔姆小镇，那里实际上已经没有水了。为镇上的水处理厂供水的小溪已经干涸了。一辆油罐车从附近的亚拉巴马州的另一边的小镇上把水运进来，所以奥尔姆小镇的居民每天就可以有几个小时的自来水用来洗澡、做饭、冲厕所和刷牙。在短短几周的时间里，居民已经从"没有想过水"转变为"永远不会不想水"。1746年，本杰明·富兰克林（Benjamin Franklin）警告说："当井干涸时，我们才知道水的价值。"

奥尔姆市长托尼·雷姆斯（Tony Reames）向我表达了同样的态度，不过语气稍微有点纳什维尔式："这就像拥有一个好妻子，[7] 她去世了，或者离开你了。直到她走了，你才会想起她的好。"

奥尔姆市用一条两英里长的管道解决了这个问题，这条管道将奥尔姆市与邻近城镇的供水系统连接起来。这是一个相对简单的解决方案。奥尔姆市只有 126 名居民。但当数以百万计的人感到口渴，而他们又没有邻居的自来水供应时，或者邻居并不友好时，情况就有点复杂了。

2007 年底，佐治亚州州长桑尼·珀杜（Sonny Perdue）警告说，亚特兰大地区的水将在 90 天内耗尽。居民被勒令停止用水填充游泳池、灌溉草坪和制作喷泉。为了防止灌木枯萎，一些人不得不从空调中收集凝结的水滴。位于亚特兰大市区西北部的科布县水资源保护部门的主管凯西·阮（Kathy Nguyen）每天会接到数百个电话。有些来自投诉他们偷偷喷洒水的邻居，另一些则来自愤怒的人们，他们眼睁睁地看着自己心爱的草坪因缺水而死亡。阮对我说："我接到了很多以脏话开头的电话，然后就挂断了。[8]"

佐治亚州在正常的降雨时没有任何问题，但当干旱来袭时，问题就会接踵而至，即便亚特兰大的干旱发生在中西部典型城市的正常降雨年份。该地区继续以惊人的速度扩张城市面积，包括增加新区和扩张郊区，这一事实加剧了它位于山脊上的高海拔地区的地理位置难题。仅在 21 世纪前 10 年，该地区就有大约 160 万名居民，相当于增加了一个费城或菲尼克斯大小的城市。

亚特兰大的主要水源是拉尼尔湖，这是位于市中心以北 50 英里的一个联邦水库。它是一个巨大的人造湖，面积约 58 平方英里，最大深度超过 250 英尺，如果湖水满了的话，还会更深。亚特兰大以及下游的亚拉巴马州和佛罗里达州对水的需求越来越大，这些州也有权使用拉尼尔湖水作为公共供水、灌溉和工业用水、墨西哥湾著名的阿巴拉契科拉牡蛎养殖场用水，以及同样重要的，用于冷却核电站。

2008年初，佐治亚州议会与佛罗里达州和亚拉巴马州就如何分配拉尼尔湖剩余的水资源进行了近20年的法律战，在此期间，佐治亚州议会决定开辟一条争夺水资源的北方战线。它提议重新绘制1818年确定的糟糕的边界，它实际上大致沿着北纬35度延伸。这并不是偶然的，它将把州界线向北移动到刚好可以占领田纳西河的一部分。佐治亚州的立法者认为，这将纠正卡马克的错误，并赋予他们州对北部约130英里的大河的合法用水权。他们的想法是在亚特兰大铺设一条管道，每天从这条河里抽取多达10亿加仑的水。这在田纳西州遭到了冷嘲热讽，直到佐治亚州立法机构一致通过了一项要求获得该州一部分土地的决议。

州代表加里·奥多姆（Gary Odom）对田纳西州查塔努加的《时代自由报》（*Times Free Press*）说："我以为这是个笑话，[9] 结果却令人相当不安。"

法律专家普遍认为，佐治亚州至少可以对边境沿线的一块1.1英里宽的土地提出合法要求，这片土地占地66平方英里，是田纳西州3万多人的家园。但法院是否愿意重新划定这条已经存在了近200年的州界线，则完全是另一个问题。

2008年晚些时候，由于天气潮湿，亚特兰大没有出现水资源短缺的情况，但是佐治亚州并没有放弃从它的邻居那里夺取田纳西河的一小段的努力。2013年，佐治亚州立法机构提出放弃全面的边界争端，以换取1.5平方英里的无人居住的土地，这块土地从目前的佐治亚州边境一直延伸到田纳西河，刚好足够铺设一条通往水边的管道。田纳西州犹豫不决，但佐治亚州向处理州与州之间边界争端的美国最高法院提起诉讼可能只是时间问题。这可能是一场丑陋的战斗。

"我们不会移动州界线，[10]"田纳西州多数党领袖杰拉尔德·麦考密克（Gerald McCormick）生气地说，"我们也不会把田纳西河给他们。"

没有人再窃笑了。

《田纳西州律师杂志》（*Tennessee Bar Journal*）在佐治亚州议会宣布其意图后写道："如果这场冲突发生在早些时候，或者发生在独立国家之间，就有可能导致战争。"[11]"战争"一词源于来自 1906 年美国最高法院的一项裁决，当时最高法院被要求解决北部两个州之间的一场水资源争端，法院当时指出，如果这场战争发生在国家与国家之间，而不是州与州之间，那么很可能是用枪而不是木槌来解决。

当时法官们没有提到，就在不到 20 年前，一场跨州的水袭事件发生在密歇根湖岸边，数千名手持鞭子、棍棒、枪支甚至一门小型火炮的民兵卷入其中。100 多年后的今天，这个位于五大湖分水岭边缘的战场再次燃起战火，这个地方曾经因其看似取之不尽、用之不竭的水资源而闻名于世。那个地方名叫沃基肖。

* * *

就在佐治亚州铁路勘测师把他们的木桩钉在后来成为亚特兰大中心的那片森林上的前一年，一个有着鹰钩鼻和大耳朵的 18 岁男孩，[12]从纽约州北部飞到威斯康星州西部。昌西·奥林（Chauncey Olin）的旅程始于 1836 年 4 月的劳伦斯河南岸，距离安大略湖约 50 英里。奥林一家和他哥哥的家人一起在纽约的奥格登斯堡登上了一艘汽船，经历了两天的喧嚣和不愉快的跋涉之后，他们沿着湍急的河流逆流而上，越过了荒凉的安大略湖东端，在纽约的罗切斯特下了船。那时，奥林一家已经受够了水上旅行，他们不再继续穿过韦兰运河的 40 个木制船闸来进入伊利湖，而是安排了一辆马车向西行驶。他们的目的地是芝加哥，而在 3 年前，芝加哥还是一个只有不到 400 名定居者的城市。

在这条陆路旅行的第一站，他们穿过了蓬勃发展的商业中心——布法罗东部的麦田。在 1825 年伊利运河开通后的 10 年里，这片地区的人口激增了近 10 倍，达到近 2 万名居民。

奥林一家沿着伊利湖的南岸，穿过宾夕法尼亚州伊利湖边的造船村，来到了一个破旧的哨所，沿着河流的堤岸蜿蜒曲折，被美洲原住民称为"弯曲的河流"或"凯霍加河"。几十年来，皮草商们一直在用枪和火药交换海狸、水獭和麝鼠的皮毛。克利夫兰在奥林家族骑着 4 匹马进城的 8 周之前就已经被评定为一座城市了。让年轻的奥林对这个地方印象深刻的并不是克利夫兰人的勤奋，而是那些老树，它们的树干像烟囱一样高，最矮的树枝离地面都有 70 英尺。

在伊利湖西端，奥林一家穿过疟疾肆虐的沼泽，在一条由原木搭建的泥泞道路上艰难前行，并幸存了下来。奥林称之为"基督教世界最可怕的鬼城"。当这家人终于出现在大黑沼泽的西侧时，他们在托莱多停留的时间只够渡过莫米河。随后，奥林一家前往南密歇根州和印第安纳州北部的开阔地带。

奥林在 1893 年生命即将结束之际出版的回忆录中写道："在印第安纳州，我们看到了第一个草原国家，在那里，我们跋涉数英里，却看不到一棵树、一个灌木或一幢房子。我们当时对自己说，这些大草原上的荒地要过 100 年才会有人定居下来。"当奥林一家到达密歇根湖的南端时，他们发现，马车在海浪冲刷过后硬质的沙滩比在柔软的印第安沙丘上更容易行驶。离开 18 天后，奥林一家到达了芝加哥。他们对这座城市从沼泽中繁荣起来的景象不以为然。

芝加哥已经在东部地区做了两三年的广告，所以它比西部任何一个城镇都要出名。"但我们没有看到任何让我们感兴趣的东西，"奥林写道，"大多数建筑都是架高的，我们需要一个栏杆把它们弄高，这样才能穿过每一条街道，因为街道通常与河水齐平。"

　　这家人以最快的速度向北进发，3 天后，他们发现自己来到了密尔沃基河的南岸，这条河太深了。他们把马车清空，好让它漂浮起来，然后把他们的财产装上小船，强迫他们的马游到这个不足 30 年就成为美国第 20 大城市的地方。但在 5 月下旬，当奥林一家到达密尔沃基时，这里与其说是一个村庄，还不如说是一个荒野营地。

　　我们到达一个只有十几栋房子的新城镇，那里有很多新来的人和美洲原住民。"在休息了几天、四处寻找可以找到的东西后，我们启程前往位于西部 16 英里的当时被称为草原村的地方。"奥林写道。

　　奥林一家已经走到了密尔沃基的道路尽头。西边唯一的道路是一条粗糙的小径，树干上刻着斑纹，这些标记将家人引导到一个泥泞的大洞里。泥洞太大了，以至于需要卸下马鞍才能将这些马一个一个地解救出来。奥林一家以每小时不到 1 英里的速度缓慢前行，最终登上了密歇根湖海岸线以西约 15 英里处的一个小山脊。在山脊的另一边，太阳正落在连绵起伏的大草原和森林上，这是奥林一家从未见过的景象。

　　"我认为这是我所见过的最可爱的景象，"奥林回忆道，"这个国家看起来更像是一个现代化的公园。看起来多美啊。多么奇妙。我们满怀热情地说：'这一切都是谁创造的？'"

　　奥林一家很快就了解到，这片类似公园的景观，包括数不清的带有动物形状的印第安坟冢突然冒出了自流泉的景象，这是两年前才发现的。这个地方是一个小型的美洲原住民聚居地，虽然它很可能是一个古老的定居点；即使是在冰冻的月份里，也能从地面汩汩流出的水来获得饮用水。同样重要的是，这些泉水吸引了大量的鹿群，还有狐狸、狼和小型哺乳动物，为美洲土著猎人提供了食物，他们在附近的树上伏击，这是一种可靠的全年食物来源。

　　数以百计的白人移民跟随着奥林来到这里，他们被吸引到这片肥沃的、水源充足的土地上，每英亩土地的价格可以达到 1.25 美元。定居地以当地印第安领袖的名字被重新命名为"沃基肖"，而几个月前那些长期以来一直把这个地方称为家乡的美洲原住民，在 1836 年春天奥林来的时候，已经被赶到另一边了。

到 1840 年，这个地区的人口已经超过 2 000 人，一个磨坊每年要越过山脊运送 7 000 桶面粉进入密尔沃基。到 1850 年，它的人口总数已接近两万。然而，直到 1868 年东海岸一位名叫理查德·邓巴（Richard Dunbar）上校的阴谋者的到来，这里的矿泉水才在威斯康星州东南部之外为人所知。30 年后，路易斯·尤金·佩里耶（Louis Eugene Perrier）博士在法国南部购置了自己的泉水。

邓巴在生命的尽头讲述了这个故事，[13] 在古巴修建铁路时，他患有严重的糖尿病。他 40 岁出头就被医生判了死刑，当时他正在从纽约到威斯康星州参加他岳母的葬礼，旅途十分劳累。"我那永不满足的口渴是无法用语言去描述的。我的舌头和牙龈都溃烂了，"由西方历史公司（Western Historical Company）出版的邓巴关于 1880 年的沃基肖县的历史回忆中写道，"我的身体承受了巨大的痛苦。在这种情况下，我很不情愿地去了沃基肖。"

葬礼结束后，邓巴认为自己只剩不到 6 周的时间，就勉强地到沃基肖的乡间去看一看他嫂子最近购买的一些春季农田。邓巴回忆道："当我进入春天的田野时，那长久以来折磨我的难以忍受的口渴几乎把我压倒。这时，我为自己离开房子的轻率行为感到惋惜，并希望回去缓解我永不满足的口渴。克拉克（Clarke）小姐说，我们正在看的那块地里有很多水。她马上弄来一只玻璃杯。仿佛是上天的安排，我走向了人生的新方向。我喝了 6 杯水，立刻有一种无比感激和神清气爽的感觉。"

邓巴又喝了一桶水，他后来才知道，这桶水含有盐、镁和铁。接下来的 3 天，他一直喝着他认为神奇的泉水，当他回到纽约的时候，他宣布自己已经痊愈了。但他回来后不久就复发了，邓巴的医生指示他去取一桶神奇的沃基肖水。邓巴担心他的竞拍者可能找不到他声称治愈了他的泉水的确切位置，因为在 50 英尺的范围内还有另外 2 个泉水，几十个更多的泉水散落在村庄内，甚至还有更多的泉水分散在未合并入县的地区，于是邓巴决定亲自回到沃基肖，但他并没有去。他买下了这片泉水，将其命名为"贝塞斯达"（Bethesda），并开始在全国范围内推广这种水，作为一种长生不老药，治疗 19 世纪一些听起来并不可能治愈的疾病：布莱特氏病、肝炎、消化不良、结石和神经衰弱。

竞争对手的瓶装商和企业纷纷效仿，将无名的泉水打造成了克雷森特城（Crescent City）、阿卡迪亚（Arcadian）和白岩（White Rock）等全国性品牌。但是泉水不仅仅是一种出口产品；沃基肖很快就从草原上的一群小房子迅速转变为布鲁克菲尔德的沃基肖县村庄，事实上，这里是 1839 年劳拉·英戈尔斯·怀尔德（Laura Ingalls Wilder）的母亲卡罗琳（Caroline）的出生地，也是镀金时代*最著名的度假胜地之一。西部的萨拉托加（Saratoga）吸引了生病的人，也吸引了想从南方炎热的夏天中寻求喘息的社会名流，如玛丽·托德·林肯（Mary Todd Lincoln）、尤利塞斯·S·格兰特（Ulysses S. Grant）和西尔斯罗巴克公司（Sears, Roebuck & Company）的创始人理查德·西尔斯（Richard W. Sears）等。

"现在开始了西部萨拉托加 30 年的历史，[14]"《密尔沃基日报》在 1953 年沃基肖的泉水鼎盛时期的报告中写道，"来了一群既没有风湿病也没有痛风的快乐的漂亮姑娘和小伙子们，他们跳一整夜舞才感到疲

---

* 即美国南北战争以后到第一次世界大战之前，是美国从自由竞争的资本主义向垄断资本主义过渡的时期，也是美国经济崛起的关键阶段。

倦。现在，萨拉托加那巨大的、圆顶的大箱子被拖到楼上，放在超大的壁橱里。年轻的女士们和太太们来了，孩子们穿着时髦的衣服，系着蓝色的腰带。面带微笑的黑人护士，穿着条纹西装的年轻绅士，拿着网球拍并用银杯喝水，这并不是因为它能治愈他们的病，而是因为他们可以在这沸腾的泉水周围寻欢作乐。"

当时没有人担心泉水会有干涸的那一天。对于那时被认为是"足以解决联邦所有居民的干渴问题"[15]的水源而言，这是不可能的。

问题始于沃基肖健康女神温泉（Hygeia Spring）的老板、芝加哥商人詹姆斯·麦克尔罗伊（James McElroy），当时他在芝加哥各地以 10 加仑一罐的价格出售他的产品，价格相当于今天的 26 美元。这一问题让人们不再认为沃基肖水域取之不尽、用之不竭了。

麦克尔罗伊与 1893 年世界博览会的组织者签订了一份合同，为在密歇根湖沿岸举行的为期 5 个月的盛会提供泉水。这一作法不仅是为了向预期出席会议的数百万人销售一种迷人的饮料，而且还是为了避免一场公共卫生灾难。芝加哥环境卫生和航行运河的开通比这条运河早了近 10 年，它永久性地改变了芝加哥河的流向，使其从芝加哥饮用水供应源——密歇根湖流出。直到 1900 年河水倒流之前，芝加哥的 170 万居民经常被迫饮用掺有自己粪便的自来水。这不仅仅是违规的，更是致命的。

从 1891 年开始，芝加哥的健康记录显示伤寒死亡人数比前一年翻了一番，[16]达到 1 997 人，这个数字让芝加哥成为美国和欧洲所有主要城市中伤寒死亡率最高的城市。当时的专家估计，通常只有大约 10% 的人死于这种通过受污染的饮用水传播的疾病，这意味着那一年大约有 2 万名芝加哥人感染了一种恶性微生物，这种微生物通过消化道进入血液。病情较轻的患者只出现了呕吐、腹泻、致残性发烧的症状，而病情较重的患者，还出现了昏迷等症状。

　　为了让来博览会的游客相信他们不会冒着生命危险来参加这场活动，博览会的组织者雇用了麦克尔罗伊，通过一根从威斯康星州延伸100 英里的管道来运送他的沃基肖泉水。

　　麦克尔罗伊很快就得到了沃基肖村委员会的批准，同意修建这条管道。但随着计划的推广，人们也开始担心，如果以管道规模出口沃基肖的水，将威胁到该村庄以水为基础的经济和供水。

　　"新公司想要完成合约，[17] 泉水的水位肯定会被抽得很低，这时其他地方的泉水会补充进来，进而导致整个地方都变得缺水，"泉水的所有者艾尔弗雷德·琼斯（Alfred Jones）告诉记者，"麦克尔罗伊先生会在这里和芝加哥之间建造酒店，使用沃基肖水，这样做会影响这里的生意，所有这些事都激怒了市民。"

　　乡村委员会撤销了批准，但是麦克尔罗伊并不认为他在法律上失去了铺设管道的权利，并于 1892 年 5 月 7 日悄悄地登上了一列火车，车上载有大约 300 名芝加哥挖沟工人，他们向北前往沃基肖。他计划偷偷溜进城，然后在夜幕的掩护下开始铺设管道。这一消息在火车到来之前就传开了，麦克尔罗伊见到了装备有霰弹枪、手枪、棍棒和大炮的民兵。火车站站台上的激烈谈话演变成了暴力。据《芝加哥每日论坛报》（Chicago Daily Tribune）估计，当时大约有 4 000 人，他们把芝加哥的一名工头打得青一块紫一块。芝加哥的另一名工人在被鞭子抽打后差点失去了一只眼睛。麦克尔罗伊带着手枪和 8 000 美元现金[18]（相当于今天的 20 多万美元）被送进监狱，罪名是扰乱治安和煽动一场即将发生的骚乱。

　　第二天，《芝加哥每日论坛报》报道说："每个人都认为会发生可怕的事情。"[19] 沃基肖县黑帮头目琼斯告诉记者，如果麦克尔罗伊在前一天晚上试图挖开哪怕一锹的泥土，即使没有被谋杀，他也很可能会遭到袭击。在局外人看来，这一切或许很荒谬，但对沃基肖的人们来说，这是一件严肃的事情。

麦克尔罗伊最终还是完成了一条直径 6.5 英寸的管道，[20] 每天可以向芝加哥输送 13 万加仑的矿泉水，但这些水却是来自沃基肖村以外的另一处泉水。这款产品以每杯 1 便士的价格售出，并未在展览会上受到欢迎，这可能是因为世博会主办方还购买了一套水处理系统，免费提供安全的密歇根湖水。1893 年 10 月 30 日盛会闭幕时，值得注意的是，并没有有关 2 150 万名购票者中因伤寒死亡的报道。[21]

1892 年，麦克尔罗伊和沃基肖之间的战争，使得这个国家对沃基肖泉水的着迷程度达到了顶点。在接下来的几十年里，这座城市的泉水受欢迎程度下降了，因为人们认为泉水可以治愈疾病，而事实是，正如芝加哥博览会所证明的那样，水处理技术的发展也可以确保湖水供应的安全，包括任何从地下冒出的水。但是，沃基肖失去的不仅仅是世界上最令人垂涎的水资源的声誉。它最终完全失去了水，至少是足够安全的饮用水。

作为历史上最具讽刺意味的水文现象之一，如今，距离密歇根湖海岸线仅 20 分钟的密尔沃基郊区的地下水资源枯竭严重，几乎所有著名的泉水都消失了，只有少数几处例外。沃基肖现在被迫在地下 2 000 英尺的井中挖掘古老的水。这片地下水保护区的水位已经下降了约 500 英尺，而剩下的水则以低毒的形式从地下流出；它含有镭，这是一种天然存在的放射性元素，是已知的致癌物，其含量约为联邦标准的 3 倍。这座城市现在使用的是一种拼凑式的处理系统，它将从深井中抽取的水中提取出来的镭与留在浅层蓄水层的未受污染的水混合起来。尽管如此，沃基肖的水仍然超过了联邦政府对饮用水中所含镭的最大限制含量，并需要根据政府的命令寻找新的水源。

答案很明显是密歇根湖，这几乎可以从镇上看到。但问题是，沃基肖和佐治亚州一样，位于边界的另一边，而且与佐治亚州一样，现在正试图实施相同的方案。

* * *

如果您乘坐 1 353 英尺高的电梯来到芝加哥标志性地标——摩天大楼，现在被称为威利斯大厦（Willis Tower）的观景台，您将难以向一个从未见过五大湖的人解释下面蓝色且浩瀚无垠的湖水。你最多只能说："它看起来像海洋。"虽然这无法表达五大湖区不是咸水这一基本事实，说这有点像将大平原上琥珀色的谷物波浪描绘成沙漠一样，即使是这样居高临下的景象也无法表达出这片世界上最大的淡水资源宝库的浩瀚无垠。地球上 97% 左右的水对人类基本没有任何营养或灌溉作用，剩下的淡水大多被锁在极地冰盖中，或者被困在地下深处无法获取。这使得五大湖拥有世界表面 20% 的淡水。

但这只是一个数字。用语言来说，自然的馈赠是无法触及的。除非你们是基思·理查兹（Keith Richards）。"你去看看苏必利尔湖，[22]你会说，'看看那些水'，"理查兹有一次沉思道，"那只是顶部而已！确实。苏必利尔湖的水深超过 1/4 英里。"

人们普遍认为所有这些水都是来自冰川的礼物，因此人们普遍认为湖泊里充满了冰川融水，这是大自然母亲的恩赐。这是不对的，孕育五大湖的盆地确实是在最后一个冰河时代形成的，今天，它们不断地流向大西洋，不断地提供了降水并补给着滋养它们的河流。湖泊总是在不断地被补给，但这并不意味着那些计划用管道把水输送到干旱地区的阴谋家不会伤及湖泊本身。

很少有人相信五大湖之一的苏必利尔湖或者其他任何一个湖会在我们的有生之年被抽干，但认为一个巨大的湖泊会永存，则是对近代史的忽视。关于巨大的湖泊被灾难性地排干的最著名的案例，是在伊朗以北 500 英里的哈萨克斯坦和乌兹别克斯坦边境的咸海的悲惨故事。直到半个世纪前，苏联才决定为其提供水源的河流改道，用于灌溉棉花田，这里曾经是世界上的第四大湖泊。棉花有了，湖泊却真的消失了。到 2007 年，咸海的体积大约只有以前的 10%。干涸的速度如此之快，以至于仍然可以在曾经是湖床的沙漠上发现生锈的船壳。

咸海的前海岸线，如今已经看不到水，只有一片尘土飞扬、盐碱化的荒地延伸到地平线上。曾是《新闻周刊》记者的彼得·安宁（Peter Annin）10 年前前往咸海，为北美人描绘失去的大湖可能是什么样子。他的《五大湖水资源战争》（*Great Lakes Water Wars*）一书是一个关于五大湖水分流的历史和未来的特殊论述。事实证明，用语言描述站在曾经是湖床的沙漠里的感觉，就像站在湖岸上试图表达湖水的深度一样困难。

"试图描述咸海是什么样子，[23] 是我新闻生涯中最令人沮丧的事情之一。当你驾驶一辆俄罗斯吉普车在旧海床上行驶 5 个小时，从旧海岸线开到新海岸线，你如何向一个从未去过那里的人用数字的概念描述它的现状？"安宁问我，"当你停下来，走出去，环顾罗盘的各个方向，你在任何地方都看不到水，你何以想象它曾没到你头顶 45～50 英尺的地方？！你又如何去描述这个问题的严重性？"

尽管很难想象北美会出现这样的情况，但五大湖就算没有消失，仍会造成不可估量的生态和经济损失。仅仅将其中一个湖泊降低几英尺就可能是灾难性的，因为近岸地区，也就是受这种下降影响的地区，是暴雨引起的洪流会让湿地净化的地方，是货船停泊的地方，也是人们生活和玩耍、城市获取饮用水以及排放污水的地方。

至少从 20 世纪 50 年代起，人们就一直担心美国更干旱、政治势力更强大的地区有一天会需要五大湖的水。当时，一位加拿大科学家拟定了一项浩大的填海工程计划，要在詹姆斯湾（加拿大巨大的哈得孙湾的南部属地）上修建一条横跨约 100 英里的堤坝。他们的想法是利用注入海湾的河流来排出海水，形成一个巨大的人工湖，类似 20 世纪初荷兰与须德海人所做的事情。

根据加拿大的"大循环和北方发展运河"［Great Recycling and

Northern Development（GRAND）Canal］计划，加拿大的新淡水湖的水可以向南注入休伦湖。这样一来，苏必利尔湖（目前通过圣马力斯河为休伦湖提供水源）就可以被用来灌溉大平原，甚至更远的地方。加拿大政府斥资 1 000 亿美元，将苏必利尔湖改造成一个用于灌溉的超大水箱。这一计划一度得到了加拿大总理和魁北克省省长的支持。但最终不了了之，随后出现了一个新的计划，以补充被大平原农民抽干的巨大的奥加拉拉蓄水层（Ogallala Aquifer）。

　　尽管调查显示，3/4 以上的美国人不知道他们的水是从哪里来的，但可以肯定的是，他们中没有多少人生活在正在迅速消失的奥加拉拉蓄水层之上。奥加拉拉蓄水层从北达科他州一直延伸到得克萨斯州，曾经拥有相当于休伦湖的水量。与湖泊一样，奥加拉拉蓄水层的深度各不相同，而且由于不可持续的开采，它的浅层区域已经干涸，使得农民只能在一个月降雨量只有 1.5 英寸的土地上昼夜不停地获取水资源。工程师们计算出，在目前的使用速度下，奥加拉拉蓄水层将会被抽干，就和咸海一样，到 21 世纪中叶，其消耗的水量将接近 70%。

　　2003 年末，我去堪萨斯西部旅行时，奥加拉拉蓄水层已经消失在斯科特城农民罗伯特·比尔克勒（Robert Buerkle）的脚下。他是一名 77 岁的老人，他的井在 10 年前就干涸了，他曾认为这是不可能发生的事情。"在我成长的过程中，他们一直告诉我们不必担心水的问题，因为这里的水太多了，我们根本用不完，"他说，"嗯，事实证明他们错了，这让我们很难过。"20 世纪 80 年代，美国陆军工兵部队（U.S. Army Corps of Engineers）计划将密苏里河的水抽到蓄水层的枯竭区，为迅速萎缩的奥加拉拉蓄水层蓄水。当时人们担心，政府的工程师们会把目光投向五大湖，以代替密苏里河的水流。这从来都不是一个正式的提议，但密歇根大学的一位教授还是在数据上推敲看看这是否可行。根据他的计算，从苏必利尔湖修建约 600 英里长的运河和管道，每天将约 60 亿加仑的水输送到南达科他州，按 1980 年的美元计算，这个运输系统将耗资 190 多亿美元，这一数字还不包括将所有的水输送到高原的电力。这位教授估计，这需要相当于 7 座核电站的电力，而每座核电站的成本约为 10 亿美元。

我几乎能听到这位教授对这一切的荒谬之处发出的吃吃的笑声，他把价签上的所有零都计算在内，并考虑在三里岛刚刚削弱了美国对核裂变的兴趣的时候，建造一批新的核电站。直到今天，他的分析仍被援引为充分的理由，足以打消任何用五大湖水灌溉大平原的想法，更不用说用管道把湖水从落基山脉输送到长期干旱的西南部地区了。但是，仅仅因为在一个大陆上，将大量的水迁移数百英里甚至超过1 000 英里之外没有任何经济价值，就下结论说这永远不会发生是没有任何依据的。事实上，它正在发生。

2008 年，曾参选过美国总统的新墨西哥州州长比尔·理查森（Bill Richardson）认为在整个大陆分享水资源是明智的。理查森很快就退出了竞选，但是他所担心的淡水资源不平衡问题只会急剧增加。到 2015 年初，科罗拉多河出现了自 20 世纪中叶联邦政府修建大型水坝以来从未出现过的水资源短缺问题，这对拉斯维加斯这样的沙漠城市造成了毁灭性的影响，那里曾经是翠绿的小区，水警在巡逻，给洒水车开罚单。与此同时，加州州长杰里·布朗（Jerry Brown）在 2015 年初在该州历史上首次下令削减 25% 的居民用水量。现在人们相信，随着地下水资源的消失，水库的供应变得越来越不可靠，在不久的将来，可能会实施灌溉限制。

"现在加州的水库只剩下大约一年的水供应量了，[24] 我们的战略储备——地下水正在迅速消失，"美国国家航空和大气管理局喷气推进实验室（National Aeronautic and Atmospheric Administration's Jet Propulsion Laboratory）的资深水科学家杰伊·法米列蒂（Jay Famiglietti）说，"加州没有应对持续干旱的应急计划（更不用说持续 20 多年的特大干旱了），显然，除了保持紧急状态并祈求下雨之外。"

加州供应全国至少 90% 的生菜、西红柿、西兰花、花椰菜和其他不计其数的蔬菜、水果和坚果，所以它的供水系统不仅仅是一个区域问题，而是全国性的，就像五大湖一样。

这种不平衡很可能迫使某种大陆规模的渗透，在这种渗透中，随着日益干旱的城市和农业，丰富的水资源供应达到平衡。但会流动的可能不是水，而是人。匹兹堡卡内基梅隆大学改造城市研究所的唐纳德·K. 卡特（Donald K. Carter）预测，总有一天，阳光地带将成为著名的干旱带，其时间和速度与后工业化时代的上中西部地区从"锈带"演变成他喜欢称之为"水带"的地方相似。卡特说："在缺水的地方，不可能有大城市和文明。[25]肯定不可能。"

然而，鉴于能源成本和不断改进的海水淡化技术（成本昂贵且污染大），即使在 21 世纪把五大湖的水移到干旱的西部地区，从经济上甚至政治上都没有任何意义，但是将五大湖地区的水输送到该国其他地区完全是另一回事。

只有少数几处五大湖水域可以在湖泊的自然分水岭之外改道，包括威斯康星州的宜人大草原和俄亥俄州的阿克伦。这两者都跨越流域边界，并被允许使用湖水，前提是它们将处理过的废水送回五大湖流域，而这实际上是把这些用水户变成了整个五大湖流域。芝加哥是个例外，它每天从密歇根湖抽取约 20 亿加仑的水用于饮水和其他用途，而且不需要归还一滴水。该市将废水排入芝加哥环境卫生和航行运河。在重力的作用下，从那里流入密西西比河，然后流入墨西哥湾。美国最高法院对伊利诺伊州目前的水流量设定了上限，按照设计，这条运河可以将更多的水输送到密西西比河流域，流向亚特兰大或任何未来可能面临水资源短缺的南方城市。

五大湖的水也可以以类似的方式输出到东海岸。毕竟，仅靠重力作用就能够把伊利运河里的水从布法罗带到 500 英里远的纽约港。因此，当 20 世纪 80 年代中期的一场干旱导致纽约市一半以上的水库缺水时，纽约州环境专员表示，[26]纽约将不可避免地把五大湖视为未来饮用水的潜在来源。干旱解除后，这个想法被放弃了。但是 3 年后，伊利诺伊州提出了另一个改道计划，将芝加哥运河的流量增加两倍，[27]达到每天近 60 亿加仑（这个水量确实会对湖泊水位产生明显的影响），以增加遭受干旱袭击的密西西比河的水量。密西西比河的水位已经下降到如此程度，以至于超过 1 000 艘驳船搁浅在从圣路易斯到密西西比州维克斯堡的沙洲上。

这一计划也随着更潮湿天气的到来而搁置，然而 10 多年来，湖泊在法律上一直是开放的，直到 20 世纪 90 年代末，一位勘探者来到这里，声称对这些湖泊拥有主权。

＊　＊　＊

20 世纪 80 年代，在五大湖区各州的压力下，美国国会通过了一项法律，赋予五大湖区的 8 名州长对五大湖区以外水域改道的否决权。尽管前面提到了阿克伦和大草原允许到此引水，但州长们都不愿意把五大湖的水送到其他地方，这意味着在 20 世纪 90 年代末，大多数关注这一问题的人都认为，五大湖被大型管道或运河吞噬的威胁已经消失。

后来来了一位商人，他计划把苏必利尔湖的水卖给亚洲，一次一艘油轮的量。当州长和加拿大总理看到他们自己的法律和协议时，他们意识到自己可能无力阻止它。

在佐治亚州和田纳西州于 2008 年开始争夺州界线的 10 年之前，安大略省企业家约翰·费布拉罗（John Febbraro）无意中开始了自己的边境之战。当时他策划了一项计划，要把装载着苏必利尔湖水的货船派遣至圣劳伦斯航道，通过巴拿马运河，穿越太平洋，把水卖给亚洲国家。直到今天，他仍然坚持认为，他的计划中有一个利己的成分，那就是通过兜售属于每个人的东西来获取个人利益。五大湖的水由公众托管，并由毗邻五大湖的 8 个州和 2 个加拿大省管理。

"我这么做是有目的的，[28]"费布拉罗告诉我，"那就是以合理的成本向第三世界国家提供清洁的水。"

费伯拉罗说，他是在受够了电视广告的影响下才想到这个主意的。他抱怨说，推销的都是钱和食物。他说，从来没有人提到过对水的需求，即使相机拍摄的风景干裂得像拼图一样。

费布拉罗从沙发上站起来，走到安大略省环境部的地方办公室，填写了一份每年出口约 1.6 亿加仑苏必利尔湖水的申请。该计划显然没有违反任何加拿大的法律，最初甚至没有在加拿大或美国引发争议，并且在规定的长达一个月的公众评论期后获得批准。但是，当公众评论期结束一个月后，当安大略省已经签署了一项将苏必利尔湖水出售给亚洲的计划在报纸上传开时，两国的政客们都大吃一惊。

当时没有人担心费伯拉罗的计划会对苏必利尔湖造成直接的生态影响，虽然它涉及的水量很大。但政客们确实对把湖泊开放给各种形式的大规模使用的先例感到担忧。密歇根州国会议员巴特·斯图帕克（Bart Stupak）警告说："这是潘多拉的盒子。[29]我们一直担心有人试图把五大湖的水引到干旱地区。如果我们能把船开往亚洲，有什么办法能阻止我们把船开往西南或墨西哥呢？哪里才是你的最终目的地？"

尽管美国在 1986 年通过了一项法案，赋予了五大湖区的 8 名州长对将任何一滴水转移到五大湖流域边界以外的请求的否决权，但当费布拉罗申请许可证时，加拿大并没有这样的规定。当时确实有一项禁止规定，要求平均每天的申请量不超过 500 万加仑，但费布拉罗的计划量完全在这一限制值之内。

他的计划不仅突显了加拿大无力阻止该计划的实施，还暴露了美国在五大湖保护方面的弱点。针对费布拉罗的申请许可，美国五大湖区的领导们对他们自己的引水法进行了认真的研究，发现存在法律漏洞。问题是，州长们从来没有制定过衡量调水请求的标准。因此，如果一个被拒绝的申请人将他的案件提交至法庭，这项法律很可能会以仲裁的形式被废除，而五大湖区引水的闸门将会打开。

在公众的压力下，当他填写他的许可证文件时，费布拉罗同意不继续推行他的水出口计划，给州长和加拿大州充足的时间来加强和协调他们的分流规则。这项工作拖了好几年，在五大湖流域之外的一些人看来，这是荒谬的，甚至是偏执的。

"你知道在意识形态上与现实脱节是多么严重，[30] 所以你才得出密歇根可能会缺水的结论吗？"前众议院议长纽特·金里奇（Newt Gingrich）2005 年在密歇根州商会的一次会议上说。他了解到该州存在一种关于允许以瓶装的形式将五大湖水带离这个流域问题的争议。他的听众略略地笑了起来。那天，房间里显然没有人提到咸海、奥加拉拉蓄水层或者沃基肖曾经深不见底的矿泉。

让 8 个州就谁应该有资格获得五大湖的水资源达成一致的过程并不像人们所期望的那么简单。对像亚利桑那州这样遥远的州说"不"很容易；然而否认五大湖州中存在迫切需要安全水源的城市则是另一回事。

这花了 10 年的时间，但是五大湖各州在 2008 年的春天，在佐治亚州干旱最严重的时候达成了一项协议，这就维护了他们阻止大多数超过分水岭的改道引水的权利。该协议以八州协定的形式，于当年晚些时候由美国总统乔治·W·布什（George W. Bush）签署。（加拿大安大略省和魁北克省制定了平行协议，但由于美国各州不能与外国政府签订条约，所以该协议与条约是分开的。）引水禁令有 2 个主要的例外：一种是将五大湖流域的水装在容量不超过 5.7 加仑的容器里；另一种是通过管道流出的水，只能流向跨越五大湖流域边界的县内的一个城市，并且可以证明它没有其他可行的公共供水，同时允许将处理过的废水送回湖中。这一豁免是为沃基肖量身定做的，这并不令人意外，因为沃基肖是第一个在新契约下申请这样引水的城市。

申请在 2016 年的一次备受关注的投票中获得通过。沃基肖请求允许每天平均向密歇根湖和密西西比河流域之间的山脊输送 1 010 万加仑的密歇根湖水。这是早在 1836 年，奥林在沃基肖的旅行中可能还没有意识到的一个小山丘。沃基肖最初提出的水量要求，几乎是 1982 年沃基肖民兵组织成立时世界博览会管道输送水量的近 100 倍。但与五大湖相比，这是一个微不足道的数目，就像从一个巨大的游泳池里取出一茶匙水，甚至连一桶水中的一滴都比不上。

当然，促使五大湖之间建立新契约的水回收要求被描述为仅仅是杯水车薪。

沃基肖对湖水的需求被广泛抨击为协议的延伸条款。反对者认为，城市可以通过充分处理和保护地下水来解决镭的问题。此外，尽管沃基肖已同意将其处理后的废水送回密歇根湖，作为 2.07 亿美元管道计划的一部分，但它获得了比目前使用的每天 700 万加仑更多的用水量许可。批评人士说，这与这座城市所要求的水量无关；如果不严格执行协议的各项原则，将是一个不好的先例。

"我们并不反对沃基肖的引水，[31] 我们反对不符合协议标准的引水，"国家野生动物联合会（National Wildlife Federation）的马克·史密斯（Marc Smith）在沃基肖县申请被正式提交给五大湖区州长后的几天说，"我们希望确保协议的完整性。我们希望确保它能奏效。"

史密斯和其他反对沃基肖计划的人希望确保围绕五大湖的这条新界限能保持下去，因为沃基肖县对此的探索肯定会成为未来几年、几十年乃至更长时间里的首次尝试。因为只要存在于缺水人群和新水源之间的唯一的东西是干旱地区认为划得不恰当的边界，就总有理由去改变它，哪怕只是一点点，即使这条界限已经存在了几个世纪。问问田纳西州就知道了。

第 9 章

摇摇欲坠的平衡法案
——气候及湖泊水位的变化

　　帕特里克·库普茨（Patric Kuptz）对密歇根湖了如指掌。"我大部分时间都是在离这里不到 50 英尺的地方度过的。"这位 37 岁的密尔沃基本地码头工人在 2013 年 5 月的一个晴朗的早晨告诉我。他在住宅附近的一艘帆船上工作，这是一座褐色砖砌的复式住宅，位于纽约市南岸游艇俱乐部（South Shore Yacht Club）旁边。库普茨少年时代的夏天就在这里追逐潜伏在码头周围的浅绿色海水中的鲈鱼，在冰冷的海浪中戏水，在游艇俱乐部周围制造各种各样的恶作剧。

　　但到了 2013 年初，库普茨几乎认不出这个湖滨就是他成长的地方。他指着一片沙滩说，20 世纪 80 年代中期，当他还是个孩子的时候，这片沙滩甚至还不存在。当时，海水水位达到了创纪录的高度，比今天早上高出约 6 英尺（约合 3 米），游艇俱乐部的成员们需要通过自制的木制台阶才能从码头爬到他们的船上。几年后，当水位下降、那些楼梯被废弃时，年轻的库普茨简直不敢相信大人们短浅的目光。他甚至在孩提时代就知道，五大湖的水位变幻无常，在夏季高点和冬季低点之间的变化约为 1 英尺，由于长期的气候模式，在一段时间内的波动幅度高达几英尺。年轻的库普茨相信，水位回升只是时间问题，因此他想出了一个计划，把楼梯藏在车库里，等水位回升时再将它们卖给原主人。

但他从未执行过那个计划，这是一件好事，因为自 2013 年密歇根湖水位达到最低值时，只有唯一一次有记录的水位回升，而且根据另一项记录，20 多年来，水位并没有回归到长期的平均值。现在，成年的库普茨确信湖水不会再回来了，至少在他有生之年不会回来，于是他就制定了相应的计划，卖掉了自己的帆船。

"实际上，我买了一艘动力船，因为我担心吃水问题，"库普茨说，"龙骨（船的结构）触底问题困扰着港口的居民，真是疯了。我从来没见过这么低的水位。其他人也没见过。"

* * *

根据放射性碳年代测定法重现的历史水位记录显示，湖泊周围的坚硬山脊是古代海滩的遗迹。4 500 年前，密歇根湖的水位大约比现在高 13 英尺。然后，可能一小部分地区受到干旱的影响，水位在 500 年的时间里经历了急剧下降，直到接近我们已知的水平。有些人可能会感到安慰，因为这个湖以前经历过比现在更剧烈的波动。但重要的是要记住，密歇根湖的那 13 英尺的水位已经成为历史。它发生在湖滨城市出现之前，而那里拥有数百万人口和价值数万亿美元的房屋、摩天大楼、工厂、铁路车站、道路、航道和运河、污水处理厂、饮用水进水管和核反应堆，所有这些都依附在现代湖岸线上，都需要水位基本保持在过去一个半世纪的水平。

但随着气候变化的影响在这个可能被证明是全球对温度最敏感的地区之一占据一席之地，这种可能性正变得越来越小。大多数科学家认为，水温和气温的升高将加剧五大湖的降水蒸发循环；更多的水会蒸发到大气中，也会有更多的降水。问题是这些循环是否会达到相互平衡的状态。在过去20年的大部分时间里，它们并没有达到这种状态。

五大湖的水位由于季节性和长期的气候模式而不断波动。但是从本质上讲，这些湖泊也是一条巨大的缓慢流动的河流，从大陆中部流向北大西洋，这并非完全自然形成的。

苏必利尔湖位于这个系统的顶端，湖水缓缓地朝着东岸的一个裂口流去，这个裂口形成了圣玛丽河的源头，苏必利尔湖平均每秒的水量约为75 000立方英尺。圣玛丽河向南流入休伦湖，从休伦湖流出后便是埃尔湖沿岸的圣克莱尔河，平均流速约为每秒181 000立方英尺。伊利湖湖水倾入尼亚加拉河，在尼亚加拉大瀑布呼啸而过，注入安大略湖。安大略湖以每秒251 000立方英尺的速度流入大西洋沿岸的圣劳伦斯河，足以满足整个美国的饮用水和农业需求。

该系统上有2个人工控制点，它们可以使湖水缓慢或快速地流出。位于圣玛丽河上的一座大坝可以将苏必利尔湖的水位调整几英寸，这是水电和航行船闸系统的一部分，可以让货船从休伦湖驶入苏必利尔湖。在安大略湖下方的圣劳伦斯河上也有一个大坝系统，可以在一定程度上控制安大略湖的水位。而流经密歇根湖和休伦湖的圣克莱尔河没有人为控制，这两个湖实际上是通过麦基诺海峡连接的一个大湖。

此外，还有3种主要的人工改道可以控制进出五大湖的水量，其中最臭名昭著的是芝加哥环境卫生和航行运河。但是，将五大湖的水转移到密西西比河流域的做法受到美国最高法院的限制，而且两次改道进入五大湖的做法得到了超额补偿。加拿大把两条河从哈得孙湾流域引入苏必利尔湖。这些都是第二次世界大战时期加拿大为了从汹涌的湖水中留出更多的水用于水力发电而进行的项目。

然而即使有这些修补工作，密歇根湖和休伦湖自从19世纪开始记录水位以来，其水位变化仍一直保持在长期平均水平的3英尺以内，而且几乎是有节奏地保持着。在 20 世纪 20、30、50 和 60 年代，股市曾多次跌入低谷，随后总是迅速而持续地反弹，之后又回到了长期平均水平，然后又超过了长期平均水平。这种现象通常发生在三四年之内，尽管在 20 世纪 30 年代的大部分时间里 *，尤其是沙尘暴期间，水位出现缓慢而稳定的上升。

然后水位出现了一次没有人预见到的暴跌。1998—1999 年，密歇根湖和休伦湖的水位直线下降了 3 英尺，几乎超过了 20 世纪 60 年代的历史最低点。密歇根湖和休伦湖的水位在随后的 15 年里没有恢复到长期平均水平。然后在 2013 年，水位创下了一个半世纪以来的新低，比 20 世纪 80 年代的平均水位低 6.5 英尺。水文学家们困惑了，与以往的低潮期不同，这次的干旱不能归咎于长期干旱。15 年来，密歇根湖和休伦湖的水位一直低于它们的长期平均水位，但实际上，平均而言，它们的水位比往常要高。

那么这些湖水都去哪了？这不是一个关于气候变化的故事，这是关于气候已经发生变化的故事。

＊　＊　＊

经过数周的耐心等待，冰慢慢出现在苏必利尔湖上。2013 年一个寒冷的圣帕特里克节（St. Patrick's Day）**，鲍勃·克鲁梅纳克（Bob Krumenaker）终于决定带上他的越野滑雪板，冒险前往他作为使徒岛国家湖岸管理局（Apostle Islands National Lakeshore）局长负责监管的一个岛屿。当克鲁梅纳克和一个同事滑向离岸大约 1 英里的巴斯伍德

---

* 20 世纪 30 年代，沙尘暴席卷美国和加拿大的多个地区，给生态环境和农业发展带来了灾难性的影响。——译者注
** 圣帕特里克节（St. Patrick's Day）是每年的 3 月 17 日，为了纪念爱尔兰守护神圣帕特里克。这一节日于 5 世纪末期起源于爱尔兰，如今已成为爱尔兰的国庆节。随着爱尔兰后裔遍布世界各地，现在，圣帕特里克节已经渐渐在一些国家成为节日。美国从 1737 年 3 月 17 日开始庆祝这一节日。——译者注

岛（Basswood Island）时，湖上的冰感觉就像混凝土一样坚硬。再往前滑一点，湖面上布满了冰上钓鱼小屋和雪地摩托，所有这一切都表明，在像州际公路一样延伸的坚固的冰层下，浑浊的湖水又一次进入了冬眠，但所看到的景象只是海市蜃楼。

现实隐藏在克鲁梅纳克的绿色套头衫下。他穿着一件红色救生衣。冰冻的白色海岸线掩盖了几英里外正在发生的事情，那里的冰被翻腾的黑色波浪所淹没，而冰层覆盖在冬季的水面上。尽管克鲁梅纳克说他从不担心自己的安全，但这是他第一次在滑雪时穿救生衣，这也是他妻子坚持要求的。几个星期前，一名曾是警察的钓鱼向导在离克鲁梅纳克公园总部不远的贝菲尔德坠冰身亡。不到一个月后，又有两辆贝菲尔德地区的雪地摩托车在马德琳岛（Madeline Island）附近的冰面上坠毁，车上人员死亡。"3个熟悉情况的当地人都死了，"克鲁梅纳克滑雪旅行几天后沉思道，"这无疑会让这个地方的人感到不安。"

在那次滑雪之旅结束后的几天里，卫星拍摄到的冰层图像显示，苏必利尔湖被冰覆盖的比例通常在一年中达到顶峰。此外，苏必利尔湖仅在像贝菲尔德、德卢斯、科珀港和桑德贝这些城市的港口和海湾处结冰。从太空拍摄的照片显示，苏必利尔湖的其余部分大约有90%的区域是开阔的水域，就像本页上的字体一样是黑色的。数十年来，研究人员一直通过飞机调查和卫星图像追踪苏必利尔湖的冰层覆盖情况，他们表示，现在这种情况很正常。

从历史上看，苏必利尔湖的表面平均每年有1/4～1/3左右结冰，其面积与马萨诸塞州大致相当。但是苏必利尔湖的平均冰层覆盖面积在1973—2011年下降了76%。五大湖地区也出现了类似的现象；一项联邦研究在2013年估计，在过去的40年里，所有湖泊的平均冰层覆盖面积下降了63%。在同一时期，科学家们计算出，所有五大湖的近水面气温仅上升0.9℃，其中大部分变化发生在20世纪90年代后期。

常识告诉我们，顽固且寒冷的内陆海洋将不会受到如此微小的气温波动的影响。然而，一位来自五大湖以外的科学家却发现事实恰好相反。

杰伊·奥斯汀（Jay Austin）于 2005 年获得麻省理工学院伍兹霍尔海洋研究所的海洋学博士学位，后来到明尼苏达大学德卢斯分校，但他几乎没有研究淡水生物的经验。"我对湖泊的温度一无所知，所以我想一个很好的学习方法就是收集数据，把它们绘制出来，然后花上一周的时间去研究它们，看看会发生什么。"奥斯汀告诉我他的办公室坐落在如旧金山一般地势陡峭的德卢斯山坡上，这个山坡位于苏必利尔湖的西端。那是 2013 年春假，他所有的学生都走了，但在这个特别的早晨却没有什么春天的气息。奥斯汀穿着一件高领的滑雪专用毛衣，下面的湖被一场迟来的暴风雪袭击着。这场暴风雪虽然是暂时的，但却有利于他发现温度和水文的显著变化。

奥斯汀研究了一个世纪以来从湖东端的一个监测站收集到的水温记录，以及从湖中气象浮标网中获得的数据，这些发现的数据并没有太大的价值。自 1980 年以来，苏必利尔湖的平均夏季地表水温度以每 10 年约 1.1℃ 的速度上升，大约是苏必利尔湖流域气温上升速度的两倍。

奥斯汀开始寻找科学文献来解释其中的原因，但他几乎什么也没找到。他最终查阅了冰盖数据，并通过将历史水温与冰层记录进行比较，确定这不仅仅是温暖的夏季天气推动了水温的上升，冬天也会出现水温上升的现象。五大湖地区的气温无论上升得多么轻微，都足以显著减少苏必利尔湖的平均冰层覆盖面积。由于没有明亮的白色冰盖将太阳辐射反射回天空，湖面会继续吸收热量，即使在下雪季节也是如此。事实证明，每年变暖过程的加速对夏季表层水温的峰值有着深远的影响。

奥斯汀说："人们的直觉是，像这样一个非常大的湖泊对气候变化的反应可能会比较慢。"但事实上，我们发现它特别敏感。

　　奥斯汀的数据显示，冬季冰层对苏必利尔湖夏季水温的影响非常大。冬天的冰覆盖得越多，第二年夏天湖水可能就越凉爽；反之，冬天的冰越少，夏天的水就越温暖。奥斯汀说："你不需要做大量的统计分析来让自己相信这个现象是很重要的。你设计了这个情节，就是这样。"

　　类似的现象也发生在五大湖的其他湖泊上。密歇根湖南部的一个气象浮标显示，1997—2013 年，夏季地表水的平均温度上升了 1.9℃。2012 年的某一天，位于密尔沃基东南约 43 英里（约合 48 千米）的湖心温度计测得的温度达到了 26℃，即加勒比海的温度，当时只是 7 月初，湖水温度一般只有约 10℃。"气温发生变化并不是什么引人瞩目的事情，但它已经不足以产生我们过去所拥有的冰层，"威斯康星大学密尔沃基分校的气象学家保罗·罗贝尔（Paul Roebber）说，"这就造成了这样一个系统的所有变化。"

　　温暖的水可能听起来不算是麻烦的新闻，它显然为沙滩爱好者和游客提供了一个更友好的湖泊。苏必利尔湖水温上升了，在炎热的夏夜，海洋学家奥斯汀可以带着他的儿子在德卢斯市中心附近的沙滩游泳，这是绝大多数人以前都不会做的事，因为此前湖水全年都很冷，甚至在夏天游泳也会冒体温过低的危险。

　　但是温度的升高可能会给湖泊的长期水位造成灾难性的影响，因为它正在提高蒸发速率。美国国家海洋和大气管理局的数据显示，1999—2013 年，密歇根湖和休伦湖的年蒸发量都高于平均水平，而1999 年是湖泊历史上最长的低水位期。由于冬季的冰盖很少甚至没有受到保护，冷空气在相对温暖的水面上呼啸而过，会导致更多的蒸发。这次热雪崩的结果是由空气温度的微小波动引发的：湖泊的表面快塌下来了。

　　尽管当冷空气吹过夏季不断变暖的水域时，蒸发量会增加，但最大的变化发生在每年 10 月、11 月和 12 月的寒冷大风期间，在一年中的这个时候，蒸发现象每周会从相对温暖的湖泊中带走多达 2 英寸深的水。罗贝尔指出了密歇根州附近水域和休伦湖在 1997—2013 年，每年因蒸发损失的水量与历史年平均值相比的数据。在对所有这些数字进行统计后，结果显示蒸发量增加；通过使用含有水温、空气温度和风速等参数的模型计算后发现，增加的蒸发量已经带走了湖泊中 4 英尺深的水。在这些高于正常水平的蒸发损失中，有一半被高于正常水平的降水所抵消了。但是罗贝尔说，人们需要了解的是，湖泊历史上的低水位—高水位循环已经发生了根本性的变化。

　　弗兰克·奎因（Frank Quinn）已经退休了，她曾是美国国家海洋和大气管理局位于密歇根州安阿伯的五大湖环境研究实验室的水文专家，她已经跟踪记录了半个多世纪以来的湖泊水位波动情况。虽然人们一直在抱怨着水位过高，但他们很少责怪其他人，除了大自然以外。至于低水位，奎因听到了各种各样的疯狂理论。原子弹试验的蒸发效应在 20 世纪 60 年代是一个常见的罪魁祸首。多年来一直还有传言称，尼亚加拉瀑布下有一条秘密运河，将水流引向干旱的西部。事实上，湖泊总是有点干燥，这只是因为缺少雨水和雪。至少以前是这样的。

　　奎因在 2013 年表示："气候的变化引起了水文格局的变化。虽然降水增多了，但是由于蒸发变强，我们损失了更多的水，这就是导致密歇根湖和休伦湖水位下降的原因——持续的低水位，这部分我们无法解释。"

　　奎因并没有说这样的变化在人类开始仔细记录水位反弹之前从未发生过，她也没有说在某种程度上这种变化不会逆转。但是她说，毫无疑问，在 21 世纪的前 10 年里，湖区的运作方式发生了巨大的转变，以至于在某些年份，天空从湖泊中吸收的水分实际上比它提供的要多。

　　但是，这种蒸发—降水循环的变化并不是密歇根湖和休伦湖在

2013 年后出现这种未知变化的唯一原因。部分问题也可以在圣克莱尔河的底部找到，这条河本质上是密歇根湖和休伦湖水汇入海洋时的排水口——一个为了航行而被破坏的排水口。

1900 年 8 月 4 日，休伦湖南端一片死寂。[1] 大约午夜时分，当231 英尺长的"丰塔纳"号满载着 2 600 吨铁矿石，向南驶往克利夫兰的钢铁厂时，经过的这条 800 英尺宽的水槽其实是圣克莱尔河的河口，它汇集了苏必利尔湖、密歇根湖和休伦湖的水量。

当"丰塔纳"号驶近休伦湖底部的这个涡流时，[2] 在薄雾中，出现了 324 英尺长的"圣地亚哥"号的灯光。"丰塔纳"号和"圣地亚哥"号都是帆船，在这一天晚上都被改装成驳船，两艘船都被拖到了现代汽船后面约 800 英尺的地方。当它们在湍急的河道中相遇时，两艘汽船的船长在距离接近 1 英里的时候鸣笛致意，平安无事地擦身而过。但随后，"圣地亚哥"号在漩涡、翻腾的水流中疯狂地拍打着它的拖曳线，转向"丰塔纳"号，把"丰塔纳"号船壳撞碎了，随即沉没，成了五大湖区历史上最离奇的海洋灾难之一，人们至今对这场灾难的后果的评价仍有好有坏。

"丰塔纳"号沉没了，一名船员也在碰撞中丧生。更大的灾难是，这艘船沉没在一个最糟糕的地方，这是在一个极度紧张和危险的航运通道中间，水流以每小时 5 英里的速度奔腾——比科罗拉多河穿过大峡谷的速度还要快。这对其他试图在这片被称为"急流"的区域穿行的船只构成了明显的威胁。"急流"是一条长达 70 英尺（约合 30 米）的河流的别称。

然而，3 个星期后，就在人们还没有想出如何处理沉船的办法之前，一艘向上游前进的钢壳汽船试图挤过"丰塔纳"号的残骸，与那艘驶往下游的帆船"约翰·马丁"号（John Martin）相撞了。[3] 相撞是如此激烈，以至于"约翰·马丁"号的船体碎裂声在 1 英里外的陆地上都能听到。"约翰·马丁"号上的 4 名船员在不到 20 秒的时间里被河水吞没,这艘 220 英尺长的船沉入水底。美国政府最终拆除了两艘船的所有残骸,这两艘船伸出航道上方的高度足以对上方经过的货船构成威胁,而这两艘船的船壳直到今天仍在河底。

100 多年后,这些湖水吞噬了约 6 000 艘船和 3 万人的生命,而两艘船和 5 条人命的损失,在一位海洋历史学家的工作表上,通常只值得划上几条线。但是,这两起沉船事件有一个值得注意的地方,船只下沉的速度如此之快,使得圣克莱尔河的自然流量节流,这足以使密歇根湖和休伦湖的水位上升了 1 英寸多。这是相当多的水。休伦湖和密歇根湖的面积相当于马里兰州、佛蒙特州、新罕布什尔州、新泽西州和康涅狄格州的总面积。另一种看法是:芝加哥运河宽 160 英尺、深 25 英尺,每天从密歇根湖抽走了 20 多亿加仑的水,这使得密歇根湖和休伦湖的长期平均水位仅下降了 2 英寸。(这一损失被加拿大人两次改道进入五大湖所抵消。)

事实上,相对较小的"丰塔纳"号和"约翰·马丁"号总共只携带了 4 200 吨货物,这可能会使得密歇根湖和休伦湖的主要出口受到限制,这应该是对美国和加拿大政府的一种警告:如果你不想破坏补给圣克莱尔河的 2 个大湖的水位,就不要乱动。但政府没有注意到。

在随后的 30 年里,圣克莱尔河床上开采了 300 多万吨沙砾,足以装满大约 30 万辆自卸卡车。如果你把圣克莱尔河想象成由密歇根湖和休伦湖组成的巨大浴缸里的排水口,那么这项工作就像拿着手提钻去排水口一样。当时的水文学者知道,所有的挖掘都以某种方式增加了圣克莱尔河的流量,这种方式正在吞噬流入圣克莱尔河的湖泊,河床开采最终在 1926 年被禁止。但航行疏浚使得越来越大的货轮能够从伊利湖起航,其规模之大令人难以理解。20 世纪 30 年代的一项疏浚工程挖掘了 1 100 万立方码(1 立方码 =0.76 立方米)的河床。[4] 20 世纪

60 年代初，为了加深这条 39 英里长的河流的航道，使其与新的圣劳伦斯航道相匹配，又进行了一轮疏浚工程，疏浚量增加了 200 万立方码。工程师们估计，从 19 世纪 50 年代首次挖掘最浅的阻塞点以便让帆船在这条河上航行以来，已经有超过 3 300 万立方码的河床从圣克莱尔河的航道上被移走。

　　负责 20 世纪航海疏浚的工程师们意识到，他们所有的工作都在降低密歇根湖和休伦湖的长期平均水位，而降低的水位不仅仅是用英寸来衡量的。这就是为什么在过去的一个世纪里，联邦政府每次批准圣克莱尔河的大型疏浚工程时，都会附带一项补偿所有流向海洋的水的计划。当时的想法，是在河底的重要区域修建大坝式的建筑，以减缓河水的流动，但同时仍要保持一条足够深的河道，以保证五大湖货轮的正常运营。然而在 20 世纪初，当圣克莱尔河的航道加深到 22 英尺时，这种补偿工作并没有完成；在 20 世纪 30 年代的疏浚工程将航道拓宽到 25 英尺后，这种补偿工作也没有完成。这是在 20 世纪 60 年代早期完成的，当时这条航道被挖掘到大约 30 英尺深。在最后一个疏浚工程完成之后的几年里，密歇根湖和休伦湖的水位降到了历史最低点。这并不令人感到意外；根据水文学家的计算，那时，圣克莱尔河的所有人类疏浚和采矿活动使密歇根湖和休伦湖的长期平均水位下降了 1.5 英尺，足以把丹麦那么大的一块陆地变成一个游泳池。

　　这种"流失的水"的说法有点抽象，因为五大湖的水位一直在变化。在图上绘制一个湖泊几十年的水位就像查看 EKG（心电图）打印输出。波峰和波谷反映的是季节振荡，而较大的波峰则跨越数年甚至数十年。如果在这些高点和低点中间画一条线，你就会看到一个湖泊的长期平均水位，而这条通往密歇根湖和休伦湖的直线被圣克莱尔的疏浚工程拉低了。它的意思是，如果你今天或任何一天走到密歇根湖或休伦湖的岸边，这里的水会比没有人类干预河底的地方低 1.5 英尺。

没有任何建筑工程可以弥补这些疏浚造成的损失。水文学家奎因是美国陆军工程队（U.S. Army Corps of Engineers）的一员，他们于 20 世纪 60 年代在密西西比州维克斯堡的一个庞大的联邦研究中心集合，该团队的目标是探索如何完成疏浚工作，该团队建造了一个小型的南部休伦湖和圣克莱尔河模型。[5] 河流上游 2.8 英里的模型是由混凝土制成的，并根据航拍照片和水深测量数据精心制作而成。工程师们在真实的圣克莱尔河中放置了漂浮体，并追踪漂浮物的移动路径和覆盖时间，从而进一步对这条河的三维模型进行校准。然后，他们对模型河流的流量和形状进行相应的调整，使之与实际河流的深度、流速和流动路径相匹配。工程师们随后建造了一个精确缩小的、可遥控的 730 英尺长的散货船模型，以确保它们不仅适用于湖泊，也适用于航运业。然后，工程师们为其增添了一些立体的花饰。一座连接密歇根圣克莱尔和安大略省爱德华的缩小版的桥横跨这条河的河口，河岸上有一个小型的海岸警卫队站，它可能与复制河流水文没有任何关系，但肯定给整个作品增添了几分趣味。

几年来，我一直听人提起这个不可思议的模型，当我去看望奎因时，我问他这个模型是否还存在。奎因现在已经退休，住在密歇根州安阿伯市郊外的家中。"也许是藏在仓库的什么地方？"奎因咯咯地笑了。他告诉我，这个被长期丢弃的模型基本上就是一个仓库；仅这条河就有一个足球场那么长，而那艘显然已经遗失多年的船模，差不多有 12 英尺长。

一旦这条河和这艘船开始投入使用，下一步就是以精确的方式安装模型的水下护岸，这样既能控制水流，又能让货船在岸上或周边通过。工程师们把注意力集中在安装这些结构的准确位置上，甚至用碎煤来模拟湖上的沉积物是如何在某种程度上影响到河堤形状的，从而改变它们以达到对河流和湖泊水位的影响。当这些人完成他们的研究时，他们以令人难以置信的精确性知道如何建立一个水下大坝系统，使他们能够将密歇根湖和休伦湖的实际长期平均水位的上升幅度控制在 0.6 英寸以内。

奎因说："他们按照比例来做，然后将水注入河中，看看它是否可行以及是如何起作用的。效果很好。"

但是美国陆军部队从来没有建造过实用的东西。

奎因说："从 1966 年左右开始，降水量持续增加，水位上升。随着湖泊水位回升至长期平均水平，人们对该项目的兴趣也随之消失，所以这条河的比例模型被废弃了。今天剩下的只是一个布满灰尘的计划，如果建模者更进一步研究的话，这个计划可能永远不会被搁置。"

工程师们在他们的最终报告中写道[6]："应该记住，这种模型采用的是特定的河床，不会被水流的作用所侵蚀。在这些试验中，河床被认为是相当稳定的。"

这是一个很大的假设。

* * *

居住在休伦湖边小屋的主人玛丽·穆特（Mary Mute）从不相信最近连续多年的创纪录低水位完全是由于水温升高而造成的。这位来自多伦多的退休护士承认，前所未有的蒸发确实导致了密歇根湖和休伦湖在 2013 年创纪录的低水位，但她也将责任归咎于圣克莱尔疏浚工程带来的不可预见的后果，她认为政府不负责任的决定永远无法弥补。穆特在休伦湖的乔治亚湾拥有一处住宅。由于休伦湖海岸线倾斜（这里是五大湖中最容易受低水位影响的地区之一），当乔治亚湾的水位下降一两英尺时，这并不仅仅意味着码头和水面之间有更多的空间。在一些地方，这意味着海水会从旧海岸线退后 100 多英尺，有时会让那些只能乘船到达的岛屿变得遥不可及。

　　1999 年，在休伦湖的水位不可思议地突然下降了 3 英尺之后，穆特带着怀疑的目光一直注视着河流。她对这条河的疏浚历史和河道的大小在控制湖泊水位方面的关键作用仅有一个模糊的认识。这让她怀疑，除了天气模式的变化，是否还有其他因素在起作用。最后，她决定南下，亲自去看看圣克莱尔河。虽然穆特不是一位水文学者，但她对这条河已经有些怀疑了。所以，当她在 2001 年的那一天从她的黑色沃尔沃轿车里走出来的时候，在安大略省萨尼亚市的炼油厂里，她发现自己被河水的流速吓呆了，这并不让人感到奇怪。当时，小船逆流而上，汇入休伦湖，像鸟儿一样扑面而来。

　　当她抬起头来，看到一艘战舰大小的货轮正以不可思议的速度从附近驶过时，她对这条河底只有几英尺深的沙滩感到十分惊讶。"我对自己说：'从我现在站的位置到那艘船所在的位置，怎么能那么深'，"穆特回忆道，"船离我只有 100～150 英尺的距离。"她开始挖掘历史上的疏浚记录，以及从未完成的用以弥补损失的计划。之后，她带头发起了一项耗资 25 万美元的基金筹集活动，以聘请一家建筑公司来弄清楚这条河到底发生了什么。2004 年，她得到了一直在寻找的答案。当时，她的团队发布了一份令人震惊的研究报告，称自 20 世纪 60 年代以来的意外侵蚀使得湖泊水位下降，且远远超过了美国和加拿大政府此前承认的河床疏浚和采矿导致湖泊水位下降的 14～18 英寸的数据值。

　　乔治亚湾的一项研究表明，河床采矿、疏浚和随后的侵蚀造成的河床损失实际上超过了 2 英尺，并日益恶化。从理论上说，20 世纪 60 年代的疏浚工作确实清理掉了一层起保护作用的鹅卵石和岩石，露出了松软的河床，这些软河床开始在湍急的水流中被侵蚀，导致不断增加的水分流失。主持这项研究的工程师解释说，近几十年来，休伦湖南岸和圣克莱尔河岸的开发活动阻碍了沙子和其他物质流入河道并填满侵蚀带，这使得问题更加复杂。

乔治亚湾报告的依据是：使密歇根湖和休伦湖保持了数千年之久的坚如磐石的塞子已经变成了淤泥。

美国陆军承认确实有什么地方出了问题，他们指出，自己追踪了密歇根湖和休伦湖与下游伊利湖的相对水位差的数据。由于这2个湖泊是由圣克莱尔河连接的，当密歇根湖和休伦湖的水位下降时，伊利湖的水位在历史上也下降了。但在最近几十年里，这2个水体之间大约9英尺的水位差在缩小。

陆军并不认为这一定是圣克莱尔河侵蚀的问题。密歇根湖、休伦湖和伊利湖之间差距缩小的合理解释包括气候模式的变化，这导致了伊利湖的降水增加，以及地壳在被最后的冰川挤压后持续缓慢的地质反弹。有充分的证据表明，乔治亚湾地区的水位与密歇根湖和休伦湖的南部海岸相比正在无情地上升，实际上同时降低了乔治亚湾的水位，并提高了南部地区的水位。乔治亚湾研究小组承认，这些因素可能是导致密歇根-休伦湖和伊利湖水位差距不断缩小的原因，但该组织坚称，最大的问题是陆军部队的疏浚工作，这意外地造成圣克莱尔河底部不断受到侵蚀。"我们发现了一些令人担忧的情况。[7]"负责乔治亚湾研究的工程师说。

这一消息足以引起国际联合委员会的警惕，该委员会由2个国家组成，负责监督美国和加拿大的边界水域问题。在2009年，这些科学家在一名职业陆军雇员的带领下发布了一份报告，报告得出的结论是，自20世纪60年代以来的意外侵蚀确实使密歇根湖和休伦湖地区的水位降低了3～5英寸。不过他们表示，侵蚀似乎在1999年左右停止了，因此失水问题并没有恶化。这意味着官方承认密歇根湖和休伦湖所付出的代价与圣克莱尔河的采矿、疏浚以及20世纪60年代早期以来的侵蚀有关，侵蚀深度多达21英寸（将近2英尺）。乔治亚湾的许多人认为这个数字仍然大大低估了侵蚀的影响，他们认为侵蚀仍在继续。

协助联合委员会进行这项研究的科学家们建议，不要下令进行河床修复工程来解决这个问题，相反，他们建议该地区应学会在没水的情况下生活。在这个问题上存在严重分歧的联合委员会投票否决了这些科学家的建议，转而要求美国和加拿大政府再次研究圣克莱尔河上能够减少水流的装置。

在 21 世纪，是否要继续对圣克莱尔河进行修修补补，这一次不是为了迎合航运业，而是为了弥补 20 世纪所造成的疏浚破坏。就像安大略的费布拉罗计划把装满苏必利尔湖水的油轮运往亚洲一样，争论也越来越激烈。美国联合委员会主席拉娜·波拉克（Lana Pollack）拒绝在委员会建议美国和加拿大政府研究如何提高湖泊水位的信函上签字。她告诉我，她担心任何这样的修复工程都只会带来虚假的希望，并分散公众的注意力，使他们忽略了她认为导致蒸发加剧的真正问题——气候变化。

波拉克说："有些人否认气候变化是由我们的能源选择造成的，但他们也说：'我们希望你们解决这个问题。'"因此，他们说人类太渺小了，无法影响大自然，因为大自然的力量比人类强大得多。然而，他们却莫名其妙地反过来说："好吧，政府在工程中插上电源，疏通了一些东西，挖出了一些东西，炸毁了一些东西，也修复了一些东西。他们不认为人类太虚弱而无法设计出一种解决方案，但不知是什么原因，他们却说自己没有责任。"

就在这些湖泊的水位在 2013 年跌至最低值后不久，五大湖区委员会（Great lakes Commission）的执行董事蒂姆·埃德（Tim Eder）开始着手保护这些湖泊的生态完整性，在经济上尽可能地缩减开支的同时，对于是否要减缓圣克莱尔的流速以提高密歇根湖和休伦湖的水位，他心存疑虑。这可能对航海、游船和业主都有好处，但他也看到了潜在的负面影响，最明显的是湖水水位可能会自然上升。河流修复将加剧密尔沃基和芝加哥等人口密集地区的洪水侵蚀。埃德还担心，如果陆军部队的任务是在圣克莱尔河上建立和运行某种控制机制，人们就会要求对湖泊进行管理，以消除或减少其自然波动，这对维持近岸鱼类栖息地以及维持湿地和沼泽的健康至关重要；毕竟，湖泊的水位在一定程度上是由自然因素造成的。

联合委员会不建议两国政府在圣克莱尔河上修建一个闸门可控的大坝来控制水流，而只是修建陆军部队以前考虑过的护堤。这将提高湖泊的水位，但仍然允许它们自然波动。尽管如此，埃德还是担心一些业主最终会要求建造一个允许政府控制水位的装置。

"人们希望湖面的水位比他们的码头低 6 英寸。这个系统可不是这样工作的，"埃德说，"我敢肯定，人们需要认识到这些是动态系统，需要波动，而我们需要适应。"

在这种降水和蒸发增加的新模式下，问题是如何做到这一点。

* * *

2013 年春天，整个五大湖都非常潮湿，但美国陆军的水文学家当时表示，这场风暴只是沧海一粟。陆军水文学家基思·孔波托维奇（Keith Kompoltowicz）当时说："今年春天我们看到的情况是，我们需要让这些湖泊恢复生机。你只需要在几个季节里都能看到它。"

但是他错了。就像我们其他人一样，他没有看到极地涡旋的来临。

随着冬季的北极风暴，密歇根湖和休伦湖近几十年来首次从一个海岸到另一个海岸开始结冰，导致这些湖泊在 2014 年夏季恢复到长期平均水位，然后水位不停地上升。2015 年冬天，湖泊也发生了类似的冰冻现象。这两年的异常结冰，加上同期高于平均水平的降水量，导致 2013—2015 年湖泊的水位上升了 3 英尺多，创下了有史以来两年间最大的涨幅。第二年，水位又上升了 1 英尺。

如此剧烈的反弹本身就带来了问题。这场帮助湖泊恢复的风暴还引发了该地区大量污水的溢出，芝加哥暴发洪水，大量富含肥料的土壤被冲入伊利湖，导致污染面积近 2 000 平方英里的有毒藻类的大量繁殖。

现在，越来越难以把这些洪水当作偶然事件而不对其进行关注。气象学家将最剧烈的降雨事件称为"百年一遇的风暴"，这种风暴在任何一年发生的概率都只有 1%。自 1997 年以来，仅密尔沃基地区就经历了 6 次这样的风暴，其中 2010 年仅 1 个月就发生了 2 次。气象学家罗布说："我们要么是运气很差，要么就是发生了其他事情。"

罗布认为这里的"其他事情"指的是一个前所未有的降雨和蒸发的时代。他预计密歇根湖和休伦湖的平均水位在未来几十年将持续下降，但他更担心的是，愈演愈烈的天气变化将如何推动湖泊的长期平均水位高于和低于大家所见到的波动，这远远超过历史上高于或低于平均水位 3 英尺的流量。罗布说，我们有理由相信，在未来的几十年里，最高水位和最低水位将会在平均水位上下浮动 4 英尺多，这意味着水位可能会波动 8～10 英尺。

罗布说，在气候越来越难以预测的情况下，一个合理的选择是在圣克莱尔河上探索一个闸门系统，在潮湿的年份放水，在干旱的年份蓄水，而这正是五大湖委员会委员埃德所担心的。

罗布承认，试图把水位限制在历史范围内是不可能的。问题在于，五大湖的水文循环中包含了太多的惯性因素，要想让闸门正常运行，就需要准确预测未来几个月的降水趋势。如果这些预测是错误的，闸门只会增加极端高值和低值的出现频率；水可以在它应该被释放的时候被控制，或者在应该被控制的时候被释放。

但是罗布表示，在灾难性的水位升高、降低或两者同时发生之前，现在是时候探索以这种方式管理湖泊的潜力了。"也许，"罗布说，"我们已经到了别无选择的地步，只能全面管理这个系统。"波拉克是美国联合委员会主席，她不想做这样的事情。她认为，最好的生活方式就是接受大自然给予湖泊的东西。这个概念在气候变化领域被称为"适应性管理"。

"适应性管理是很难开展的，因为从定义上看，我们不知道它意味着什么，"波拉克告诉我，"一开始不要开处方。它并没有说建造这个和疏浚那个，并改变另外一些东西。"这意味着要开始关注已经发生的变化，尽可能地学习如何更好地预测可能发生的变化，并在如何应对的决策中发挥战略性作用。波拉克说："这是一个不断衡量、学习和调整的过程。"

当然，当2013年的水位达到足以创纪录的低值时，这种情况就已经发生了。码头正在安装浮船坞。为了防止船壳在湖底开裂，在低水位的年份里，每损失1英寸的水，货船的运营者们就会损失270吨货物，他们正在相应地调整他们的商业计划。湖滨的城市和村庄正在把他们的港口挖得越来越深，这是一种代价高昂的适应方式，无论是从资金还是对湖底环境的破坏来看都是如此。2013年初，我和其中一个疏浚项目的老板谈了谈，他被叫到密歇根湖北岸的一个小岛上实施紧急方案，以便渡轮能进入港口。这艘渡轮是这座拥有700名居民的小岛上唯——艘全年通航的渡轮。在结束了一项危险的工作后，他不得不在一个结冰的港口的驳船上操作起重机，他谈到了在密歇根湖和休伦湖将近5 500英里的联合海岸线上，类似的绝望工程正在进行中。他认为一定有更好的办法，也许是设法留住水，而不是依靠巨石和基岩来抬高水位。

他说："我们不能一直挖、挖、挖。"

那一刻，密歇根湖和休伦湖的水位在100多年前因"丰塔纳"号和"约翰·马丁"号的沉没而加了1英寸，这是一件好事。但到2016年年初，水位已经远远超出了长期平均水平，并开始侵蚀湖岸房产业主的后院，它开始看起来像是一种诅咒。

新闻媒体从湖水水位飙升中得出的结论是，一切终于恢复了正常。气象学家罗布说，人们需要认识到的是，这可能只是一个全新常态的开始，水位的起起伏伏是五大湖流域的 4 000 万居民从来没有见过的，更不用说如何生活了。

罗布说："在湖泊迅速恢复了其长期平均水位之后，水位将持续攀升。[8] 那太好了，没有人会抱怨。但这并不意味着根本问题已经得到解决。"

事实上，问题才刚刚被发现。

第 10 章

五大湖的复兴
——朝着完整、稳定和平衡的方向发展

　　肯·科延（Ken Koyen）并不是特别高大，也不是一个特别强壮的少年，更不是特别热衷于继承自 19 世纪以来一直维持着他家族生存的五大湖商业捕鱼生意。但是科延的父亲还有其他的计划，特别是有一天他看到成长中的儿子的手之后。

　　"你的手够大了，"他父亲粗声粗气地说，"你会做得很好的。"

　　那几乎是半个世纪以前的事了。如今，科延是威斯康星州华盛顿岛上最后一个全职的商业渔民。[1]华盛顿岛坐落在密歇根州北部一个水流汹涌的水域边缘，在过去的几个世纪里，无数船只因其翻腾的水流沉没，华盛顿岛因此得名"死亡之门"。曾经有一段时间，该岛是大约 50 条商业渔船的基地，其中许多渔船的驾驶员是冰岛移民的后裔。他们发现，在密歇根湖冰冷的湖水与格林湾温暖的海水碰撞的地方，崎岖不平的石灰岩块是他们北大西洋家园的合适替代品。

　　到 2003 年，科延是唯一一个全职的商业渔民，那些他的父亲、祖父、曾祖父赖以为生的湖鳟鱼、鲈鱼、鲦鱼和鲑鱼都已经濒临灭绝。

科延被留下来去捕捉一类曾经被认为是垃圾的鱼——低等的淡水鳕鱼，它是一种底栖鱼类，而那些老人们认为它不过是网里的一个令人讨厌的东西。正如一位 91 岁的岛上常住居民曾经告诉我的那样，在华盛顿岛以捕鱼船队闻名的时候，吃一条这样的鱼就意味着一种耻辱。但是到了 2003 年，岛民们已经意识到淡水鳕鱼比什么都没有要好。事实上，它很好吃。这些渔网有时会横跨湖底 2 英里的区域。还有一些本地物种也被科延的渔网捕获，它们是白鲑，然而它们正在挨饿，因为它们最喜欢的食物，一种曾经覆盖在湖底的 1/4 英寸长的虾状生物，在 20 世纪 80 年代末和 90 年代初随着入侵的斑驴贻贝和斑马贻贝的到来而消失了。在贻贝入侵之前的几年里，一条 7 岁白鲑的平均体重接近 5 磅。到 2003 年，白鲑的体重已经跌至 1 磅。这使得饥饿的白鲑只能在湖底附近扎根，用没有牙齿的嘴尽可能地去觅食，然而除了带壳的贻贝，它们几乎没有什么可吃的。在科延的记忆中，食物的转变是一个严峻的问题。白鲑没有足够的下颚来咬开贻贝的壳并把肉吸出来，所以它们把整个贻贝吞了下去，把这些苦差事留给自己的胃去做，而胃一开始时还不能胜任这项工作。科延是一位自学成才的生物学家，他解释说，典型白鲑的肛门像"调酒棒"那么大。但是它的排泄物却是一种像未凝固的混凝土一样厚的碎贻贝的糊状物，能把白鲑的下侧孔向外拉到有科延小指直径那么长。"它实际上看起来像痔疮，"他告诉我，"也会把一部分肠子拉出体外。"

到 2005 年，科延感觉他的捕鱼业也同样在走下坡路。"老实说，我认为白鲑已经完了，[2]"他说，"我认为我也已经完了。"

随之而来的是大自然的介入。科延说，他开始注意到白鲑用来研磨贝类的胃肌一年又一年地变大，直到今天，他说，你可以看到鱼的腹部有一根坚硬的肋骨，这在以前是没有的，现在他钓到了一条胃里充满碎贻贝糊状物的健康白鲑。但是这些本地鱼类所做的不仅仅是适应贻贝的饮食。

早在 20 世纪 80 年代初，科延就和他的父亲一起钓鱼，两人在湖的深处钓到了一个他们从未遇到过的东西——一条白鲑，而它的嘴里还叼着一条鲱鱼。让他们感到奇怪的，是白鲑并不吃鱼。它们甚至连牙齿都没有。"看那！看那！"[3] 科延的父亲在汽艇引擎的隆隆声中大喊。他的父亲实际上停止了拉网，以便更近距离地观察和思考这个奇怪的现象。对于一个毕生都在从湖底打鱼的人来说，看到一条白鲑追赶着另一条鱼，就像偶然碰到一个正在啃木头的人一样奇怪。

如今，科延看到白鲑的肚子里装满了贻贝和鱼，尤其是圆形的虾虎鱼，这可能是五大湖未来的一种潜在入侵者，原因很简单，虾虎鱼有臼齿一样的牙齿，可以咬碎贻贝壳。这就意味着，那些比你拇指还小的鱼解开了营养的"死胡同"——对其他仍然不能消化贝类的本地鱼类来说，它们能反过来吃虾虎鱼。科延曾经切开了一条肚子里有 37 只虾虎鱼的白鲑，他说，现在常见的做法是把装满白鲑的渔网提起来，这些鱼的下颚因为把整条鱼吞下去而被撕开。谈到白鲑的状况正在得到改善，科延说："它们很胖，[4] 圆圆的。"

科延认为他正在观察进化的过程，他不是唯一一个这样认为的人。6 月的一个阳光明媚的早晨，我和商业渔民查利·亨里克森（Charlie Henriksen）聊了聊。他刚刚在科延的捕鱼处以南约 30 英里处捕到了 1 600 磅重的白鲑。"我们所看到的白鲑，嗯，它们可能是自然界中适应性最强的鱼，"他告诉我，"它们比我认识的一些人的适应能力更强。"

亨里克森说，小虾、贻贝、虾虎鱼和其他鱼类的饮食结构发生了变化，这意味着他现在能在如此奇怪的地方捕捉到白鲑，他必须重新学习捕鱼，仿佛它们是完全不同的物种。他说，他无法想象如何向教他这门手艺的早已过世的渔民描述这些变化。

"如果我告诉他们我在哪里钓鱼，我在钓什么，他们会摇着头说：'不

"艾丽西亚·雷"号（*Alicia Rae*）是密尔沃基最后一艘还在进行商业捕鱼工作的拖船，它正在驶离威斯康星州的多尔半岛

可能，亨里克森，别胡说'。我的意思是，这就是它所带来的改变。"[5]

　　管理密歇根湖渔业的生物学家们说，白鲑的繁殖非常迅速，以至于它们将自己的活动范围扩展到湖泊的支流，它们现在在开阔的水域中如此密集，以至于出现了一种全新的"鱼竿和鱼线式"（rod-and-reel）休闲渔业。

　　威斯康星州自然资源部的生物学家斯科特·汉森（Scott Hansen）说："当你考虑到所有疯狂的事情时，我们是幸运的，因为鱼仍然可以茁壮成长。[6]"更疯狂的事情正在休伦湖附近发生。

＊　＊　＊

　　当租船的船长开始讲述他们最难忘的捕鱼经历时，可以肯定的是，你可以把鱼减重几磅的故事讲出来，然而贾尼丝·迪顿（Janice Deaton）的故事并非如此。休伦湖租船公司的船长在 2008 年夏天并不是在向我吹嘘，当时她说要在密歇根州港口海滩附近的水域里钓到一条 2 英尺长的奇努克鲑鱼。她很伤心，她告诉我这条鱼看起来更像一条蛇，[7]

而不是一条鱼，一条瘦得可以用手包住它黏糊糊的肚子的鱼。这条鱼
有着当时在湖中游泳的数以百万计的奇努克鲑鱼的典型特征；一条成
年鲑鱼的平均体重从 20 世纪 90 年代中期的 14 磅减少到 2006 年的 8
磅。与此同时，奇努克鲑鱼最喜欢的食物——鲱鱼的体重也下降了。
此外，湖中的浮游植物减少了 90%，而浮游植物的减少又与大量吞噬
浮游生物的斑驴贻贝有关。

这种食物链的连锁反应使得迪顿成为最后一位全职租船船长，而
就在几年前，这个小镇上还有十几名全职租船船长。2008 年，她在一
个几乎空无一人的码头上经营着自己的游艇，最近这个码头有一份为
期 2 年的等待出售船票的名单。鲑鱼危机（鲑鱼数量锐减）发生得如
此之快，以至于生物学家把它比作从悬崖上驾车而下，其影响甚至波
及生活在岸边的人们。"当你开车经过小镇的时候，[8] 你往旁边看看，"
商店老板阿特·法登（Art Farden）对我说，"在过去的 5 年中，我们已
经失去了 3 家杂货店。"他认为密歇根州低迷的经济也难辞其咎，但他
也说，鲑鱼数量的锐减对经济造成了灾难性的影响，这是毫无疑问的。

"这不是自然现象，"他说，"这是一场灾难。"

这在某种程度上完全是自然发生的。休伦湖的 2 个主要物种——
入侵大西洋的灰西鲱和养殖的以灰西鲱为食物来源的太平洋鲑鱼在数
量暴跌后的 10 年里发生了什么？这是一个不可思议的故事，讲述了五
大湖从近半个世纪以来被管理为一个超大的捕鱼胜地后的恢复过程。
奇努克鲑鱼放养计划始于 20 世纪 60 年代，在 2002 年达到峰值之前，
该计划已经持续了数十年。第二年，生物学家进行拖网调查（netting
survey）时，偶尔发现奇努克鲑鱼的胃是空的，这是鲱鱼数量下降的一
个标志。到 2010 年，奇努克鲑鱼和鲱鱼几乎都消失了。捕食者和被捕
食者之间的失衡破坏了这 2 个种群的数量。

但令生物学家大为惊讶的是，湖中的原生鱼类种群在鲱鱼消失后立

即激增。事实证明，在许多方面，鲱鱼是导致本地物种死亡的原因。它们吞食本地物种的卵和幼崽，并与它们竞争浮游生物，而浮游生物是湖泊食物链的基础。但是，鲱鱼也会以一种近乎狡诈的方式毁灭湖鳟鱼。鲱鱼携带一种高浓度的酶，这种酶会引发鳟鱼体内硫胺素的缺乏，从而导致它们的卵无法孵化，或者导致鳟鱼后代出现致命的发育问题。

硫胺素的困境早已为人所知，直到鲱鱼消失，人们才意识到，利用孵化场将本地的湖鳟鱼恢复到休伦湖的储量的努力受到了多大程度的阻碍。如今，湖鳟鱼再次成功地在野外繁殖，以至于渔业管理人员正考虑取消自 20 世纪 60 年代以来一直维持该物种存续的孵化计划。

密歇根大学自然资源部的生物学家戴夫·菲尔德（Dave Fielder）解释说："这一切都是在鲱鱼离开后才开始的，[9]本地物种开始疯狂地繁殖。"

休伦湖上的原生物种的恢复得益于它们可以享用到生存在湖底的虾虎鱼。就像商业渔民在密歇根湖的白鲑肚子里发现虾虎鱼一样，休伦湖上现在也经常看到湖鳟鱼的脸受伤的情景，一些生物学家说这是因为鳟鱼常在湖底的岩石中寻找虾虎鱼。原生的玻璃梭鲈食用虾虎鱼，小嘴鲈鱼、鲈鱼和褐鳟也吃得津津有味。褐鳟是一个多世纪前引进的外来物种，至今仍在养殖，但它们也在湖泊支流中自行繁殖。菲尔德说："那些可以将食物转换为虾虎鱼的物种都可以存活，[10]而那些做不到这一点的，都已经离开了，其中就有奇努克鲑鱼。"

令人瞩目的结果是，休伦湖食物链的顶端比 20 世纪中叶七鳃鳗和大量鲱鱼入侵以来的任何时候都更接近它的自然形态。这一切都与鲱鱼的失踪有关，而与坦纳和韦恩的鲑鱼计划无关。坦纳总是说，他从来没有打算用鲑鱼来消灭鲱鱼。事实上，他把鲱鱼看作是湖泊未来的基础。

"你想让鲱鱼活得健康。[11]你想让它们永远留在那里，"坦纳说，"也许没有那么大的麻烦，但那是你试图要建立的基础。我们不想破坏它。"

如今，一些生物学家对鲱鱼的看法完全不同。其中一位是菲尔德，他凌乱的办公桌上放了一张"坦纳和韦恩奖"，这是他从密歇根州获得的，因为他研究了休伦湖的食物链在鲱鱼数量大幅下降后发生的变化。他得出的结论是："如果你真的想要恢复一种原生鱼类，[12]除非这个物种是依靠孵卵场来维持的，否则你就不可能在有鲱鱼的情况下完全实现这一点。那么你怎么能称它为'恢复渔业'呢？"

原生物种的回归并非没有带来经济上的打击；自奇努克鲑鱼数量大幅下降以来，密歇根湖和休伦湖沿岸的顶级渔业城镇每年至少损失了1 900万美元。空无一人的码头和旅馆、封闭的鱼饵店和孤独的港口都反映了20世纪的这种景象。然而，一些休伦湖的社区和企业已经开始适应这种情况了，就像鱼类一样。

2014年秋天，当我走进位于旧金山湾区北部的弗兰克大型户外渔具鱼饵店时，厄尼·普兰特（Ernie Plant）的眼睛睁得大大的，我问他，休伦湖上的鲑鱼在20世纪80年代的鼎盛时期是什么样子的。他解释说，鲑鱼不仅把他和湖联系起来，也把他和他父亲联系在一起了。在周五晚上高中橄榄球赛结束后，父亲会带他去通宵钓鱼。他们会在周末的时候，沿着海岸追逐那些奇努克鲑鱼，而奇努克鲑鱼则追逐着鲱鱼，鲑鱼太多了，以至于堵塞了沿海道路边上充满水的沟渠。普兰特现在是一家户外用品商店的销售经理，他说："我们从来没有卖过一艘船，[13]实际上我们也不需要。"

同他父亲一起钓鲑鱼的活动激发了弗兰克去北密歇根大学攻读生物学学位的念头，但当我在早秋的一个周二早上问他是否欢迎他记忆中的鲑鱼回归时，他停下脚步，抬头望向商店里的天花板，钓鱼竿、电子寻鱼器和顾客挤满了这家庞大的商店。"我不知道，"他深吸一口气后说，"我们已经适应了。"

弗兰克说，奇努克鲑鱼对于那些拥有巨大船只的包租船长来说可能是件好事，因为这些船只可以在这个浑浊的开阔水域中航行，而普通人可以自己去钓玻璃梭鲈。他解释说："比起奇努克鲑鱼，更多的人会去钓玻璃梭鲈。这样更经济，设备更便宜，船也不需要那么大，因为你不必走那么远。"

现在最大的问题是，是否同样的鲑鱼—鲱鱼系统的崩溃以及随之而来的原生物种的激增问题将会发生在密歇根湖。这个平衡已经开始被打破了，这让很多人怀疑已经良好地运行了很久的坦纳的鲑鱼策略，在接下来的日子里也将继续发挥较大的作用。美国地质调查局的查克（Chuck）在 2015 年告诉我："此前，在密歇根湖区每年一度的猎物鱼类调查中几乎没有出现鲱鱼。鲑鱼来自太平洋，[14] 鲱鱼来自大西洋，你把它们都放在五大湖里，谁能说这种情况会永远持续下去呢？"

没有人愿意再回答这个问题。

* * *

五大湖区本土物种的复兴与休伦湖发生的情况相似，其前景可能转瞬即逝。这是因为在圣劳伦斯航道航行的海外货轮引发了斑马贻贝和斑驴贻贝的侵扰之后，入侵五大湖的大门仍然顽固地敞开着，已经有超过 1/4 个世纪的时间，它们引发了新的生态混乱。2013 年，在国会通过《清洁水法案》的 40 多年后，美国环境保护署终于同意遵守这一法律，并要求船只进入湖泊和其他美国水域时需要安装压载水处理系统。但是，很少有人理解对压载舱进行消毒的必要性，包括在 2015 年一致要求美国环境保护署制定更严格的处理标准的 3 名联邦法官，他们认为美国环境保护署对压载水的污染规定已经足够严格了。然而，法院没有给美国环境保护署设定下达新规定的最后期限，同时，法官们也接受了现有的处理要求，即最早在 2021 年之前，不要求所有访问这些湖泊的船只都必须具备这些处理系统。

航运业喜欢指出这样一个事实：自 2006 年以来，还没有发现任何新的五大湖入侵者。在此之前，航行在这条航道上的海外船只被要求冲洗他们的压载舱，以驱逐或杀死携带的任何生物。考虑到驱逐压载侵入者的历史和所付出的代价，这种说法充其量是一种误导。

如果没有一项新的技术发展起来，这扇通往五大湖入侵的大门就可能会关闭。2015 年，只有 455 艘海外船舶在航道航行，平均每天不到 2 艘。假如这些船只可以在不进入航道的情况下，将货物转移到当地的船只或铁路线上（这些船只坚称它们有足够的能力来处理业务），那么这扇门就会被有效地关闭。这个经济方程式是清楚的。我们从痛苦的经历中了解到，未来入侵者的代价可能是数十亿美元，又有谁知道生态代价是多少。与之相比，托运人承担的额外成本显得微不足道，而且可以通过多种方式得到补偿。

然后是"后门"——芝加哥环境卫生和航行运河，这是 2 种亚洲鲤鱼从密西西比河流域鲤鱼泛滥的水域跳跃到五大湖的主要途径。2009—2015 年，联邦政府花费了 3.18 亿美元阻止鲤鱼进入湖中，其中包括一项耗资 2 500 万美元的研究项目。该研究报告长达 1 万页，内容是关于如何重建芝加哥运河 1900 年开凿时所摧毁的五大湖和密西西比河流域之间的天然分水岭。2014 年由美国陆军工程兵团（一家从事驳船运输的机构）编制的研究报告在很多方面都是一场闹剧。这项研究的结论是，堵塞运河系统将花费高达 180 亿美元，需要几十年才能完成。然而，这些资金中的大部分都被用于一些与阻止鱼类繁殖几乎没有直接关系的项目。其中约 120 亿美元用于建造新的水库、污水隧道和污水处理厂，以及清除污染的河流沉积物。这些都是有价值的项目，但它们与阻止鱼的繁殖没有直接联系。评论家们认为这是一种玩世不恭的策略，目的是让这个项目资金尽可能的高昂。

自然资源保护委员会前芝加哥环境委员亨利·亨德森（Henry Henderson）说："这个数字可以作为一个清单，[15] 说明为什么无法做到这一点。"亨德森和代表该地区市长和州长的团体争辩说，这个项目只需要美国陆军预算的一小部分就能完成，但没有人认为地球会很快发生变化。

尽管生物学家多年来一直在争论这 2 种以浮游生物为食的亚洲鲤鱼——鳙鱼和银鱼对已经遭受破坏的湖泊中浮游生物种群的真正危害，但 2015 年末发布的一项研究得出的结论是，这种鱼可能会主宰伊利湖，以至于湖里每 3 磅鱼中就有 1 磅是亚洲鲤鱼。与此同时，还有第 3 种亚洲鲤鱼尚未登上新闻头条，但也在缓慢地游向五大湖。20 多年前，联邦官员引进了黑鱼，以帮助南方养鱼户消灭鲶鱼池塘中的蜗牛。这些鱼不像另外 2 种亚洲鲤鱼，它们将浮游生物从水中过滤掉。通过吃包括斑马贻贝在内的软体动物，它们可以长到 150 磅。

加拿大政界人士支持通过堵塞芝加哥运河来阻止鲤鱼的这一措施，但他们对与美国共同拥有的航道采取同样严厉的措施却没有表现出类似的兴趣。这意味着，美国政府是唯一拥有五大湖"前门"和"后门"钥匙的权威机构，尽管国会在短期内几乎没有关闭它们的意愿，但在 2010—2015 年，美国政府斥资约 20 亿美元，用于正在进行的佛罗里达州"五大湖区恢复计划"（Great Lakes Restoration Initiative）。该项目的重点是清理有毒沉积物，恢复湿地，阻止有毒藻类流入湖泊，为农业养分提供燃料，控制有害物种。这些资金和投资项目中包括一些奇怪的项目，比如在密歇根州拨出 500 多万美元用于诱捕和射杀野猪，这些项目大多受到欢迎，也很有用，但五大湖区需要的不仅仅是资金。这个项目有时充满了痛苦的讽刺：

　　● 尽管美国环境保护署花费数十亿美元用于修复项目，包括打击入侵物种，但环保组织不得不把该机构告上法庭，迫使其制定适当的压载舱处理条例，以防止新的入侵。

● 尽管美国鱼类和野生动物服务机构大力宣扬对新入侵物种采取"零容忍"政策，并协助环境保护署执行修复倡议，但它也在法庭上辩称，联邦政府阻止鲤鱼的努力是充分的，与此同时，越来越多的遗传证据表明，至少有一些鱼已经突破了芝加哥运河上的电子屏障。

● 尽管整个五大湖地区的政治家都在谈论需要阻止农田中藻类养分流入湖泊，但他们拒绝修改《清洁水法案》来规范非点源的污染。2014 年，美国国会自己的政府问责局（Government Accountability Office）发布了一份报告，该报告明确指出了豁免的问题，并宣称，在议员们填补这一漏洞之前，美国的水域仍将受到严重污染。"这里的治理存在缺陷，[16]"亨德森说，"这不仅仅是资金问题。"

从另一个角度来看：在你开始对一个终生吸烟的肺癌患者进行化疗之前，先试着让患者戒烟不是明智的吗？确实有一种新药物正在研制中，它可以弥补被污染的压舱水的生物污染所造成的损害。这种药物的威力如此之大，以至于那些盲目而绝望、最终成功地寻找一种针对七鳃鳗的毒素的人，看起来就像是在给生态做修修补补的工作。

* * *

2009 年，奥本大学的一个实验室里出现了一颗生物炸弹，它的包装非常小，只有平装书那么大。里面有几根塑料管，塑料管里存在一些小到几乎看不到的斑点。实验室的工作人员将这些管子放入一种看起来像水一样无害的溶液中。其实不然。溶液里面漂浮着一种设计好的"毒药"，其威力足以消灭整个鱼类种群。

在澳大利亚塔斯马尼亚岛的一个高度安全的实验室里，这种混合物含有一种经过特殊修饰的鱼类基因，它被放入富含大肠杆菌的培养皿中，然后加入一种化学物质，使细菌能够吸收这种遗传物质。随着快速繁殖的大肠杆菌数量的激增，这种基因的复制也随之发生，每一次细菌细胞分裂时，都会有 2 个新的基因出现。在短短几个小时内，奥本大学的生物学家们发现了不计其数的大肠杆菌，每一种都携带着一段人造基因密码。每一段基因密码都掌握着将一个物种的集体性冲动倒转过来的力量，即将性繁殖从激发生命的行为变成扼杀生命的行为。

它是通过在 DNA 中添加一个扭曲来实现的，所以植入这种基因的鱼只能产生雄性后代。这一理念被称为"无雌基因"，是一种非常聪明的想法：在一种酶将雄性激素转化为雌性激素后，发育中的鲤鱼才会变成雌性。这种基因阻碍了这种酶的产生，因此胚胎鱼无法完成从雄性到雌性的早期生命转化。这个想法是，如果你在一个湖泊或河流中养殖足够多的无雌鱼，持续一段时间，雌性的数量就会耗尽，这只是时间问题。

这种在澳大利亚首创的反鲤鱼技术（anti-carp technology）不足为奇，这是一片被养殖渔民进口的鲤鱼所入侵的大陆。最终，就像故事中经常发生的那样，这些鱼在洪水中逃出了它们的鱼塘。这种情况发生在 20 世纪 70 年代，也就是亚洲鲤鱼在美国泛滥的时期。正如密西西比河流域某些河段的亚洲鲤鱼一样，在澳大利亚最大的水系——墨累—达令盆地的某些地区，北美最大的普通鲤鱼现在占鱼类总数的90%。

罗恩·思雷舍（Ron Thresher）是美国人，[17] 他在澳大利亚塔斯马尼亚一个研究中心开创了基于 DNA 的害虫防治的先河。我参观他的实验室时，他向我解释说，他所使用的基因是具有物种特异性的，并且不会对公众或任何其他类型的鱼或生物造成可预测的风险。尽管如此，实验室的安全性仍非同一般。为了防止携带该基因的任何标本逃到野外，实验室的窗户可以承受巨大的冲击力。靠近门的地板被抬高了，所以如果鱼缸碎裂，水或鱼都不会溢出来。墙壁的防水程度足以容纳装有转基因鱼的水族馆里的所有水。实验室的管道没有排入当地的下水道系统。他们让其中一个锅炉处于备用状态。如果一个锅炉出现故障，那么还有一个备用。

明显令人担忧的是，如果其中一条被植入了无雌基因的鱼被释放到野外，那么这种基因可能会在全球范围内传播，并最终消灭目标物种的所有雌性，从而使其灭绝。但思雷舍说，他的研究小组专门设计了一种鲤鱼基因，一旦它传到第三代鱼中，携带它的鱼就会自动产生一半的雄性后代。它们的后代一半是雄性，一半是雌性。这种基因的影响在下一代中也会类似地减半，以此类推，其对任何鱼类种群性别比例的影响都将随着时间的推移而消失。思雷舍解释说，这意味着孵化出来的无雌基因鱼必须经过几代人的培育才能消灭当地的种群。

事实上，是可以设计出一种基因来确保每一代鱼的雄性后代都能以一种可能引发物种灭绝的方式繁衍后代的。"从理论上讲，释放其中一种病毒的单一载体可能会毁灭一个种群。[18] 这毫不奇怪，关于这种风险存在相当大的争议，"思雷舍告诉我，"我们特意采用这种方法，因为它本质上要安全得多，而且我们认为，就重组基因而言，先走后跑是明智的，这样就可以控制入侵生物。"

思雷舍证明，这个基因在他的实验室里的一种快速繁殖的鲦鱼中起了作用，下一步就是要研究如何对普通鲤鱼做同样的事情。考虑到鲤鱼的体型更大，以及它们可能需要数年时间才能达到性成熟，这是一项更加艰巨的工程。这意味着，要想通过几代人来追踪这种基因，至少需要 10 年甚至更长时间。一项类似在思雷舍实验室里对鲦鱼进行的实验也必须从水族馆扩大到池塘，以观察转基因鱼能否在更自然的环境中吸引正常的雌性；毕竟，如果它们的携带者不能将基因传给下一代，那么这种基因就毫无用处。

思雷舍在奥本大学找到了一个合作伙伴——雷克斯·邓纳姆（Rex Dunham），邓纳姆在 2009 年辞掉了他所在大学的文书工作，以接手思雷舍的鲤鱼基因消除工作。到 2015 年初，思雷舍准备在位于亚拉巴马州东部奥本大学校园以北、亚特兰大以南约两小时车程的一个封闭式研究机构培育出第三代无雌基因鲤鱼。体型最大、性成熟程度最高的鱼都是雄性，它们已经在一个有栅栏的鱼塘里游动了。鱼塘里有带刺的铁丝围栏，围栏上装有低压电流，用来阻挡潜在的捕食者，比如浣熊。池塘里还覆盖着黑色的细网，以防止鸟类从水中把鱼活捉出来。池塘里的水通过一根管子排干，管子上有一个筛子。水管通过一个很细的筛子排到一个较低的池塘里，以至于大鱼无法游进去。反过来，这个池塘又流入一个蓄积有捕食鱼的蓄水池，以防止池塘和水箱里的鱼在不明原因的情况下游得无影无踪。邓纳姆称这一切都是狂热的，但很明显，他和思雷舍一样，对安全问题非常重视。

邓纳姆从澳大利亚人那里收到约 10 万美元，用于他有关鲤鱼的早期研究，但当我去拜访他的时候，所有资金都已经用完了，他基本上是在免费从事这项工作。他说，他的动力来自外来物种在全球范围内对澳大利亚常见的鲤鱼、佛罗里达州的蟒蛇以及他的家乡伊利诺伊州河流中的亚洲鲤鱼造成的破坏。

他说："这有可能纠正我们过去在环境问题上所犯的错误，[19] 对我来说，我们可以回到过去，做这件事真是既有趣又令人兴奋。很少有行之有效的方法可以纠正你的错误，这里的潜在方法是在不污染河流、湖泊或伤害其他鱼类的情况下，根除讨厌的鱼类物种。对我来说，这件事情并不有违道德。"

思雷舍很快认识到在野外养殖无雌性后代鱼可能会引起政治上的强烈反对，他表示他很乐意让政治家决定是否、何时、何地以及如何使用这种基因工具。这一决定可能比人们预期的更早成为焦点。思雷舍预测，到 21 世纪 20 年代初，针对入侵物种问题的遗传解决方案将得到广泛应用，他说的不仅仅是鲤鱼。"这项基本技术一旦投入使用，[20]"他说，"我认为将适用于很多领域。"

包括贻贝吗？

他说："包括贻贝。"

这让拉斯·范赫里克（Russ Van Herick）很感兴趣，但他同时也非常谨慎。他领导着一个由五大湖区各州资助的智库，旨在为一些湖泊最棘手的问题提出创造性的解决方案，这让他思考如何使用或者不使用基于 DNA 的根除工具，他也相信这一工具即将面世。他想知道哪些地区决定使用这一工具，20 世纪 60 年代，密歇根州决定自己养殖外来的鲑鱼，尽管当时很清楚这种鱼不会被限制在密歇根州的水域内。今天，一个五大湖沿湖州会试图单独地采取行动，并以类似的方式释放人造基因吗？如果不会，是否需要所有五大湖沿湖各州的一致投票？加拿大的省份呢？联邦政府呢？如果个人或团体的行为是出于善意的，但会带来危害，那该怎么办呢？

范赫里克说："我们甚至还没有建立一个能够处罚这些新兴技术所带来的危害的治理体系。"[21]

如果有一天，科学真的允许我们以前所未有的方式重新塑造五大湖中的角色，我们该如何决定这些角色应该是什么样子的呢？我们是否会继续管理这些湖泊，以获得最大的垂钓乐趣，或是可能改变某些物种，使它们更努力地战斗，并拥有更美味的鱼肉？我们是否会在湖泊中养殖能够生产能源的转基因藻类？或者我们是否会试图以任何可能的方式让所有的本土物种复活？

很久以前就有一个人知道该从哪里开始入手。

"当一件事倾向于促进生物群落的完整性、美感和稳定性时，[22]它便是正确的，反之，则是错误的。"著名的威斯康星州博物学家在

1949 年物种入侵巅峰时写道。

也许这是一个很好的开始。

找到这些正确的东西可能根本不需要对基因进行改造。这可能只需要我们让湖泊进行自我修复，保护它们免受新物种的入侵，并让已经在这里的鱼类、贻贝和微生物找到新的生态平衡。毕竟，尽管鲑鱼的拥护者们尽最大努力保持人工渔业的繁荣发展，但物种入侵已经发生了。

＊　＊　＊

坦纳从来不会简单地因为它是本地物种就夸大它的价值。他在 20 世纪 60 年代的首要任务是将湖泊从主要作为商业渔业的资源转变为户外爱好者的天堂，而当地的物种却不符合他的要求，而且它们到现在仍然不符合。

坦纳说："我对租船的船长能否维持以湖鳟鱼为食的渔业表示怀疑。"[23]

他说你所能做的最无聊的事，就是为本地的玻璃梭鲈而奔走。

他说："就像带一只湿袜子进来一样。"

这种以娱乐为先的心态已经逐渐削弱了汤姆·马蒂奇（Tom Matych）的锐气。他不是渔业生物学家，他甚至没有大学文凭。但这位来自密歇根州西部的退休建筑工人和坦纳一样，有着远大的志向。他还为五大湖的恢复制定了一项计划，该计划不需要操纵鱼的基因，也不需要长期饲养外来的鱼类。他希望湖泊管理人员将注意力从奇努克鲑鱼主导的系统转移到一个能够尽可能多地维持本土捕食者生存的系统。他不只是想让渔民捕捞到更多的物种，他也在思考湖泊的生态健康问题。马蒂奇认为，原生食肉动物是湖泊对新物种入侵现象产生的"生物抗性"，他指出，像湖鳟鱼、鲈鱼、玻璃梭鲈和小嘴鲈鱼这样的物种会在不同的地方、不同的时间以不同的东西为食。他坚持认为，这些鱼类的数量会使得这个湖对包括亚洲鲤鱼在内的新入侵者更具有抵抗力。他想从一个项目开始，在海岸线地区储备本地鲈鱼。

马蒂奇说："我们想和坦纳做一样的事情。"[24]但是对于这180种外来的食肉动物，鲑鱼是不吃的。在五大湖中，有180多种入侵物种，实际上是所有湖泊的外来生物的总和，包括已经储备的鲑鱼。他的关键论点并没有被越来越多的五大湖生物学家忽略。

五大湖渔业委员会帮助五大湖各州和各省协调渔业管理。该委员会的生物学家约翰·德特默斯（John Dettmers）说："有大量证据表明，[25]拥有一个强健的、共同进化的食物网有助于防止入侵物种的建立。但并不能保证这一定是对的，但管理者如果关心入侵物种，这便是一个值得考虑的问题。"

马蒂奇认为鲑鱼的灭绝并不意味着五大湖渔业的终结。他现在还记得，在20世纪60年代，当他还是个孩子的时候，他的鼻子告诉他，在一年中的某些时候，在马斯基根附近的密歇根湖东岸有特别多的鲈鱼。

他说："如果你能闻到像臭鸡蛋一样的造纸厂的气味，[26]你就知道鲈鱼要来了，因为西风把浮游动物和小鱼都刮了进来，鲈鱼也跟着它们进来了。我的意思是，那些日子人们都不上班，开始捕鱼了。"马蒂奇还记得当时人们是如何带着鱼竿挤公交的，以及公共汽车是如何在湖岸附近的鱼饵店停下来的。码头十分拥挤，当他5岁时第一次和父亲一起抓到鲈鱼，他感觉自己有10英尺高。

他想和自己的孙女分享这个经历，但密歇根湖的鲈鱼渔业在20世纪90年代就崩溃了。密歇根州和威斯康星州的渔业生物学家将其归咎于一系列复杂的因素，包括与斑驴贻贝入侵有关的鸟类赖以生存的浮游生物的损失。马蒂奇直截了当地指出，美国政府数十年来一直在努力生产出最大数量的奇努克鲑鱼，这要求生物学家必须把鲱鱼作为受保护物种，而不是作为麻烦的入侵者来管理。例如，在20世纪90年代密歇根湖的鲱鱼数量下降时，威斯康星州禁止对这种鱼的商业捕捞，而这些鱼曾被用作猫粮和肥料。鲱鱼数量回升导致五大湖中栖息的本地鲈鱼种群数量锐减。

"我不擅长保持正确的政治立场，"他告诉我，"但是当他们说没有足够的食物提供给鲈鱼的时候，他们真正想说的是没有足够的食物给鲈鱼和鲱鱼。"他引用了生物界能量传递的例子——用大量的小鱼来喂养一条大的奇努克鲑鱼。他说："你需要 123 磅的鲱鱼来制造出一条 17 磅重的奇努克鲑鱼，然后你需要 40 磅的浮游动物来制造出 1 磅的鲱鱼，"他说道，"一条鱼需要大量的浮游动物。"（我向渔业生物学家核实了这些数据，他们也表示认可。）

毫不奇怪，管理密歇根湖渔业的各州仍然将重点放在户外爱好者想要的物种上；仅在威斯康星州，2014 年该州 2 500 万美元的渔业预算中就有近 2 300 万美元来自渔业许可证和与渔业相关产品的税收。

联邦政府在经济上与渔业捕捞业并没有类似的联系，作为五大湖原生物种恢复项目的一部分，它每年在密歇根湖储存了多达 300 万条鳟鱼，该计划可以追溯到 20 世纪 60 年代七鳃鳗中毒的早期。密歇根湖鳟鱼的恢复工作从那时起就一直在拖延，因为几乎没有迹象表明这种鱼能够自行繁殖，直到湖里的鲱鱼数量开始直线下降。几年前，在密歇根湖中部的礁石上发现了少量的鳟鱼，这些孵化场的鱼的特征是没有鱼鳍夹。到 2015 年，联邦生物学家发现，在密歇根湖的一些地区，他们捕获的湖鳟鱼中有多达一半是自然繁殖的。

越来越多的证据表明，对当地湖鳟鱼（不依赖鲱鱼的鱼）有益的，对鲑鱼（依赖鲱鱼的鱼）则是有害的，反之亦然，所以各州和联邦政府正试图让户外爱好者的快乐和湖鳟鱼的复苏之路达到一种难以把握的平衡。

这个想法是，[27] 你有足够多的鲱鱼，这样你就有了奇努克鲑鱼资源，但也不是说没有自然的湖鳟鱼繁殖。美国鱼类和野生动物管理局的生物学家戴尔·汉森（Dale Hanson）正在努力修复密歇根湖的湖鳟鱼的数量，他说："这也许就是一线之差。我甚至不知道这是否有可能实现。"

这不是在休伦湖。

威斯康星大学密尔沃基分校的渔业生物学家约翰·詹森（John Janssen）称，坦纳的想法是将鲱鱼的入侵转变为一种受欢迎且有利可图的鲑鱼捕鱼业，这在当时是明智的。现在他说，是时候以一种类似的方式来看待这些入侵的虾虎鱼了，因为它们大多是本地物种和外来的褐鳟鱼等捕食者的食物。詹森说，这些鱼都不像钩住的鲑鱼那样奋力抗争，但如果轻视这种正在适应贻贝变化的湖泊物种，就有可能失去下一代垂钓者。他告诉我，在不久前的一次会议上，他从钓鱼导游那里得到了一份关于如何将玻璃梭鲈恢复到密歇根湖西岸的具有争论的报告。导游们反对这么做，因为他们担心这会进一步削弱他们辛苦经营的奇努克鲑鱼业务。

"问题是，[28]"60多岁的詹森告诉导游，"你们都老了，我也老了。我们很快就要死了。最大的问题是骑自行车的12岁的孩子。他将会捕捉到什么？"

你知道，那个12岁的孩子，可能是湖泊从2个世纪的过度捕捞、过度污染和过度优先航行中恢复过来的最大希望：几乎所有与我曾经交谈过的关心湖泊和河流的人都这么认为，因为他们有一段关于在湖中捕鱼和游泳的童年故事。

30年前，12岁的布赖恩·塞泰莱（Brian Settele）骑着他那辆10速自行车，车把上还绑着鱼竿。他沿着一条自行车道行驶，这条自行车道由密尔沃基郊区的一个旧铁路路基改造而成，通往密尔沃基市的港口。那时，他的父母正要离婚，他在城市的滨水区找到了避难所，那里栖息着大量的鲈鱼和漂进港口的奇怪的鲑鱼。

　　如今，塞泰莱是一个有执照的船长，在密尔沃基经营着租船业务。如果客户需要的话，他会去捕捉奇努克鲑鱼。但大多数情况下，塞泰莱已经学会了把生意集中在褐鳟和湖鳟鱼上来谋生，而这 2 种鳟鱼在不断进化的环境中苗壮成长。塞泰莱说，这些鳟鱼不会像奇努克鲑鱼那样使鱼竿弯曲，但他们已经想出了如何在湖泊中创造他们的未来，并且让客户源源不断地涌入。

　　2014 年秋季，我 8 岁的儿子约翰·伊根（John Egan）成了我的客户，这是他第一次当密歇根湖的渔民。那年 10 月的清晨，天还没亮，海水就已经黑得看不见了。塞泰莱驾驶着他的小船穿过密尔沃基港的北裂口，打破黎明前的黑暗，驶进清晨的巨浪中。就在火红的橘黄色太阳从地平线升起后不久，他船上的一个卷轴旋转起来，塞泰莱大喊着叫人抓住上下晃动的鱼竿。伊根急忙跑过去抓住了它。他感到钓索的下面某个地方被拉了一下，原来黑色的波浪变成了灰绿色，他开始转动卷轴。

作者的儿子，伊根，在密歇根湖上第一次捕鱼

你可以从他鼻子上的皱纹和他眨动的眼睛里看出，与其说他在挣扎着把鱼拖上来，不如说他在享受这一切。他笑着做了一个鬼脸，这是他玩电脑游戏或追逐足球时从未出现过的表情。他气喘吁吁地摇了几分钟卷轴，眼睛睁得大大的，下巴放松了下来，一条 3 磅重的棕鳟鱼浮出了水面。与坦纳的太平洋"巨兽"相比，这可能是一个骨瘦如柴的家伙。

但那是伊根的鱼，在伊根的湖里钓到的。

钩子也已经固定好了。

致　谢

　　完整地表达我在研究和写这本书时得到的所有指导和鼓励，这可能需要我再写一本书，因为这些页面基本上是我在《密尔沃基哨兵报》（*Milwaukee Journal Sentinel*）10多年来全职报道五大湖区的文章总和。但是排在感谢名单第一位的是《哨兵报》（*Journal Sentinel*）的编辑乔治·斯坦利（George Stanley），他先是交给了我一份工作，然后敦促我把在报纸上所写的报道文章汇总成一本书，最后又给了我足够的时间去完成它。

　　哥伦比亚大学的萨姆·弗里德曼（Sam Freedman）教授和乔纳森·韦纳（Jonathan Weiner）教授让斯坦利把书的框架构思出来；弗里德曼教我如何整合一本书的内容；韦纳教我如何写第一本书的章节。出色的经纪人巴尼·卡普芬格（Barney Karpfinger）完善了这一提议，并明智地将其放到了马特·韦兰（Matt Weiland）的办公桌上。他不断地敦促我提高这本书的写作水平和结构，以面向更广泛的读者群体，因为他们对湖区的熟悉程度远不及《密尔沃基哨兵报》的读者。2015年6月，我把400张乱七八糟的稿件交给韦兰。在一年多的时间里，当写满他标记的书稿多次以 UPS 信件的形式寄送到我家进行修改后，我将这本书交到了他的手里。

在学术上，我要感谢马凯特大学在 2013—2014 年给予我奥布赖恩奖学金（O'Brien Fellowship）的资助，这使我得以撰写 3 篇发表在报纸上的系列文章，而这些文章后来成为本书第 3 章的写作素材。哥伦比亚大学新闻研究生院在 2011—2012 年为我提供了罗伯特·伍德·约翰逊奖学金（Robert Wood Johnson Fellowship），让我得以带我的家人去纽约待上一年，结果发现，这是一个令人疲惫却收获颇丰的职业中期休假。2015 年初，在我休假写书的几个月后，哥伦比亚大学和哈佛大学给了我价值 3 万美元的卢卡斯工作进步奖（Lukas in-progress）。那笔钱来得正是时候，当时我还没有收到报纸的薪水，我4 个年幼的孩子不停地吃，他们的脚也不停地长。

威斯康星大学密尔沃基分校的瓦尔·克伦普（Val Klump）在我离开报社 18 个月期间邀请我去学校做访问学者，这意味着我享有使用办公室和图书馆的特权。在我研究圣劳伦斯的历史时，圣劳伦斯大学的迈克·麦克默里（Mark McMurray）和保罗·哈格特（Paul Haggett）让我能自由地查阅相关档案。2016 年初冬，位于纽约伦斯勒维尔的凯里全球公益研究所（Carey Institute for Global Good）的一群好心人为我提供了精致的食宿，所以我除了写作，什么也不用做。

我的父母迪克（Dick）和安妮·伊根（Anne Egan），让我用他们在密尔沃基市中心闲置的公寓来写作，从那里可以看到密歇根湖的迷人景色，他们还阅读了无数的早期章节草稿。雷克斯·邓纳德（Rex Dunham）、罗布·格斯（Rob Gess）、诺厄·霍尔（Noah Hall）、约翰·詹森（John Janssen）、丹·麦克法兰（Dan Macfarlane）、唐·斯卡维亚（Don Scavia）、杰拉尔德·史密斯（Gerald Smith）和兰迪·舍茨尔（Randy Schaetzl）都是一些技术性较强的材料的早期读者，他们以渊博的知识和耐心帮助我为外行读者解读复杂的问题；这些稿件中的任何错误都由我一人承担。《哨兵报》的同事梅格·基辛格（Meg Kissinger）是一个不断给予我鼓励的人。作家汤姆·佐尔纳（Tom Zoellner）和蒂姆·韦纳（Tim Weiner）非常慷慨地提供了他们充满智慧的建议，帮助我度过了这场将400页草稿变成一本书的艰苦历程。感谢我的妻子艾丽斯（Alice），她承受了同样的艰辛，却淡然以待。

注　释

　　这本书是《密尔沃基哨兵报》10多年来报道的汇总，我从2003年起就在那里对五大湖地区进行全面报道。这份工作带我穿越了五大湖，穿越了数千英里的海岸线，到达了犹他州的红岩沙漠、塔斯马尼亚的荒野和爱尔兰西部的悬崖。

　　在我早年从事湖泊调查的时候，我并没有打算有朝一日把这些材料写成一本书。2011年，我在哥伦比亚大学获得奖学金，那段时间，我参加了一个图书写作研讨会，该研讨会要求我准备一份关于书稿的提案。我把我为报纸写的几个主要系列的材料按逻辑顺序，粗略地编成一本书。这很奏效，我的图书研讨会教授山姆·弗里德曼（Sam Freedman）、我的经纪人巴尼·卡普芬格（Barney Karpfinger）以及我这本书的编辑韦兰都这么认为。在那之后，报纸报道和书籍的撰写融合在了一起，特别是在2013年和2014年，当时我还是马凯特大学的奥布赖恩研究员，在做一个关于五大湖入侵物种的重要项目，这个项目的结果最终会出现在《哨兵报》上。我的报纸编辑斯坦利鼓励我报名申请马凯特奖学金（Marquette fellowship），当时他告诉我："现在你可以开始为这本书写章节了。"因此，许多采访以及某些章节中的一些材料，最初是出现在《哨兵报》上的。将这所有一切编写成一本书，面向全国读者，而不只是那些熟悉五大湖区域的人，则需要在2014年12月至2016年6月期间完成大量额外的报告、写作和组织工作。

前言

［ 1 ］ C.W. Butterfield, *History of the Discovery of the Northwest by Jean Nicolet in 1634 with a Sketch of His Life* (Cincinnati: Robert Clarke & Co., 1881), 59-60.

［ 2 ］ 关于尼科莱是否真的认为自己曾涉水来到中国，人们存在着争论。毕竟，整个旅程都是在淡水中度过的。巴特菲尔德在《西北发现历史》（ *History of the Discovery of the Northwest* ）一书中解释尼科莱穿长袍的原因时指出，这是因为"可能很快就会有一群官员向他打招呼，欢迎他来到中国。而这件长袍——这件礼服——无疑是从魁北克大老远带来的，就是为了应付这种偶然事件。"

［ 3 ］ 布尔歇湖在夏天是法国最大的湖泊*。

［ 4 ］ U.S. Department of Transportation Civil Aeronautics Board Accident Investigation Report, January 18, 1951; *Milwaukee Journal Sentinel*, March 10, 2014.

［ 5 ］ 这些经常被引用的数字是对全球水资源预算的粗略估计。虽然这 5 个相互连接的大湖是迄今为止面积最大的水域，但西伯利亚偏远的贝加尔湖，由于它的深度，所含的水量大约是五大湖的总和。

［ 6 ］ 这是萨拉杰丁 1995 年在斯德哥尔摩发表的演讲，该演讲内容发表在 2009 年 5 月 14 日的《自然》杂志上。

［ 7 ］ 作者采访了西北环保倡导者尼娜·贝尔（ Nina Bell ）; Daniel E. O'Toole, *William and Mary Environmental Law and Policy Review* 19, no.1, 1994, 12-13; 为深入讨论压载水豁免，请见: Jeff Alexander, *Pandora's Locks: The Opening of the Great Lakes — St. Lawrence Seaway* (East Lansing: Michigan State University Press, 2009), 84-87.

［ 8 ］ *Milwaukee Journal Sentinel*, October 31, 2005.

［ 9 ］ Tim Heffernan, Bloombergview, August 31, 2012; The *Hutchinson* (Kansas) *News*, July 5, 1907.

第 1 章

［ 1 ］《第八海》（ *The Eighth Sea* ）是一部 30 分钟的彩色宣传片，由卡特彼勒拖拉机公司（ Caterpillar Tractor Co. ）与美国和加拿大海事局（ U.S. and Canadian Seaway authorities ）、安大略水利水电公司（ Ontario Hydro ）、

---

* 布尔歇湖是冰川湖泊，夏天冰川融化，湖泊补给量大。——译者注

纽约州电力管理局（Power Authority of New York）和美国陆军工程兵团（U.S. Army Corps of Engineers）合作赞助。

[2] 见：Daniel Garcia-Castellanos et al., "Catastrophic Flood of the Mediterranean after the Messinian Salinity Crisis," *Nature*, December 2009, 778–781；作者通过电子邮件采访卡斯特利亚诺斯。

[3] William B.F. Ryan and Walter C. Pitman, *The Black Sea: Noah's Flood: The New Science Discoveries about the Event that Changed History* (New York: Simon and Schuster, 1998).

[4] 我曾经读过几本关于圣劳伦斯河变身航道的优秀书籍，包括丹尼尔·麦克法兰（Daniel MacFarlane）的《河流谈判：加拿大、美国和圣劳伦斯航道》（*Negotiating a River: Canada, the U.S. and the Creation of the St. Lawrence Seaway*）（温哥华：UBC 出版社，2014 年），以及卡尔顿·梅比（Carlton Mabee）的《航道的故事》（*The Seaway Story*）（纽约：麦克米伦出版社，1961 年）。纽约北部圣劳伦斯大学的马比档案馆收藏了大量有关修建航道的历史文献。

[5] 1784 年 10 月 10 日，乔治·华盛顿写给弗吉尼亚州州长本杰明·哈里森（Benjamin Harrison）的信；见：*The Writings of George Washington from the Original Manuscript Sources, 1745 –1799*, Vol.27 (United States Government Printing Offices, 1934), 475.

[6] Peter L. Bernstein, *Wedding of the Waters: The Erie Canal and the Making of a Great Nation* (New York: W.W. Norton, 2005); David Hosack, *Memoir of De Witt Clinton* (New York: J. Seymour, 1829), 301–341.

[7] Martha Joanna Lamb, *History of the City of New York, its Origin, Rise and Progress* (New York: A.S. Barnes, 1877), 696–702.

[8] Buffalo *Journal*, Nov.29, 1825 (reproduced in Vol.14 of the Buffalo Historical Society Publications, 1910), 388.

[9] Bernstein, 325.

[10] Ronald E. Shaw, *Canals for a Nation and the Canal Era in the United States 1790–1860* (Lexington: The University Press of Kentucky, 1990), 46.

[11] Hanford MacNider, former U.S. ambassador to Canada, *The Rotarian*, March 1939, 21.

[12] *Canadian Broadcast Corporation*, July 26, 1951.

[13] *A Report to the National Security Council by the NSC Planning Board*

on National Security Interests in the St. Lawrence-Great Lakes Seaway Project, April 16, 1953. Dwight D. Eisenhower Presidential Library, Museum and Boyhood Home, Abilene, Kansas.

[14] *Schenectady* (New York) *Gazette*, May 14, 1954.

[15] *The St. Lawrence Seaway Collection at St. Lawrence University*, *Carleton Mabee Series*, St. Lawrence Seaway Development Corporation press release, June 9, 1955.

[16] *The St. Lawrence Seaway Collection at St. Lawrence University, Carleton Mabee Series, Newsweek*, August 15, 1955.

[17] *The St. Lawrence Seaway Collection at St. Lawrence University, Carleton Mabee Series, Time*, June 6, 1955.

[18] *Milwaukee Journal Sentinel*, October 30, 2005.

[19] Associated Press, as appeared in the *Corpus Christi Caller-Times*, December 25, 1955.

[20] *Winona* (Minnesota) *Republican-Herald*, May 7, 1954.

[21] *United Press*, as appeared in the *Victoria Advocate,* December 22, 1954.

[22] 见：Daniel McConville, *Invention and Technology*, fall 1995；也可参见：*Milwaukee Journal Sentinel*, October 30, 2005.

[23] *The St. Lawrence Seaway Collection at St. Lawrence University, Carleton Mabee Series,* St. Lawrence Seaway Development Corporation press release, November 15, 1954.

[24] Brian Cudahy, *The Container Revolution — Malcolm McLean's 1956 Innovation Goes Global*, Transportation Research Board of the National Academies NEWS, September-October 2006.

[25] *Reading* (Pennsylvania) *Eagle*, May 31, 1959.

[26] *Reading* (Pennsylvania) *Eagle*, May 31, 1959.

[27] *Milwaukee Journal Sentinel*, October 30, 2005.

[28] Ottawa *Journal*, June 16, 1970.

[29] *Chicago Tribune*, December 21, 1982.

[30] *Milwaukee Journal Sentinel*, October 30, 2005.

[31] *Milwaukee Journal Sentinel*, October 30, 2005.

[32] John C. Taylor, "The Cost-Benefits of Ocean Vessel Shipping in the Great Lakes: Value to Industry vs. Environmental Damage," *Seidman Business*

Review 12, no.1, 2006.

［33］2000 年 5 月 3 日，乔恩·S·赫尔米克（Jon S. Helmick）在美国众议院海岸警卫队小组委员会和运输与基础设施海上运输委员会上的证词。

［34］*New Scientist Magazine*, April 3, 1958, 12.

［35］James L. Wuebben, ed., *Winter Navigation on the Great Lakes: A Review of Environmental Studies*, U.S. Army Corps of Engineers, May 1995.

［36］*Watertown Daily Times*, April 24, 1975.

［37］*Milwaukee Journal Sentinel*, October 30, 2005.

［38］我在 2005 年夏天和 2015 年春天分别前往纽约的马塞纳和安大略省的康沃尔，参观了这些村庄。

［39］*Milwaukee Journal Sentinel*, October 30, 2005.

［40］Murray Clamen and Daniel Macfarlane, "The International Joint Commission, Water Levels, and Transboundary Governance in the Great Lakes," *Review of Policy Research* 32, no.1, 2015.

［41］*The St. Lawrence Seaway Collection at St.Lawrence University, Carleton Mabee Series,* St. Lawrence Seaway Development Corporation press release, June 8, 1955.

第 2 章

［1］Shelley Dawicki, *Oceanus Magazine* 44, no.1, June 10, 2005.

［2］特别感谢威斯康星大学密尔沃基分校的渔业生物学家约翰·詹森（John Janssen）、密歇根大学的史密斯（Smith）和多伦多大学荣誉退休教授亨利·雷吉尔（Henry Regier）在采访和电子邮件中耐心地向我介绍了早期湖泊渔业的历史。

［3］引自 2015 年 7 月，作者采访内容。

［4］E.H. Brown et al., "Historical Evidence for Discrete Stocks of Lake Trout in Lake Michigan," *Canadian Journal of Fisheries and Aquatic Sciences,* 1981; Charles Krueger and Peter Ihssen, "Review of Genetics of Lake Trout in Great Lakes: History, Molecular Genetics, Physiology, Strain Comparisons, and Restoration Management," *Journal of Great Lakes Research* 21, 1995.

［5］*Milwaukee Sentinel*, September 1, 1940.

［6］James Strang, *Ninth Annual Report to the Board of Regents of the*

Smithsonian Institution, 1855.

[7] Margaret Beattie Bogue, *Fishing the Great Lakes: An Environmental History, 1793–1933* (Madison: The University of Wisconsin Press, 2000).

[8] 见：*Minneapolis Star Tribune*；也可参见：Wakefield (Michigan) *News* on April 14, 1950.

[9] *Corpus Christi Caller-Times*, December 28, 1950.

[10] 见：Rob Gess, *Nature*, "A Lamprey from the Devonian of South Africa," October 26, 2006；作者采访了格斯（Gess）和《自然》杂志论文的合著者——芝加哥大学的迈克尔·科茨（Michael D. Coates）。

[11] 见：William Ashworth, *The Late, Great Lakes — An Environmental History* (New York: Alfred A. Knopf, 1986). 我找不到任何研究来证实这一理论，大多数历史学家都赞同这一理论，包括约翰·伯蒂尼亚克（John Burtniak）、七鳃鳗历史专家、退休的特别收藏品馆员和安大略省圣凯瑟琳布鲁克大学的大学档案保管人。尼亚加拉瀑布上游的七鳃鳗入侵的另一种可能的解释是，它们是渔民偶然养殖的，或者在韦兰运河开通后，伊利湖长期以来就有七鳃鳗种群，但直到 20 世纪 20 年代，七鳃鳗的数量才变得大到足以引起人们的注意。

[12] Vernon Applegate, "Sea Lamprey Investigations — An Inventory of Sea Lamprey Spawning Streams in Michigan," Michigan Department of Conservation, Fisheries Division Research Report 1154, 1948, 5.

[13] 据美联社 1936 年 5 月 30 日在《西北奥什科什日报》（*Oshkosh Daily Northwestern*）上的报道；见："The Spread of the Sea Lamprey through the Great Lakes," Michigan Department of Conservation, Fisheries Division Research Report 381, 1936.

[14] Vernon Applegate, "Natural History of the Sea Lamprey, *Petromyzon marinus*, in Michigan," University of Michigan Institute for Fisheries Research, Report 1254, 1950.

[15] 引自 2014 年 9 月，作者采访内容。

[16] Applegate, "Natural History of the Sea Lamprey," 223.

[17] Applegate, "Natural History of the Sea Lamprey," 223.

[18] Applegate, "Natural History of the Sea Lamprey," 95.

[19] Applegate, "Natural History of the Sea Lamprey," 148.

[20] Applegate, "Natural History of the Sea Lamprey," 247.

［21］ Vernon Applegate and James Moffett, "The Sea Lamprey," *Scientific American* 192, no.4, 1955, 37－41.

［22］ *Sheboygan Press Telegram*, December 1, 1950.

［23］ *Milwaukee Journal Sentinel*, December 4, 2010.

［24］ "Toxicity of 4,346 Chemicals to Larval Lampreys and Fishes, 1957," U.S. Fish and Wildlife Service, Special Scientific Report — Fisheries, No.207.

［25］ *Milwaukee Journal Sentinel*, December 4, 2010.

［26］ *Grand Rapids Herald*, May 25, 1958.

［27］ 1957 年 11 月 13 日，发表在陶氏化学公司（Dow Chemical Company）出版的《布赖恩韦尔》(*The Brinewell*) 上的一篇记事。

［28］ Aldo Leopold, *A Sand County Almanac* (Oxford: Oxford University Press, 1949), 139－140.

［29］ Douglas Watts, *Alewife* (Augusta, Maine: Poquanticut Press, 2012), 65.

［30］ Robert Rush Miller, "Origin and Dispersal of the Alewife, *Alosa pseudoharengus*, and the Gizzard Shad, *Dorosoma cepedianum*, in the Great Lakes," *Transactions of the American Fisheries Society* 86, no.1, 1957.

［31］ Robert Rush Miller, "Origin and Dispersal of the Alewife, *Alosa pseudoharengus*, and the Gizzard Shad, *Dorosoma cepedianum*, in the Great Lakes," *Transactions of the American Fisheries Society* 86, no. 1, 1957.

［32］ The Milwaukee River Technical Study Committee, *The Milwaukee River — An Inventory of its Problems, and Appraisal of its Potentials*, 1968.

［33］ Federal Water Pollution Control Administration, "The Alewife Explosion — the 1967 Die-off in Lake Michigan," July 25, 1967.

［34］ 东部沿海也用鲱鱼这个名字，不过鲱鱼和蓝背青鱼一般统称为河鲱鱼。

［35］ 同上。

［36］ 同上。

［37］ 同上。

［38］ *Congressional Record*, Vol.13, Part 14, June 29, 1967－July 18, 1967, 18927.

［39］ Buffalo *Courier-Express*, July 9, 1967.

［40］ Federal Water Pollution Control Administration, "The Alewife Explosion — the 1967 Die-off in Lake Michigan," July 25, 1967.

［41］ Oshkosh (Wisconsin) *Daily Northwestern*, September 22, 1967.

［42］1968 年 2 月 29 日，杰拉尔德·R·福特总统图书馆和博物馆（Gerald R. Ford Presidential Library and Museum）发布新闻，当时福特是美国众议院的议员。

［43］The Milwaukee River Technical Study Committee, *The Milwaukee River — An Inventory of its Problems, and Appraisal of its Potentials*, 1968.

［44］Federal Water Pollution Control Administration, "The Alewife Explosion — the 1967 Die-off in Lake Michigan," July 25, 1967.

［45］*Milwaukee Journal Sentinel*, December 12, 2004.

［46］Associated Press, as appeared in the Lewiston (Maine) *Daily Sun*, October 6, 1975.

［47］"Population Characteristics and Physical Condition of Alewives, *Alosa Pseudoharengus,* in Massive Dieoff in Lake Michigan, 1967," Great Lakes Fishery Commission Technical Report No.13.

［48］Federal Water Pollution Control Administration, "The Alewife Explosion — the 1967 Die-off in Lake Michigan," July 25, 1967.

［49］Federal Water Pollution Control Administration, "The Alewife Explosion — the 1967 Die-off in Lake Michigan," July 25, 1967.

［50］Vernon Applegate and James Moffett, "The Sea Lamprey," *Scientific American* 192, no.4, 1955, 37–41.

第 3 章

［1］*Chicago Tribune*, March 9, 1969.

［2］Kristin M. Szylvian, "Transforming Lake Michigan into the 'World's Greatest Fishing Hole': The Environmental Politics of Michigan's Great Lakes Sport Fishing, 1965–1985," *Environmental History,* January 2004, 102–107.

［3］引自 2015 年 1 月，作者采访内容。

［4］本章有关霍华德·坦纳（Howard Tanner）的所有引用均来自 2014 年秋季对坦纳的三次采访，其中部分采访刊登在 2014 年 12 月 7—9 日的《密尔沃基哨兵报》（*Milwaukee Journal Sentinel*）的系列文章中。

［5］Wayne Tody, *A History of Michigan's Fisheries* (Traverse City, Michigan: Copy Central, 2003).

［6］U.S. Department of Commerce — Bureau of Fisheries, *Fishing Industry of the Great Lakes*, 1925, 568.

[7] 引自 2015 年 1 月，作者采访内容。

[8] *Coho Salmon for the Great Lakes*, Michigan Department of Conservation, Fish Division, 1966.

[9] Wayne Tody, *A History of Michigan's Fisheries* (Traverse City, Michigan: Copy Central, 2003).

[10] 2004 年，杰瑞·丹尼斯（Jerry Dennis）在接受采访时对这一现象作了最好的解释。丹尼斯著有《五大湖：寻找内陆海的心脏》(*The Living Great Lakes: Searching for the Heart of the Inland Seas*)［纽约：托马斯·邓恩出版社（Thomas Dunne Books），2003 年］。他 13 岁时就亲眼看见了这种现象。他告诉我："可能有数百人死亡。"

[11] "Coho Salmon Status Report," Fish Division of Michigan Department of Natural Resources, 1967 – 1968, 5.

[12] 美联社在威斯康星州的简斯维尔报道，请见：*Daily Gazette*, October 17, 1968.

[13] 美联社在威斯康星州的简斯维尔报道，请见：*Daily Gazette*, October 17, 1968.

[14] Oshkosh (Wisconsin) *Northwestern*, May 17, 1968.

[15] *Chicago Tribune*, March 8, 1968.

[16] "Coho Salmon Status Report," Fish Division of Michigan Department of Natural Resources, 1967 – 1968, 7.

[17] *Milwaukee Journal Sentinel*, December 12, 2004.

[18] Tody, *A History of Michigan's Fisheries*.

[19] 美联社在威斯康星州的简斯维尔报道，请见：*Daily Gazette*, October 17, 1968.

[20] 美联社报道，请见：*Evening News* (Sault Ste. Marie, Michigan), August 9, 1969.

[21] 引自 2015 年 1 月，作者采访内容。

[22] *Field and Stream*, December 1985, 79 – 84.

[23] Chicago *Tribune*, February 7, 1988.

[24] *Milwaukee Journal Sentinel*, December 12, 2004.

[25] *Milwaukee Journal Sentinel*, December 7, 2014.

[26] *Milwaukee Journal Sentinel*, December 7, 2014.

［27］ *Milwaukee Journal Sentinel*, December 7, 2014.

第 4 章

［ 1 ］ 有关桑塔维（Santavy）的所有引用和场景描述都来自 2013 年秋季对作者的采访，请见：*Milwaukee Journal Sentinel*, July 27, 2014。桑塔维还讲述了她发现的第一只斑马贻贝，请见：*Quagga and Zebra Mussels, Biology, Impacts and Control* (Boca Raton, Florida: CRC Press, 2014), 3−4.

［ 2 ］ G.L. Mackie et al., "The Zebra Mussel *Dreissena polymorpha*: A Synthesis of European Experiences and a Preview for North America," report for the Ontario Ministry of Environment, 1989.

［ 3 ］ 威廉姆斯学院（Williams College）海洋科学名誉教授詹姆斯·T·卡尔顿（James T. Carlton）对斑马贻贝入侵进行了早期预测。

［ 4 ］ *Milwaukee Journal Sentinel*, December 26, 2004.

［ 5 ］ The Windsor (Ontario) *Star*, July 27, 1988, reproduced in the *Quagga and Zebra Mussels, Biology, Impacts and Control* (Boca Raton, Florida: CRC Press, 2014), 119.

［ 6 ］ Cleveland *Plain Dealer*, August 29, 1868.

［ 7 ］ 见：Jonathan Adler, "Fables of the Cuyahoga: Reconstructing a History of Environmental Protection," *Fordham Environmental Law Journal*, Faculty Publications, Paper 191, 2002. 阿德勒（Adler）认为，1969 年那场大火之所以如此重要，并不是因为一条河流被点燃了，而是因为这是凯霍加河最后一次着火，而且这条河的环境状况实际上在几十年前就已经达到了最低点："对于俄亥俄州东北部，尤其是许多工业区来说，燃烧的河流并不是什么新鲜事，1969 年的大火也没有之前的凯霍加大火严重。这是在一条长期污染的河流上发生的一场小火灾，这条河流已经开始恢复。"也可参见：David and Richard Stradling, "Perceptions of the Burning River: Deindustrialization and Cleveland's Cuyahoga River," *Environmental History* 13, no. 3, 2008. 作者认为，1969 年的大火之所以成为这样一个试金石，是因为到 20 世纪 60 年代末，克利夫兰人受雇于污染河流的工厂的数量减少了，而且人们离污染的河岸越远，遗留下来的退化现象就越荒谬。

［ 8 ］ Cleveland *Plain Dealer*, November 2, 1952.

[9] Cleveland *Plain Dealer*, May 2, 1912.

[10] *Janesville* (Wisconsin) *Daily Gazette*, July 14, 1969.

[11] UPI, as appeared in the *News-Journal* (Mansfield, Ohio), October 7, 1969.

[12] UPI, as appeared in the *News-Journal* (Mansfield, Ohio), October 7, 1969.

[13] 我找不到任何历史证据表明有人因火灾而被处以民事或刑事罚款，凯斯西储大学法学院（Case Western Reserve University School）教授、历史学家乔纳森·阿德勒（Jonathan Adler）也没有找到。关于凯霍加河，他进行了广泛的研究并撰写了大量的报告（2015 年 8 月 7 日，与阿德勒电子邮件交流）。

[14] *Federal Register*, May 22, 1973, 13,528, as cited in Senate Report 113–304, U.S. Government Publishing Office, December 10, 2014; Author interview with Nina Bell, executive director for the Northwest Environmental Advocates, which successfully sued to overturn the ballast water exemption; Daniel E. O'Toole, "Regulation of Navy Ship Discharges Under the Clean Water Act: Have Too Many Chefs Spoiled the Broth?" *William and Mary Environmental Law and Policy Review* 19, no. 1, 1994, 12; Jeff Alexander, *Pandora's Locks: The Opening of the Great Lakes — St. Lawrence Seaway* (East Lansing: Michigan State University Press, 2009).

[15] 会议主持人罗纳德·W·格里菲思（Ronald W. Griffiths）提供了 1989 年会议录像带的数码拷贝。

[16] *Milwaukee Journal Sentinel*, July 27, 2014.

[17] *Milwaukee Journal Sentinel*, July 27, 2014.

[18] "Status and Trends of Prey Fish Populations in Lake Michigan 2014," U.S. Geological Survey.

[19] *Milwaukee Journal Sentinel*, October 10, 2015.

[20] 关于"伊斯特兰"号（S.S. Eastland）沉没事件的大部分资料来自伊斯特兰灾难历史学会（Eastland Disaster Historical Society），请见：http://www.eastlanddisaster.org。更多的信息来自迈克尔·麦卡锡（Michael McCarthy）的优秀作品《水下的灰烬：伊斯特兰号和震撼美国的沉船事件》（*Ashes under Water: The S.S. Eastland and the Shipwreck that Shook America*）（Guilford, Connecticut: Lyons Press, 2014）。

[21] 见：*New York Times*, July 26, 1915.［伊斯特兰灾难历史学会的数据库中没有斯威格特（Swigert）的名字，但有凯瑟琳·斯威格特（Kathryn

Swingert）的名字，其具体年龄不详]

[22] *New York Times*, August 12, 1915.

[23] *Milwaukee Journal Sentinel*, October 31, 2005.

[24] *Milwaukee Journal Sentinel*, July 28, 2014.

[25] *Milwaukee Journal Sentinel*, July 28, 2014.

[26] *Milwaukee Journal Sentinel*, July 29, 2014.

[27] *Milwaukee Journal Sentinel*, July 29, 2014.

[28] *Milwaukee Journal Sentinel*, July 29, 2014.

[29] *Milwaukee Journal Sentinel*, October 3, 2010.

[30] *Milwaukee Journal Sentinel*, July 29, 2014.

[31] *Milwaukee Journal Sentinel*, July 29, 2014.

第 5 章

[1] 2006 年 4 月，美国联邦政府起草的《亚洲鲤鱼管理和控制计划草案》（*Draft Management and Control Plan for Asian Carps in the United States*）中刊登了第一幅亚洲鲤鱼抵达美国的照片。

[2] *Milwaukee Journal Sentinel*, August 19, 2012.

[3] 本章的大部分历史资料都来自养鱼专业户吉姆·马隆（Jim Malone）的个人文件，马隆曾是阿肯色州州长候选人，这些文件被保存在阿肯色州中部大学（University of Central Arkansas）。

[4] *Milwaukee Journal Sentinel*, October 15, 2006.

[5] Malone papers, University of Central Arkansas.

[6] Malone papers, University of Central Arkansas.

[7] *Milwaukee Journal Sentinel*, October 15, 2006.

[8] *Milwaukee Journal Sentinel*, October 15, 2006.

[9] *Milwaukee Journal Sentinel*, October 15, 2006.

[10] *Milwaukee Journal Sentinel*, October 16, 2006.

[11] *Milwaukee Journal Sentinel*, August 18, 2012.

[12] *New York Times*, January 17, 1900.

[13] *New York Times*, January 14, 1900.

[14] U.S. Supreme Court, Missouri vs. Illinois, 200 U.S. 496, February 19, 1906.

[15] *Milwaukee Journal Sentinel*, December 26, 2004.

[16] *Milwaukee Journal Sentinel*, August 19, 2012.

［17］ *Milwaukee Journal Sentinel*, August 22, 2012.

［18］ *Milwaukee Journal Sentinel*, August 22, 2012.

［19］ *Milwaukee Journal Sentinel*, December 4, 2009.

［20］ *Milwaukee Journal Sentinel*, November 13, 2009.

［21］ *Milwaukee Journal Sentinel*, August 26, 2012.

［22］ *New York Times*' blog, *The Caucus*, October 1, 2010.

［23］ *Milwaukee Journal Sentinel*, August 26, 2012.

［24］ *Milwaukee Journal Sentinel*, December 17, 2012.

［25］ *Milwaukee Journal Sentinel*, December 17, 2012.

［26］ *Milwaukee Journal Sentinel*, February 8, 2014.

［27］ *Milwaukee Journal Sentinel*, February 8, 2014.

第 6 章

［1］ *Milwaukee Journal Sentinel*, November 2, 2009.

［2］ 见：Amy J. Benson, "Chronological History of Zebra and Quagga Mussels (*Dreissenidae*) in North America, 1988–2010," 文章发表于：*Quagga and Zebra Mussels: Biology, Impacts and Control* (Boca Raton, Florida: CRC Press, 2104), 11.

［3］ 2015 年 1 月，采访大芝加哥都市水利用事业局（Metropolitan Water Reclamation District of Greater Chicago）前生物学家欧文·波尔斯（Irwin Polls）。

［4］ 见：Amy J. Benson, "Chronological History of Zebra and Quagga Mussels (*Dreissenidae*) in North America, 1988–2010," 文章发表于：*Quagga and Zebra Mussels: Biology, Impacts and Control* (Boca Raton, Florida: CRC Press, 2104), 11.

［5］ *Milwaukee Journal Sentinel*, November 2, 2009.

［6］ *Milwaukee Journal Sentinel*, November 2, 2009.

［7］ *Milwaukee Journal Sentinel*, February 21, 2009.

［8］ *Smithsonian Magazine*, October 2005.

［9］ *Milwaukee Journal Sentinel*, February 21, 2009.

［10］ 引自 2014 年 4 月，作者采访内容。

［11］ *Milwaukee Journal Sentinel*, July 29, 2014.

［12］ 执法人员录制的一段录音捕捉到了这一路边交易。根据 2014 年 4

月向犹他州凯恩县提交的《犹他州政府档案存取与管理法》（Utah Government Records Access and Management Act）的要求，我们获得了上述材料以及与雷格尔曼（Regelman）调查相关的其他材料。

[13] *Milwaukee Journal Sentinel*, July 29, 2014.

[14] *Milwaukee Journal Sentinel*, February 21, 2009.

[15] *Milwaukee Journal Sentinel*, July 29, 2014.

[16] *Milwaukee Journal Sentinel*, July 29, 2014.

第 7 章

[1] 关于大黑沼泽的历史有 3 本书做了很好的描述，分别是：Howard Good, *Black Swamp Farm* (Columbus: Ohio State University Press, 1997); Jim Mollenkopf, *The Great Black Swamp: Historical Tales of 19th Century Northeast Ohio* (Toledo, Ohio: Lake of the Cat Publishing, 1999); Martin R. Kaatz, *The Black Swamp: A Study in Historical Geography*, Annals of the Association of American Geographers, 1955.

[2] 该内容最早出现在 1837 年版的《莫米城快报》（*Maumee City Express*），再次出现在：*Commemorative Historical and Biographical Record of Wood County, Ohio: Its Past and Present* (Chicago: J.H. Beers and Co., 1897).

[3] 该叙述引自卡尔文·古德里奇（Calvin Goodrich）的综述：*The Lie of the Land, Michigan Alumnus Quarterly Review, October 28 1944.* 出版于：Alumni Association of the University of Michigan, 164.

[4]《大黑沼泽的故事》（*The Story of the Great Black Swamp*）这部电视纪录片于 1982 年由约瑟夫·A·阿帕德（Joseph A. Arpad）担任编剧，WBGU－TV 制作。

[5] George Pierson, *Tocqueville in America* (Baltimore: The Johns Hopkins University Press, 1938), 294.

[6] *The Encyclopedia of Cleveland History*, a joint effort by Case Western Reserve University and the Western Reserve Historical Society, https://ech.case.edu

[7] 本章中关于磷的资料有多个出处，没有一个像约翰·埃姆斯利（John Emsley）讲得那么多，见：*The Shocking History of Phosphorus, a Biography of the Devil's Element* (London: Pan Books, 2001).

[8] Lisa Lebduska, "Rethinking Human Need: Seuss's *The Lorax*," *Children's*

Literature Association Quarterly 19, no.4, 1994.

［9］ 所有关于托莱多及周边地区的引用，除非另有说明，均来自作者在
2014 年 7 月访问俄亥俄州西北部期间关于该地区出现的停水事件的调
查，见：*Milwaukee Journal Sentinel*, September 13, 2014. 唯一的例外是
托莱多市长迈克尔·柯林斯（Michael Collins）在政府关门最严重时期
说的话，而这些言论是从当地电视台的报道中精选出来的。

［10］ *Milwaukee Journal Sentinel*, September 13, 2014.

［11］ *Milwaukee Journal Sentinel*, September 24, 2014.

［12］ *Milwaukee Journal Sentinel*, September 24, 2014.

［13］ U.S. Government Accountability Office, "Clean Water Act: Changes
Needed if Key EPA Program Is to Help Fulfill the Nation's Water Quality
Goals," January 3, 2014.

［14］ *Impact of Harmful Algal Blooms Requires Action*, Toledo Mayor
Collins' testimony before the Senate Agriculture, Nutrition and Forestry
Committee, December 3, 2014.

第 8 章

［1］ Bill McKibben et al., *Grist*, June 23, 2011.

［2］ O.Canada.com, February 24, 2014.

［3］ *Milwaukee Journal Sentinel*, March 24, 2008.

［4］ "History Corner: The Mystery of the Camak Stone," *Professional
Surveyor Magazine*, March 2004.

［5］ 亚特兰大的建立有很多历史渊源，见：Skye Borden, *Thirsty City: Politics,
Greed, and the Making of Atlanta's Water Crisis* (Albany: SUNY Press,
2014).

［6］ 2007 年 10 月 20 日，美联社记者在《华盛顿邮报》（*Washington Post*）
上的报道。

［7］ *Milwaukee Journal Sentinel*, March 23, 2008.

［8］ *Milwaukee Journal Sentinel*, March 23, 2008.

［9］ The (Chattanooga, Tennessee) *Times Free Press*, 也可参见：*Smithsonian.
com*, September 26, 2012.

［10］ The (Chattanooga, Tennessee) *Times Free Press*, February 18, 2014.

［11］ C. Crews Townsend, "Crossing the Line — Does Georgia Plan to Redraw the Tennessee-Georgia Border Pass Legal Muster?" *Tennessee Bar Journal*, June 20, 2008.

[12] *The History of Waukesha County, Wisconsin* (Chicago: Western Historical Company, 1880), 493 – 496.

[13] *The History of Waukesha County, Wisconsin*, 330 – 333; "Spring City and the Water War of 1892," *The Wisconsin Magazine of History* 89, no.1, Autumn 2005.

[14] *Milwaukee Journal*, June 6, 1953；更多关于沃肖基泉水时代的历史描述，请参见：John Schoenknecht, *The Great Waukesha Springs Era: 1868–1918* (J.M. Schoenknecht, 2003).

[15] *The History of Waukesha County, Wisconsin*, 328.

[16] Dr. Bronwyn Rae, "Water, Typhoid Rates, and the Columbian Exposition in Chicago," *Northwestern Public Health Review* 3, no.1, 2014; Michael P. McCarthy, "Should We Drink the Water? Typhoid Fever Worries at the Columbia Exposition," *Illinois Historical Journal*, Spring 1993.

[17] *Chicago Daily Tribune*, May 9, 1892.

[18] *Waukesha Daily Freeman*, May 12, 1892.

[19] *Chicago Daily Tribune*, May 9, 1892.

[20] *Milwaukee Journal Sentinel*, September 4, 2006.

[21] Dr. Bronwyn Rae, "Water, Typhoid Rates, and the Columbian Exposition in Chicago," *Northwestern Public Health Review* 3, no.1, 2014.

[22] "Inside Rollingstones, Inc.," *Fortune Magazine*, September 30, 2002.

[23] *Milwaukee Journal Sentinel*, November 7, 2006.

[24] *Los Angeles Times*, March 12, 2015.

[25] 引自 2016 年 1 月，作者采访内容。

[26] *Buffalo News*, September 12, 1985, 引自：Peter Annin, *Great Lakes Water Wars* (Washington, D.C.: Island Press, 2006), 78; *New York Times,* August 28, 1985.

[27] *New York Times*, July 1, 1988.

[28] 引自 2015 年 10 月 13 日，作者采访内容。想要了解更多关于五大湖航运计划的细节，请参见：Annin's *Great Lakes Water Wars*.

[29] 美联社于 1998 年 5 月 1 日刊登在《鲁丁顿（密歇根）每日新闻》[Ludington (Michigan) *Daily News*] 上。

［30］美联社于 2005 年 9 月 18 日刊登在《托莱多锋报》(*Toledo Blade*) 上。

［31］引自 2016 年 1 月，作者采访内容。

第 9 章

本章所有引文，除非另有说明，均来自 2013 年 7 月 27 日和 7 月 30 日发表在《密尔沃基哨兵报》上的关于气候变化和湖泊水位的为期两天的系列文章。

［1］ *Annual Reports of the War Department for the Fiscal Year Ended June 30, 1902*, Government Printing Office, 2244.

［2］ *The Federal Reporter*, Vol.119: Cases Argued and Determined in the Circuit Court of Appeals and Circuit and District Courts of the United States, February-March, 1903, 856–863.

［3］ *Detroit Free Press*, Sept.22, 1900; *The Federal Reporter*, Vol.117: Cases Argued and Determined in the Circuit Courts of Appeals and Circuit and District Courts of the United States, October-November 1902, 894; *Chicago Tribune*, September 22, 1900.

［4］ *International Upper Great Lakes Study, Impacts on Upper Great Lakes Water Levels: St. Clair River, Final Report to the International Joint Commission*, December 2009.

［5］ *Effects of Submerged Sills in the St. Clair River, Hydraulic Model Investigation*, U.S. Army Corps of Engineer Waterways Experimental Station Technical Report H–72–4.

［6］ *Effects of Submerged Sills in the St. Clair River, Hydraulic Model Investigation*, U.S. Army Corps of Engineer Waterways Experimental Station Technical Report H–72–4.

［7］ *Milwaukee Journal Sentinel*, January 25, 2005.

［8］引自 2015 年 4 月，作者采访内容。

第 10 章

［1］在过去的 10 年里，我采访过科恩（Koyen）十几次，这是 2003 年 4 月 3 日在《密尔沃基哨兵报》上的第一次报道。

［2］ *Milwaukee Journal Sentinel*, August 16, 2011.

［3］ *Milwaukee Journal Sentinel*, August 16, 2011.

［4］ *Milwaukee Journal Sentinel*, August 16, 2011.

［5］ *Milwaukee Journal Sentinel*, August 16, 2011.

［6］ *Milwaukee Journal Sentinel*, August 16, 2011.

［7］ *Milwaukee Journal Sentinel*, June 30, 2008.

［8］ *Milwaukee Journal Sentinel*, June 30, 2008.

［9］ *Milwaukee Journal Sentinel*, December 9, 2014.

［10］ *Milwaukee Journal Sentinel*, December 9, 2014.

［11］ *Milwaukee Journal Sentinel*, December 9, 2014.

［12］ *Milwaukee Journal Sentinel*, December 9, 2014.

［13］ *Milwaukee Journal Sentinel*, December 9, 2014.

［14］ 引自2015年9月，作者在"太古星"号上的采访。

［15］ *Milwaukee Journal Sentinel*, February 8, 2014.

［16］ *Milwaukee Journal Sentinel*, October 25, 2009.

［17］ 大部分关于塔斯马尼亚的材料来自作者于2010年11月到塔斯马尼亚研究DNA技术的旅行，见：*Milwaukee Journal Sentinel* on December 4, 2010.

［18］ 引自2015年4月，作者采访内容。

［19］ 引自2015年4月，作者采访内容。

［20］ *Milwaukee Journal Sentinel*, December 4, 2010.

［21］ 引自2015年1月，作者采访内容。

［22］ *A Sand County Almanac*, Aldo Leopold (Oxford University Press, 1949), 262.

［23］ *Milwaukee Journal Sentinel*, December 9, 2014.

［24］ *Milwaukee Journal Sentinel*, December 9, 2014.

［25］ *Milwaukee Journal Sentinel*, December 9, 2014.

［26］ *Milwaukee Journal Sentinel*, December 9, 2014.

［27］ *Milwaukee Journal Sentinel*, December 9, 2014.

［28］ *Milwaukee Journal Sentinel*, December 9, 2014.

参考书目

Alexander, Jeff. *Pandora's Locks: The Opening of the Great Lakes— St. Lawrence Seaway.* East Lansing: Michigan State University Press, 2009.

Annin, Peter. *The Great Lakes Water Wars.* Washington D.C.: Island Press, 2006.

Ashworth, William. *The Late, Great Lakes: An Environmental History.* New York: Knopf, 1986.

Bernstein, Peter. *Wedding of the Waters: The Erie Canal and the Making of a Great Nation.* New York: W. W. Norton, 2005.

Bogue, Margaret Beattie. *Fishing the Great Lakes: An Environmental History, 1783–1933.* Madison: University of Wisconsin Press, 2000.

Bordon, Skye. *Thirsty City: Politics, Greed, and the Making of Atlanta's Water Crisis.* Albany: State University Press of New York, 2014.

Chiarappa, Michael, and Kristin Szylvian. *Fish for All: An Oral History of Multiple Claims and Divided Sentiment on Lake Michigan.* East Lansing: Michigan State University Press, 2003.

Crawford, Stephen. *Salmonine Introductions to the Laurentian Great Lakes: A Historical Review and Evaluation of Ecological Effects.* National Research Council of Canada, 2001.

Dempsey, Dave. *Ruin & Recovery: Michigan's Rise as a Conservation Leader.* Ann Arbor: The University of Michigan Press, 2001.

Dempsey, Dave. *On the Brink: The Great Lakes in the 21st Century.* East Lansing: Michigan State University Press, 2004.

Dennis, Jerry. *The Living Great Lakes: Searching for the Heart of the Inland Seas.* New York: Thomas Dunn Books, 2003.

Emsley, John. *The Shocking History of Phosphorus.* London: Macmillan, 2000.

Fischer, David Hackett. *Champlain's Dream.* New York: Simon and Schuster, 2008.

Good, Howard. *Black Swamp Farm.* Columbus: Ohio State University Press, 1997.

Grover, Velma, and Gail Krantzberg (eds.). *Great Lakes: Lessons in Participatory Governance.* Boca Raton, Florida: CRC Press, 2012.

Hartig, John. *Burning Rivers. Revival of Four Urban-Industrial Rivers.* Essex, United Kingdom: Multi-Science Publishing, 2010.

Hansen, Michael, and Mark Holey. "Ecological Factors Affecting the Sustainability of Chinook and Coho Salmon Populations in the Great Lakes." In *Sustaining North American Salmon: Perspectives across Regions and Disciplines,* edited by Michael Jones, Kristine Lynch, and William Taylor, 155−179. Bethesda, Maryland: American Fisheries Society, 2002.

Halverson, Anders. *An Entirely Synthetic Fish: How Rainbow Trout Beguiled America and Overran the World.* New Haven, Connecticut: Yale University Press, 2010.

Hill, Libby. *The Chicago River: A Natural and Unnatural History.* Chicago: Lake Claremont Press, 2000.

Hills, T. L. *The St. Lawrence Seaway.* New York: Frederick A. Praeger, 1959.

Hubbs, Carl, and Karl Lagler (revised by Gerald Smith). *Fishes of the Great Lakes,* revised ed. Ann Arbor: University of Michigan Press, 2007.

Keller, Reuben, Marc Cadotte, and Glenn Sandiford (eds.). *Invasive Species in a Globalized World: Ecological, Social & Legal Perspectives on Policy.* Chicago: University of Chicago Press, 2015.

Kuchenberg, Tom. *Reflections in a Tarnished Mirror: The Use and Abuse of the Great Lakes.* Sturgeon Bay, Wisconsin: Golden Glow Publishing, 1978.

Lesstrang, Jacques. *Seaway: The Untold Story of North America's Fourth Seacoast.* Seattle: Superior Publishing Company, 1976.

Macfarlane, Daniel. *Negotiating a River: Canada, the US, and the Creation of the St. Lawrence Seaway.* Vancouver: University of British Columbia Press, 2014.

Mabee, Carlton. *The Seaway Story*. New York: Macmillan, 1961.

McCarthy, Michael. *Ashes under Water: The SS* Eastland *and the Shipwreck that Shook America*. Guilford, Connecticut: Lyons Press, 2014.

Mollenkopf, Jim. *The Great Black Swamp: Historical Tales of 19th Century Northeast Ohio*. Toledo, Ohio: Lake of the Cat Publishing, 1999.

Nalepa, Thomas, and Don Schloesser (eds.), *Quagga and Zebra Mussels: Biology, Impacts, and Control*. Boca Raton, Florida: CRC Press, 2014.

Parham, Claire Puccia. *The St. Lawrence Seaway and Power Project: An Oral History of the Greatest Construction Show on Earth*. Syracuse: Syracuse University Press, 2009.

Pierson, George. *Tocqueville in America*. New York: Oxford University Press, 1938.

Ryan, William, and Walter Pitman. *Noah's Flood: The New Scientific Discoveries about the Event that Changed History*. New York: Simon & Shuster, 1998.

Scavia, Donald, et al. "Assessing and Addressing the Re-eutrophication of Lake Erie: Central Basin Hypoxia," *Journal of Great Lakes Research* 40, no. 2, 2014.

Shaw, Ronald. *Canals for a Nation: The Canal Era in the United States 1790–1860*. Lexington: The University Press of Kentucky, 1990.

Stagg, Ronald. *The Golden Dream: A History of the St. Lawrence Seaway*. Toronto: Dundurn Press, 2010.

Watts, Douglas. *Alewife: A Documentary History of the Alewife in Maine and Massachusetts*. Augusta, Maine: Poquanticut Press, 2012.

Willoughby, William. *The St. Lawrence Waterway: A Study in Politics and Diplomacy*. Madison: University of Wisconsin Press, 1961.